"十二五"国家重点图书出版规划项目

U0184709

DESIGN OF INTELLIGENT INSTRUMENT

智能仪器设计

● 主编 王祁 ● 副主编 赵永平 魏国

哈尔滨工业大学出版社
HARBIN INSTITUTE OF TECHNOLOGY PRESS

内容简介

本书在讲述智能仪器工作原理的基础上,介绍了智能仪器的设计方法,主要内容包括智能仪器的输入输出通道、外设及其控制技术、通信接口等。为提高学生设计能力,本书还介绍了智能仪器总体设计、电路设计及实现、软件设计、抗干扰措施及减少测量误差的设计方法等,以及智能仪器的一些新技术。本书理论联系实际,实用性强。考虑到智能仪器程序设计的实际需要,本书的程序全部用 C51 语言编写。

本书可作为测控技术与仪器、自动化等相关专业的本科生教材,也可供测控技术、自动化、电子、电力、机器人、计算机应用等领域的工程技术人员参考。

图书在版编目(CIP)数据

智能仪器设计/王祁主编. —哈尔滨:哈尔滨工业大学出版社,2016.1(2022.1 重印)
ISBN 978－7－5603－5535－1

Ⅰ.①智…　Ⅱ.①王…　Ⅲ.①智能仪器–设计
Ⅳ.①TP216

中国版本图书馆 CIP 数据核字(2015)第 179286 号

策划编辑　　王桂芝
责任编辑　　刘　瑶
出版发行　　哈尔滨工业大学出版社
社　　址　　哈尔滨市南岗区复华四道街 10 号　邮编 150006
传　　真　　0451－86414749
网　　址　　http://hitpress.hit.edu.cn
印　　刷　　黑龙江艺德印刷有限责任公司
开　　本　　787mm×1092mm　1/16　印张 17.75　字数 431 千字
版　　次　　2016 年 1 月第 1 版　2022 年 1 月第 3 次印刷
书　　号　　ISBN 978－7－5603－5535－1
定　　价　　45.00 元

前　言

在当前信息化、智能化的社会中,作为获取信息的智能仪器越来越重要,智能化是仪器仪表的发展方向。智能仪器是一种新型仪器,它是测量技术、传感器、计算机、微电子、信息处理、人工智能等多种技术相结合的产物。智能仪器的功能强,性能指标高,具有自校准、自诊断等功能,目前广泛应用在工业、国防军事、科学研究等部门。

智能仪器是测控技术与仪器等相关专业的主要专业课之一,本书讲述智能仪器的原理及其设计方法,重视基础理论,强调理论联系实际,特别注重先进性和实用性,培养学生分析问题和解决问题的能力。考虑到本科教学计划和课程设置,本书主要介绍以单片机为主的智能仪器设计理论和方法。书中对 DSP 和 ARM 进行简单介绍,学生只要掌握智能仪器的设计方法,在熟悉 DSP 和 ARM 的基础上,完全可以设计基于 DSP 和 ARM 的智能仪器。另外考虑到程序设计的需要,书中的程序全部采用 C51 语言编制,这也是本书和目前流行的各种同类教材的最大区别。通过本书的学习,学生可以掌握利用微处理器和电子元器件设计测量仪器和系统的方法。

全书共分 9 章:第 1 章绪论,简要介绍智能仪器的结构、特点和发展,以及智能仪器中常用的微处理器;第 2 章数据采集技术,介绍测量放大器、模拟多路开关、采样保持器、常用的A/D 转换器及其接口电路;第 3 章模拟量与开关量信号输出系统,介绍 D/A 转换器及其接口电路、光电耦合器和继电器输出与接口电路;第 4 章智能仪器外设处理技术,介绍智能仪器外设,包括键盘、LED、LCD 和触摸屏及其处理技术;第 5 章智能仪器中的通信接口技术,介绍通信接口,包括 RS-232C、RS-485 标准串行接口、GP-IB(IEEE-488)总线、USB、以太网、CAN 和蓝牙接口技术;第 6 章数据处理及程序设计,介绍查表、排序等非数值处理方法和系统误差及随机误差的处理方法,并介绍智能仪器系统软件设计,包括监控主程序、键盘管理、中断管理及处理和子程序模块;第 7 章介绍智能仪器的自检、自校准和自动测量技术;第 8 章智能仪器的抗干扰技术,在分析智能仪器干扰源的基础上,介绍硬件抗干扰技术和软件抗干扰技术;第 9 章智能仪器设计,介绍智能仪器的设计方法,以智能工频电参数测量仪和谐波测试仪的设计等仪器为例,讲述智能仪器的设计过程。

本书是作者及哈尔滨工业大学电测教研室教师多年从事智能仪器教学和科研工作的总结。1990 年赵新民教授主编了《智能仪器原理及设计》,是国内较早出版的智能仪器的教材。1999 年对原书进行修改,出版了《智能仪器设计基础》(原机械工业部九五重点教材)。2010 年出版的《智能仪器设计基础》是教育部高等学校仪器仪表学科教学指导委员会选定的"十一五"国家级规划教材。现在为满足教学的需要,并根据科学技术的发展对原书再次修订,由王祁任主编,赵永平和魏国任副主编,参加编写的还有逮仁贵、王启松、宋凯和国添栋。作者编写分工如下:第1章由王祁编写,第2,3章由赵永平编写,第4章由魏国编写,第5章由逮仁贵编写,第6章由王启松编写,第7,8章由宋凯编写,第9章由国添栋编写。全书由王祁、赵永平和魏国统稿。

由于作者的水平有限,书中疏漏和不足之处在所难免。另外,该科技领域发展日新月异,编写中可能挂一漏万,殷切希望各位老师和广大读者批评指正。

编 者
2015 年 8 月

目　　录

第1章 绪 论

1.1 智能仪器的结构及特点

1.1.1 智能仪器概述

仪器仪表是人类认识世界的重要工具,是信息采集、信息测量与处理的重要手段和设备。仪器仪表广泛地应用在经济建设、科学研究和国防军工等多个部门。科学技术是第一生产力,而仪器仪表是推动科技进步和国民经济发展的关键技术之一。

智能仪器是一类新型的电子仪器,它由传统电子仪器发展而来,但又同传统电子仪器有很大区别。特别是微处理器的应用,使电子仪器发生了重大的变革。

回顾电子仪器的发展过程,从使用的元器件来看,它经历了真空管时代、晶体管时代和集成电路时代3个阶段。从电子仪器的工作原理来看,电子仪器的发展过程也经历了3代。

第1代是模拟式电子仪器。它基于电磁测量原理,采用电磁式结构,利用指针来显示最终的测量结果。传统的指针式电压表、电流表、功率表等,均是典型的模拟式仪器。模拟式电子仪器的功能简单,精度低,响应速度慢。

第2代是数字式电子仪器。它的基本原理是利用 A/D 转换器将待测的模拟信号转换为数字信号,测量结果以数字形式输出显示。它的精度高,速度快,读数清晰、直观,测量结果可打印输出,也容易与计算机技术相结合。因为数字信号便于远距离传输,所以数字式电子仪器适用于遥测和遥控。

第3代是智能仪器。它是计算机技术与电测技术相结合的产物。它是在数字化的基础上利用微处理器进行测量过程管理和数据处理,使仪器具有运算、逻辑判断、数据存储等能力,并能根据被测参数的变化自选量程,可自动校正、自动补偿、自寻故障等,即具备了一定的智能,因此被称为智能仪器。本书讨论的智能仪器是指含有微处理器的电子测量仪器。

1.1.2 智能仪器的结构

智能仪器按其结构可分为两种类型,即微处理器内嵌式和微处理器扩展式。微处理器内嵌式是将单个或多个微处理器安装在仪器内部,并与其他电子元器件有机地结合在一起。微处理器是仪器的核心,起着测量过程控制和数据处理的作用。这种仪器的外形和传统仪器没有区别,其主要特点是体积小,也可做成便携式或手持式结构,使用方便。由于在设计中充分考虑到电磁兼容,因此能适应恶劣环境。另外,它带有各种接口,可以与计算机或网络连接。目前,微处理器内嵌式智能仪器在工业生产、科学研究、国防军事等部门应用广泛,其基本结构如图 1.1 所示。

图 1.1 中微处理器内嵌式智能仪器以单片机或 DSP 等微处理器为核心,通过总线及接

图 1.1 微处理器内嵌式智能仪器的基本结构

口电路与被测量输入通道、信号输出通道、仪器面板及外围设备相连。

微处理器扩展式智能仪器是以个人计算机（PC 机）为核心的测量仪器。由于 PC 机的应用已十分普遍，其价格也不断下降，因此从 20 世纪 80 年代起就开始有人给 PC 机配上不同的模拟通道，使之符合测量仪器的要求，并称其为个人计算机仪器（PCI）或微机卡式仪器。PCI 的优点是使用灵活，可以利用 PC 机已有的硬件和软件资源。更重要的是，PC 机的数据处理功能及内存容量远大于微处理器内嵌式仪器，因此 PCI 可以用于更复杂的、更高层次的信息处理，从而使仪器的功能更强大。此外，PCI 还可以利用 PC 机本身已有的软件包进行数据处理。如果将仪器的面板及各种操作按钮以图形的形式显示在 CRT 显示器上，就可得到软面板，构成虚拟仪器。图 1.2 所示为个人计算机式智能仪器的基本结构。

图 1.2 个人计算机式智能仪器的基本结构

与 PCI 相配的模拟通道有两种类型：一种是插卡式，即将所配用的模拟量输入通道以印刷板的插板形式，直接插入 PC 机机箱内的空槽中；另一种是插件箱式，即将各种功能插件集中在一个专用的机箱中，机箱备有专用电源，必要时也可以有自己的计算机控制器，这种结构适用于多通道、高速数据采集或一些有特殊要求的仪器。现在 VXI，PXI 总线机箱和计算机相连，构成智能仪器系统。

个人计算机是大批量生产的成熟产品，功能强大且价格便宜；个人仪器插件是个人计算机的扩展部件，设计相对简单，并有各种标准化插件供选用。因此，在许多场合，采用个人仪器结构的智能仪器比采用内嵌式智能仪器具有更高的性价比，且研发周期短，研发成本低。

个人仪器可选用厂家开发的专用软件(这种软件往往比用户自己开发的软件更完善),即使自动开发软件,由于基于 PC 平台,有操作系统支持,因此开发环境良好,开发也十分方便。另外,个人仪器可通过其 CRT 显示器向用户提供功能菜单,用户可通过键盘等进行功能、量程选择;个人仪器还可以通过 CRT 显示器显示数据,通过打印机打印测试结果(显示和打印的驱动程序也由厂家开发完成),因此用户使用十分方便。但这种仪器的电磁兼容性不如内嵌式智能仪器好,很难获得高性能指标。个人仪器能充分运用个人计算机的软硬件资源,发挥个人计算机的巨大潜力,可获得较高的性价比。内嵌式智能仪器大多是各种专用仪器,体积小,性能指标高。用户可以根据需要选择这两种结构的仪器。

1.1.3　智能仪器的特点

计算机技术与测量仪器相结合产生了智能仪器,由于使用了计算机,仪器的功能得以扩展,使指标大大提高,而且呈现出某些智能特点,具有很大的发展潜力。智能仪器具有以下几方面特点。

1. 智能仪器汇集各种高新技术

俄国著名化学家门捷列夫曾说过:"没有测量就没有科学。"人们为了准确、深刻、全面地认识世界,必须利用一切先进的科学原理和技术手段来研制、开发各种新型的仪器,通过先进的仪器发现并认识新的现象、规律和原理。智能仪器就是随着各种新技术的发展而发展的,是与电子技术、计算机、传感技术、信号处理、网络等领域的新技术相融合的产物。智能仪器汇集各种高新技术,如新原理、新设计概念、新器件、新材料和工艺技术都在智能仪器中得到了应用。

2. 测量过程的软件控制

智能仪器中的微处理器可以对测量过程进行控制,实现测量自动化。例如,可实现自稳零放大、自动极性判断、自动量程切换、自动报警、过载保护、多点巡回检测等。测量过程用软件控制之后,简化了原有数字化仪器的硬件结构,缩小了体积及功耗,提高了可靠性,增加了灵活性,使仪器的自动化程度更高。智能仪器在软件的控制下,可以方便地实现人机对话、自检、自诊、自校准以及 CRT 显示、输出打印和制图等功能。这就是人们常说的"以软(件)代硬(件)"的效果。

软件在智能仪器中占有举足轻重的作用,它给智能仪器的设计带来了很大方便。当需要改变功能时,只改变程序即可,并不需要改变硬件结构,因此,灵活性非常强,但软件的工作速度相对硬件逻辑较慢,这是软件控制的特点。现在高档单片机的运行速度较快,一般都能满足智能仪器实时控制的要求。

3. 强大的数据处理功能

对测量数据进行存储及运算的数据处理功能是智能仪器最突出的特点,它主要表现在改善测量的精确度及对测量结果的再加工两个方面。

在提高测量精确度方面,大量的工作是对随机误差及系统误差进行处理。过去传统的方法是用手工的方法对测量结果进行事后处理,不仅工作量大,工作效率低,而且往往会受到一些主观因素的影响,使处理结果不理想。在智能仪器中利用软件对测量结果进行实时的、可靠的处理可收到很好的效果,不仅方便、快速,而且可以避免主观因素的影响,使测量的精确度及处理结果的质量都大为提高。软件可以实现各种算法,不仅可实现各种误差的计算及补偿,而且使在线测量仪器常遇到的诸如非线性校准等问题也变得易于解决。

对测量结果进行再加工,可使智能仪器提供更多高质量的信息量。例如,一些信号分析仪器在计算机的控制下,不仅可以实时采集信号的实际波形,在 CRT 显示器上复现,并可在时间轴上进行展开或压缩,还可对所采集的样本进行数字滤波,将淹没于干扰中的信号提取出来;也可对样本进行时域(如相关分析、卷积、反卷积、传递函数等)分析或领域(如幅值谱、相位谱、功率谱等)分析。这样就可以从原有的测量结果中提取更多的信息量。这类智能仪器在生物医疗、语音分析、模式识别和故障诊断等方面都有广泛的应用。

4. 多功能化

传统电子仪器的功能仅取决于硬件,仪器的结构、电路按照特定目标设计,仪器的功能比较单一。智能仪器中的微处理器可以进行测量过程控制及数据处理,因此容易实现多功能化,这是智能仪器的主要特点之一。例如,智能化电度表测量出电流、电压、相位后,通过计算很容易求出有功功率、无功功率、视在功率、电能及功率因数等,还可进行分时计费,预置用电量需求,具有自动记录、打印、报警及控制等功能。这样多的功能如果不用计算机控制,是不可能实现的。

5. 操作自动化

智能仪器的自动化程度高,通常都能自动选择量程、自检、自校准,有的还具有很强的自测试和自诊断功能,它能测试自身的功能是否正常,如果不正常,还能判断故障所在的部位,并给出提示,大大提高了仪器的可靠性,给使用和维修带来了很大的方便。

6. 对外开放性及网络化

智能仪器通常都具有扩展接口,方便扩展和对外通信,在自动测试系统中能很方便地接受遥控,实现自动测试。

随着网络技术的发展,智能仪器迅速地朝着网络化方向发展。分布在不同地点的不同仪器仪表通过网络联系在一起,进行数据和信息传输,实现信息和资源共享,进行网络化测量。

1.2　智能测试技术的发展

1.2.1　智能仪器的发展趋势

智能仪器总体的发展趋势是朝着小型化、微型化、集成化、数字化、多功能化、智能化、网络化、自动化的方向发展。仪器的性能、精度、灵敏度、稳定性、可靠性等指标将不断提高。当前仪器的微型化、智能化和网络化尤其受到人们的关注。

1. 技术指标不断提高

提高仪器仪表的技术指标是测量技术永恒的追求,其技术指标的高低标志着一个国家测量技术的水平。现在仪器仪表的测量范围不断扩大,测量值朝着极大、极小的方向发展。

如电压从纳伏到 100 万伏;电阻从超导到 $10^{14}\Omega$;谐波测量到 51 次;加速度从 $10^{-14}g \sim 100g$;频率测量至 10^{12}Hz;压力测量至 10^8Pa 等;温度测量从接近绝对 0 ℃至 10^8℃等;测量的准确度、灵敏度、响应速度不断提高。智能化技术发展有助于仪器仪表功能的扩展和技术指标的提高。

2. 小型化、微型化

随着微电子技术的迅速发展,大规模和超大规模集成电路的集成度越来越高,体积越来越小。嵌入式微处理器和计算机的功能日趋强大,而体积也不断缩小,为智能仪器的小型化、微型化提供了条件。智能仪器的小型化、微型化对航空航天、医疗等有重要意义。

仪器仪表的小型化,也使得各种便携式、手持式仪器走进千家万户。特别是随着社会发展和生活水平的提高,人们对自己的生活质量和健康水平日益关注,为了食品安全和保健,检测食品质量的便携式仪器仪表以及健康状况和疾病警示仪器仪表将有较好发展。

3. 智能化

现在的智能仪器能自动地对测量过程进行控制,自动对测量数据进行处理、分析和判断,能实现自校准、自诊断,被认为具有一定的智能。但这类智能仅仅是低级的智能,与人类的智能行为还相距甚远。人们一直在研究如何利用计算机实现人类的智能行为,使机器像人那样思维、分析、推理、判断和学习。这正是人工智能研究的内容和追求的目标。随着人工智能的发展,智能仪器的智能水平也在不断提高,未来将具有更高层次的智能。

4. 系统化

随着科学技术的发展和生产自动化程度的提高,系统中需要被测的物理量越来越多,被测量的分布空间不断扩大。例如,一个大型水电站的测控系统,仅检测大坝安全性的传感器就达数千个,而且分布在整个大坝的不同位置上。又如,为了保证飞船、卫星正常运行,安装了大量传感器进行实时监测,各种测控装置构成了一个完整的自动测试系统。对于复杂的测量任务,几台仪器是无法完成的,而是需要多台仪器和大量传感器组成测试系统。测量技术正向着系统化的方向发展。

5. 网络化

随着计算机和网络技术的发展,测量技术也向着网络化的方向发展。智能仪器安装网络接口,可以通过网络方便地将分布在不同地域的仪器连接起来,组成分布式测量系统。特别是 Internet 的出现,促进了网络化仪器的发展。网络化仪器可以实现数据和资源共享,使一台仪器为更多的用户所使用,降低了测量成本,扩大了被测量的空间分布范围,可以实现跨地域测量,高效地完成各种复杂艰巨的测量控制任务。对于远程的、有危险的、环境恶劣的被测对象,可以通过网络中的仪器进行测量,并将测量数据通过网络传给用户。

1.2.2　虚拟仪器

虚拟仪器的概念是美国国家仪器公司于 1976 年提出的,在 20 世纪 90 年代得到了迅猛发展。虚拟仪器是在以通用计算机为核心的硬件平台上,由用户设计定义虚拟面板,通过软件控制相应的硬件来实现各种测试功能。虚拟仪器充分利用计算机的软硬件资源,利用 PC 机显示器的显示功能来模拟传统仪器的控制面板,利用计算机强大的软件功能进行测量过程的控制、数据运算、信号分析和处理,利用 I/O 接口完成信号的采集、测量与调理,测量结果可以以多种形式输出,并能通过各种通信接口进行传输。

虚拟仪器的硬件平台由计算机和 I/O 接口设备两部分组成。计算机一般为 PC 机或工控机,它是硬件平台的核心。I/O 接口设备主要包括信号采集、调理、放大、模数转换、传感器等模块。

软件是虚拟仪器的核心,在虚拟仪器设计中尽可能地用软件代替硬件。虚拟仪器的软件由应用程序和驱动程序构成。应用程序包括实现虚拟面板功能的前面板程序和定义测试功能的流程图软件程序。驱动程序是一套可被用户调用的子程序或动态链接库。用户只需调用相应的一些函数就可以完成对仪器各种功能的操作。

开发虚拟仪器需要利用开发工具。常用的虚拟仪器软件开发工具有如下两类:一种是文本式编程语言,如 Visual C++,Visual Basic,Lab Windows/CVI 等;另一类是图形化编程语言,如 LabVIEW,HP VEE 等。

由于虚拟仪器具有开放式结构,软件和硬件模块标准化,易于开发,因此虚拟仪器的应用日益广泛。利用虚拟仪器技术可以方便地设计各种专用测试系统,在工业自动化领域有广阔的应用前景。

1.2.3　网络化仪器

网络化仪器是测量技术与计算机、网络技术、信息处理技术相结合的产物。由于 Internet 的出现,各种仪器可以通过互联网连接起来,实现测量数据和测试设备资源共享,并可以通过网络协议共同完成测试任务。这种借助网络通信技术和智能仪器技术共享系统中的软硬件资源的仪器称为网络化仪器。网络化仪器可以通过网络突破时空和地域的障碍,将仪器、外围设备、测试对象及数据库等连接起来,使昂贵的仪器设备为更多的用户使用,提高设备的使用率,降低测试成本。例如,远程数据采集、远程设备故障诊断、远程医疗、高档测量仪器设备资源的远程调用等,都可以通过连接在网络上的多个网络化仪器实现。

另外,分布在不同地点的网络化仪器,可以在统一的参照信息(同一时间参照信息、统一空间参照信息等)下,协同一致地对某一目标进行测试。协同测试不仅是简单地将多个仪器进行简单的组合,还需要严格的测试流程、测试节拍以及参考基准。同时,还要求各个仪器或仪器模块之间具有某种协调功能。传统仪器大多数还是一个封闭系统,一般不具有协同测试能力。

现在国内外一些电子仪器公司积极地研制开发网络化仪器,如安捷伦公司已研制出具有网络功能的 16700B 型网络化逻辑分析仪,可以实现远程控制、访问和检测,并通过网络将测得的数据传送给本地计算机。网络化是智能仪器的一个重要发展方向。

1.2.4　仪器总线技术

仪器总线是一组互联信号线的集合,是在模块、仪器、设备之间传输信息的公用信号线,通常包括数据总线、地址总线和控制总线。具有总线结构的模块、仪器或系统可以方便地连接在总线上,组成自动测试系统,通过总线传输各种信息,在控制器的作用下自动完成各种测试任务。仪器总线系统具有互换性、可扩展性和可维修性等特点。

第一代仪器总线 GPIB(General Purpose Interface Bus,也称 IEEE488 总线)是 20 世纪 70 年代由 HP 公司(Agilent 公司前身)推出的。GPIB 总线上最多可以连接 15 台仪器,通过三线挂钩技术传输数据和地址。数据传输率不超过 1 M 字节每秒。GPIB 总线的开放性、通用性和可扩展性大大地促进了测量仪器和测量系统的发展。从此,人们开始研究更快、更可靠的仪器总线。

20 世纪 80 年代中期,由 HP,Tekronix 等五家国际著名的仪器公司成立了 VXIbus 联合体,开发了 VXI 总线(VMIbus Extension for Instrument)。几经修改和完善,于 1992 年被 IEEE 接纳为 IEEE-1155-1992 标准。VXI 是 VME 总线对于仪器的扩展,它基于计算机中的 VME 总线,将计算机总线与仪器总线合为一体,是一个开放的体系结构标准。VXI 总线系统最多有 256 个器件,高速数据传输,模块化结构,体积小,组建和使用灵活,充分发挥了计算机效能和标准化程度高等优点,具有较好的灵活性。VXI 总线在航空航天、电力、交通等部门得到了广泛应用。

1997 年 9 月 1 日,NI 发布了一种全新的开放性、模块化仪器总线规范——PXI。PXI 是 PCI 在仪器领域的扩展(PCI eXtensions for Instrumentation),PXI 总线在 Compact PCI 总线的基础上,增加了用于多板同步的触发总线和参考时钟,用于精确定时的星形触发线,相邻模块之间的高速数据交换的局部总线,以满足模块化测量和控制的需求。PXI 总线成为业界的开放式总线标准,是一个高性能、低成本的测试平台。

21 世纪 Internet 技术的迅速发展给测量与仪器仪表技术带来了前所未有的发展空间和机遇,网络化测量技术与网络功能的新型仪器应运而生。人们开始关注将仪器与网络连接起来,开发利用 LAN(局域网)的新一代仪器总线标准。2004 年 9 月,Agilent 公司和 VXI 科技公司联合推出了新一代基于 LAN 的模块化平台标准 LXI 总线(LAN-based eXtensions for Instrumentation)。LXI 基于以太网标准(IEEE 802.3)提供了基于 Web 的人机交互和程控接口;LXI 模块采用自集成和标准化设计,使系统搭建更为方便和灵活;LXI 具备灵活的仪器驱动程序和编程接口,以支持仪器的互换性、互操作性和软件的可移植性,满足了研发和制造工程师为国防、汽车、工业、医疗和消费品市场开发电子产品的需要。

1.2.5 基于智能理论的高级智能仪器

1. 关于智能仪器的智能

目前广泛应用于各种领域的智能仪器,由于采用了计算机技术,因此具有一定的智能。所谓的智能主要表现在测量过程的自动化和数据处理方面,例如,仪器可以自动选择量程,自动存储、显示、打印,具有自校准、自诊断等功能。

智能是人类的思维活动,是知识和智力的总和。智能行为包括分析、判断、推理及自学习。多年来人们一直在研究如何利用计算机模拟来实现人类的智能,这就是人工智能研究的内容。目前各种智能仪器,虽然冠之以"智能"二字,但其实智能行为和人类智能相差甚远。

中国仪器仪表学会在对我国仪器仪表市场需求的分析报告中指出:"未来 10 年,更高程度的智能化应包括理解、推理、判断与分析等一系列功能,是数值、逻辑与知识的结合分析结果,智能化的标志是知识的表达与应用。"这种基于知识的仪器将具有更高的智能,这是未来智能仪器的发展方向。

2. 高级智能仪器的展望

高级智能仪器具有类似人类的更高层次的智能,它不仅能够对被测对象进行测量,而且具有强大的信息处理功能,它不仅处理数据,也处理知识。智能仪器可以对测量数据进行分析,并利用智能仪器知识库中的知识进行分析、推理和判断。仪器输出的不仅是数据及对数据分析的结果,还有经过思维、分析后得到的对被测对象更全面的认识。

自学习是智能仪器的重要功能,人类通过学习不断积累知识和经验,实现自我完善。未来的智能仪器和智能测试系统将具有自学习功能,它能够在测量过程中对被测对象状态做出估计,建立关于被测对象、环境及干扰的数学模型,用来充实、更新知识库中的知识。这样就可以在测量测试过程中,根据以往的经验和积累的知识,选择最佳的测量方法和策略,并进行误差补偿,提高测量精度。

高级智能仪器可以实现自主测量,人们只需要将测量任务告诉智能仪器,而不必告诉它怎样测量,智能仪器就可以自主地完成测量任务。

3. 实现高级智能仪器的理论方法

智能仪器智能水平的提高取决于智能理论和技术的发展。自 1956 年人工智能(Artificial Intelligence)诞生以来,各国科学家和科技工作者一直努力探索用机器实现人类智能。尽管面临着许多困难和挑战,但人工智能的研究已获得十分可喜的成就。近年来,人们借鉴仿生学思想,基于生物进化、神经网络等某些机制,用数学语言抽象描述、模仿生物体系和人类的智能机制,产生了计算智能(Computational Intelligence);模拟人类或自然界其他生物处理信息的行为,研究出各种智能信息处理方法。这些智能理论和方法都是模仿人类智能机制,但是人类思维的奥秘还有待于探索,实现人类智能还有很长的路。

高级智能仪器是测量技术和智能技术相结合的产物。智能仪器的实现需要应用人工智能、计算智能(进化计算、神经计算及模糊计算)、信息融合、模式识别、粗糙集理论、数据挖掘、智能信息处理(如粒子群算法、蚁群算法等)等智能理论和方法。近年来,智能理论和技术蓬勃发展,将不断引领智能仪器的进步。

1.3　智能仪器常用微处理器

1.3.1　智能仪器中的微处理器

在智能仪器中,单片机是核心,因此在硬件设计时应首先考虑单片机的选择,然后再确定与之配套的外围芯片。在选择单片机时,要考虑的因素有字长(即数据总线的宽度)、寻址能力、指令功能、执行速度、中断能力以及市场对该种单片机的软、硬件支持状态等。当前市场上单片机的种类和型号很多,有 8 位、16 位以及 32 位;有 I/O 功能强大、输入/输出引脚多的;其内含 ROM 和 RAM 各不相同,有扩展方便的,有不能扩展的;有带片内 A/D 转换器的,有不带片内 A/D 转换器的。因此要结合系统 I/O 通道数,选择合适的单片机型号,使其既满足测控对象的要求,又不浪费资源。

选择单片机时一般应遵循以下规则:

(1)根据系统对单片机的硬件资源要求进行选择,主要考虑如下因素:

①数据总线字长、运算能力和速度(如位数,取指令和执行指令的方式,时钟频率,有无乘法指令等)。

②存储器结构(如 ROM、OTP、EPROM、FLASH,外置存储器和片内存储器等)。

③I/O 结构功能(如驱动能力和数量、A/D 转换器、D/A 转换器及其位数、通信端口的数量、有无日历时钟等)。

(2)选择最容易实现设计目标且性价比高的机型。

(3)在时间紧的情况下,首先选择熟悉的机型,应考虑手头所具备的开发系统等条件。

(4)选择在市场上具有稳定充足的货源和具有良好品牌的机型。

1.3.2 MCS-51 系列单片机

MCS-51 系列单片机是 Intel 公司于 20 世纪 80 年代初研制成功的,很快就在各行业得到推广和应用。20 世纪 80 年代中期,Intel 公司先后以专利转让的形式把 8051 内核转给了 Atmel,Philips,Analog Devices 和 Dallas 等许多半导体厂家。这些厂家生产的芯片是 8051 系列的兼容产品,准确地说是与 8051 指令系统兼容的单片机。这些单片机与 8051 的系统结构(主要指指令系统)相同,采用 COMS 工艺,因而常用 80C51 系列来称呼所有具有 8051 指令系统的单片机。这些厂家一般都对 8051 做了一些扩充,功能和市场竞争力更强。现在以 8051 技术核心为主导的微控制器技术已被 Atmel,Philips 等公司所继承,并且在原有基础上又进行了新的开发,形成了功能更加强劲的兼容和 51 系列的多系列化单片机。

目前,国内市场上以 Atmel 和 Philips 公司的 51 系列单片机居多,占据大部分市场,其他 51 系列单片机,诸如 Winbond 的 W78E 系列、Analog Devices 的 AduC 系列和 Dallas 的 DS8XC 系列等,也都各自占据一定的市场份额。

Atmel 公司的 AT89 系列产品,如 AT89CSX,AT89S5X,ATS9LV5X 以及 AT89LS5X,具有"三总线"构架;40 脚封装;在内部包含了 4 KB 以上可编程 Flash 程序存储器;具有 3 级程序存储器锁定;可进行 1 000 次读/写操作;具有待机和掉电工作方式。型号中的"9"表示芯片内部有 Flash 程序存储器,"C"表示 CMOS 产品,"LV"表示低电压,"S"表示可下载的 Flash 存储器。

Philips 公司的 P87LPC700 系列单片机,在 Intel 公司的 8051 核心技术的基础上进行了技术开发和创新,推出了与 8051 兼容的、独特的、功能更强的高性能 OTP 单片机系列。其典型产品有 P87LPC762/764,这是一系列 80C51 改进型单片机,增加了 WDT,I^2C 总线;其两个模拟量比较器可组成 8 位 A/D 及 D/A 转换器;具有上电复位检测和欠压复位检测;保证 I/O 口驱动电流达到 20 mA;运行速度为标准 80C51 的 2 倍;温度范围为-40 ~ 85 ℃;有片内 RC 振荡器;本身的可靠性极高,具有低功耗特性及彻底的不可破译性。Philips 公司还推出了一些 20 脚 A/D 转换器、D/A 转换器的单片机,如 P87LPC767/768/769,还有其他引脚不等的一系列单片机。

Philips 公司以 P89LPC900 系列为代表,其特点是无三总线构架,内部增加了许多功能部件,如 LCD 段驱动器、模拟比较器、I^2C 通信端口和看门狗定时器等,其内部 Flash 同时可

作 E^2PROM 使用,且内含 RTC 日历时钟功能等。P89LPC900 系列基于 6 倍速 80C51 兼容内核,内嵌 Flash 程序存储器,可实现在应用编程(IAP)/系统编程(ISP)和快速的 2 ms 页编程/擦除周期;包括 512 字节片内 E^2PROM 和 768 字节 SRAM 数据存储器;包括 16 位捕获/比较/PWM、3 MB/s 的 SPI 和 400 KB/s 的 I^2C 总线、增强型 UART、看门狗定时器和用户可选择的电源管理器功能;带有精度为±2.5% 的内部振荡器,是一款高性能单片机。

高档型单片机除了具有基本型的优点外,还增加了许多高性能的附件,如高速 A/D 转换器、高速指令等。C8051F000 系列单片机是高档型单片机的代表。这个系列的单片机与8051 兼容,每种芯片都有 4 个 8 位 I/O 端口,4 个 16 位定时器,1 个可编程增益放大器,2 个12 位 D/A 转换器,2 路 DCA 输出;包含电压基准和温度传感器;有 I^2C/SMBus、UART、SPI等多种串行接口和 32 KB 的 Flash 存储器;包含 1 ~ 2 个电压比较器;有 1 个真正的 10 ~ 12位多通道 A/D 转换器,A/D 转换器的最高速率达 100 KB/s;片内 RAM 有 256 ~ 2 304 字节,指令执行速度达 20 ~ 25 MIPS(兆条指令每秒);还具有 JTAG 调试功能;工作电压为 2.7 ~3.6 V,温度范围为-45 ~ 85 ℃。

C8051F000 系列单片机具有片内 VDD 监视器、WDT 和时钟振荡器。这些单片机是真正能独立工作的片上系统,每个单片机都能有效地管理模拟或数字外围设备。Flash 存储器还具有重新编程的能力,可用于非易失性数据存储,允许现场更换单片机器件。为降低功耗,每个单片机可以关闭单个或全部外围设备。

C8051F12X/13X 系列单片机在 C8051F000 系列单片机的基础上扩展了芯片性能。这个系列的单片机都包含外部存储器接口、电压基准、温度传感器、I^2C/SMBus、SPI、2 个UART、5 个 16 位定时器和可编程计数器阵列以及 2 个模拟比较器。各种芯片还包括其他不相同的功能部件。

1.3.3　PIC 系列单片机

美国 Microchip 公司的 PIC 系列单片机推出了采用精简指令集计算机 RISC 和哈佛双总线、两级指令流水线结构的高性价比的 8 位微处理器,具有高速(指令最快 160 ns)、低电压(最低可达 3 V)、低功耗(在 3 V,32 kHz 时为 15 μA)、I/O 口驱动能力强(灌电流可达25 mA)、一次性编程 OTP、价格低、体积小(8 引脚)、指令简单和易学易用等特点,体现了单片机发展的新趋势。

PIC8CXXX 系列是 PIC 单片机中的高性能 16 位单片机,它集高性能、CMOS、全静态、A/D转换器于一体,内含灵活的 OTP 存储器,带有先进的模拟和数字接口,可用作片上系统,具有嵌入控制分层控制能力,为用户提供了完善的片上系统解决方案。

在大多数单片机中,取指令和执行指令都是按顺序进行的;而在 PIC 单片机指令流水线结构中,取指令和执行指令在时间上是相互重叠的,所以 PIC 系列单片机可能实现单周期指令。只有涉及改变程序计数器 PC 值的程序分支指令(如 GOTO,CALL)等才需要两个机器周期。

PIC 系列单片机在办公自动化设备、消费电子产品、通信、智能仪器仪表、汽车电子、金融电子和工业控制等不同领域都有着广泛的应用。

1.3.4　Motorola 公司 68 系列单片机

Motorola 公司自 1974 年推出了第一款 MC6800 单片机之后,相继又推出了 MC6891,MC6804,MC6805,MC68HC08,MC68HC11,MC68HC16,MC68300 和 MC68360 等系列单片机。其中 MC6805 和 MC68HC08 是 Motorola 公司 8 位单片机应用最广泛的两个典型机型。

MC6805 系列单片机主要由 8 位 CPU,64～920 B RAM,0.9 B～32 KB ROM 和各种 I/O 功能端口组成。MC68HC08 系列单片机是在 MC6805 单片机的基础上改进的 8 位单片机系列。为适应不同的应用,公司还推出了多种专用型号的单片机,例如通用的 GP,JL,XL 型,适用于汽车控制的 AZ 型,适用于模糊控制的 KK,KJ 型,适用于马达控制的 MR 型以及适用于电路应用的 W 型等。它们在变频控制、模糊控制、电话通信、家用电器和汽车控制等方面有很广泛的应用。

MC6808 系列单片机的主要特性如下:与 MC6805 系列单片机的目标码完全兼容;64 KB 程序/数据存储空间;8 MHz CPU 内部总线频率;16 种寻址方式;可扩展的内部总线定义,用于寻址超过 64 KB 的地址空间;用于指令操作的 16 位变址寄存器、16 位堆栈指针和相应的栈操作指令;不使用累加器与存储器之间的数据移动,BCD 码指令进一步增强;快速 8 位乘法和 16 位除法指令;内部总线灵活多变,可适应 CPU 增强外设(如 DMA 控制);完全的静态低电压/低功耗设计。

1.3.5　MSP-430 系列单片机

MSP-430 系列单片机是 TI 公司推出的超低功耗、功能集成度高的 16 位单片机,特别适用于功率消耗要求较低的场合,广泛应用于自动信号采集系统、液晶显示的智能仪器、智能检测与控制系统、医疗与运动设备、家用电器和保安系统等领域。

MSP-430 系列单片机采用存储器结构,对存储器进行统一编址,利用公共存储器控件对系统的全部功能模块寻址。采用精简指令集结构,具有丰富的寻址方式(7 种源操作数寻址,4 种目的操作数寻址)、简捷的 27 条内核指令及大量的模拟指令、高效的查表处理指令,大量的寄存器及片内数据存储器可以参与多种运算。MSP-430 的主要特点如下:

(1)运算速度快。

能在 25 MHz 晶体驱动下实现 40 ns 的指令周期。16 位数据宽度、40 ns 的指令周期与多功能硬件乘法器相配合,可以完成数字信号处理中的某些运算(如 FFT 等)。

(2)超低功耗。

电源电压采用 1.8～3.6 V,在 1 MHz 的时钟条件下运行时,芯片最低电流为 165 μA,RAM 保持模式下的最低功耗只有 0.1 μW。

(3)片内资源丰富。

每个系列芯片内都集成了较丰富的片内外设,如看门狗、模拟比较器、定时器、硬件乘法器、液晶驱动器 10/12 位 ADC 及 16 位 Σ-ΔADC、DAM、I/O 端口等。

(4)方便高效的开发环境。

同其他微处理器相比,MSP-430 系列可以大大延长电池的使用寿命;6 s 的启动时间可以使启动更加迅速;ESD 保护抗干扰能力强;低电压供电;多达 64 KB 的寻址控件,包含

ROM、RAM、闪存 RAM 和外围模块;通过堆栈处理中断和子程序调用,层次无限制;仅 3 种指令格式,且全部为正交结构;尽可能做到 1 字节/指令;7 种源操作数寻址,4 种目的操作数寻址;外部中断引脚 I/O 口具有中断能力;对同时发生的中断按优先级别处理;嵌入中断机构,支持在中断服务过程中再次响应其他中断;外围模块地址为存储器分配全部寄存器,不占用 RAM 控件,均在模块内;定时器中断可用于事件、计数、时序发生、PWM 输出等;具有看门狗功能;有 10 位或更高精度的 A/D 转换器;MSP-430 全部为工业级 16 位 RISC 体系单片机,适应工作环境温度为-40 ~ 85 ℃。

MSP-430 系列单片机特别适用于电池供电的低功耗产品,如能量表(水表、电表、气表等)、手持式设备、智能传感器等。现在 MSP-430 系列单片机的型号已有 100 多种,应用日益广泛。

1.3.6　基于 ARM 内核的单片机

ARM(Advanced RISC Machines)公司是英国著名的半导体设计公司,所设计的微处理 ARM 约占据了 32 位 RISC 微处理器 75% 以上的市场份额。其特点是内核耗电少、成本低、功能强,特有 16/32 位双指令集。ARM 已广泛应用于嵌入式控制、测量、多媒体、消费电子等领域,ARM 技术正在逐步渗入人们生活的各个方面。

ARM 公司是专门从事基于 RISC 技术设计开发芯片的公司,作为知识产权供应商,其本身不直接从事芯片生产,而是靠转让技术许可,由合作公司生产各具特色的芯片。世界各大半导体生产商从 ARM 公司购买其设计的 ARM 微处理器核,根据各自不同的应用领域,加入适当的外围电路,从而形成自己的 ARM 微处理器芯片供应市场。

目前 Atmel,ADMtek,Cirrus Logic,Intel,Linkup,UetSilicon,Samsung,TI 和 Triscend 等公司生产的带 ARM 内核的嵌入式芯片,大部分嵌入的内核是 ARM7 和 ARM9。常见的具有 ARM 核的单片机有 Atmel 公司的 AT91 系列单片机,Philips 公司的 LPC2100,LPC2200 系列的 ARM 单片机,Cirrus Logic 公司的 EP 系列单片机以及 Samsung 公司的 ARM7,ARM9 系列单片机。下面对部分芯片做简要介绍。

Atmel 公司的 AT91 系列单片机是基于 ARM7TDML 嵌入式单片机的 16/32 位单片机,是目前国内市场上应用最广泛的 ARM 单片机之一。AT91 系列单片机定位在低功耗和实时控制应用领域,目前市场上常用型号有 AT91M40800, AT91FR40162, AT91M55800 和 AT91M63200。其主要特点如下:ARM7 TDMI 32 位 RSIC 微处理器核,内置 SRAM,ROM 和 Flash,丰富的片内外围设备,10 位 ADC/DAC,工业级领先低功耗;先进的电源管理提供空闲模式;快速、先进的向量中断控制器;段寄存器提供分离的栈和中断模式。AT91 系列单片机已成功地应用于工业自动化控制、MP3/WMA 播放器、智能仪器、POS 机、医疗设备、GPS 和网络系统产品中。

Philips 公司的 LPC2100/LPC2200 系列,基于一个支持实时仿真和跟踪的 16/32 位 ARM7TDMI-S 型 CPU,并带有 128/256 KB 嵌入的高速 Flash 存储器。128 位宽度的存储器接口和独特的加速结构,可实现高达 60 MHz 的工作频率;10 位 A/D 转换器,转换时间低至 2.44 μs;CAN 接口,带有先进的验收滤波器;多个串行接口,包括 2 个 16C550 工业标准 UART、高速 I^2C 接口(400 kHz)和 2 个 SPI 接口、PWM 输出以及多达 9 个外部中断。通过片内 boot 装载程序,实现在系统编程(ISP)和在应用编程(IAP);Embedded ICE 可设置断点和观察点;由于 LPC2100 系列采用非常小的 64 脚封装,功耗极低,因此它们特别适用于智能仪器、工业控制、医疗系统、访问控制和电子收款机(POS)等应用领域。

Cirrus Logic 公司带 ARM 核的 EP 系列芯片主要产品有 EP7211/7212,EP7312,EP7309和 CL-PS7500FE 等。EP7211 是一款高性能、超低功耗的芯片,器件围绕 ARM720T 处理器核设置,有 8 KB 的 4 组相连的统一 Cache 和写缓冲,含增强型存储器控制单元(MMU),支持微软公司的 Windows CE;超低功耗,LCD 控制器和 DRAM 控制器;ROM/SRAM/Flash 存储器控制;37.5 KB 片上 SRAM,用于快速执行程序或作为帧缓冲;片上 ROM,用于支持制造引导;2 个 UART(16550 型)、4 个同步串行接口、27 个通用 I/O 端口和 2 个定时/计数器;SIR(速率高达 115 KB/s)红外编码;PWM 接口,支持 2 个超低功耗 CL-PS6700PC 卡控制器,支持全 JTAG 边界扫描和嵌入式 ICE。它主要应用于手持计算机、个人数字音频播放器和 Internet 电气设备等领域。

1.3.7　ARM 单片机的选择

现在 ARM 单片机的应用日益广泛。由于 ARM 单片机有多达十几种内核结构,几十个芯片生产厂家,以及千变万化的内部功能配置组合,给开发人员在选择方案时带来了一定的困难,因此选择 ARM 微处理器时要注意以下几个问题。

(1)ARM 微处理器核心的选择。

如果希望使用 Windows CE 或标准 Linux 等操作系统,以减少软件开发时间,就需要选择 ARM720T 以上带有 MMU(Memory Management Uint)功能的 ARM 芯片,ARM720T,ARM920T,ARM922T,ARM946T,Strong-ARM 都带有 MMU 功能。而 ARM7TDMI 则没有MMU,不支持 Windows CE 和标准 Linux,但目前有 uCLinux 等不需要 MMU 支持的操作系统可运行于 ARM7TDMI 硬件平台上。

(2)系统的工作频率。

系统的工作频率在很大程度上决定了 ARM 单片机的处理能力。ARM7 系列单片机的典型处理速度为 0.9 MIPS/MHz,常见的 ARM7 芯片系统主时钟为 20 ~ 133 MHz,ARM9 系列单片机的典型处理速度为 1.1 MIPS/MHz,常见的 ARM9 芯片系统主时钟频率为 100 ~233 MHz,ARM10 最高可以达到 700 MHz。不同芯片对时钟的处理不同,有的芯片只需要一个主时钟频率,有的芯片内部控制器可以分别为 ARM 核 USB、UART、DSP、音频等功能部件提供不同频率的时钟。

(3)芯片内存储器的容量。

大多数的 ARM 微处理器片内存储器的容量都不太大,需要用户在设计系统时外扩存储器,但也有部分芯片具有相对较大的片内存储空间,如 ATMEL 的 AT91F40162 就具有高达 2 MB 的片内程序存储空间,用户在设计时可考虑选用这种类型,以简化系统设计。

(4)片内外围电路的选择。

除 ARM 微处理器核以外,几乎所有的 ARM 芯片均根据各自不同的应用领域,扩展相关功能模块,并集成在芯片之中,称之为片内外围电路,如 USB 接口、LCD 控制器、键盘接口、RTC、ADC 和 DAC、DSP 协处理器等,设计者应分析系统需求,尽可能采用片内外围电路完成所需的功能,这样既可简化系统的设计,又可提高系统的可靠性。

1.3.8　AVR 系列单片机

AVR 系列单片机是 Atmel 公司于 1997 年研制的 RISC 精简指令集的高速 8 位单片机,速度快,大多数指令只用一个时钟周期,比 51 系列单片机单周期指令快 12 倍;片内存储器采用 Flash 存储器,能有效地防止对程序的非法窃取;支持 C 语言编程;采用 CMOS 工艺,功耗低。AVR 系列单片机片资源丰富,接口功能强大。AVR 系列的单片机已形成系列产品,如 Attiny 系列、AT90 系列和 ATmega 系列。AVR 系列单片机应用于仪器仪表、计算机外设、通信设备、机器人等领域。

1.3.9　数字信号处理器

数字信号处理器(Digital Signal Processor,DSP) 是一种高性能的微处理器,它不仅具有微处理器的高速运算和控制能力,而且还能实时快速地完成数字信号处理算法。DSP 广泛应用于通信、多媒体及视频信号的实时处理。随着智能测试技术的发展,DSP 也越来越多地应用在各种高级智能仪器系统中。

1. DSP 的特点

DSP 区别于 CPU,MCU 等处理器。它主要是为了完成实时信号处理而设计的。信号处理算法的高效实现,是 DSP 芯片设计的核心。基于这一点,它在处理器结构、指令系统、指令流程和算法等方面均有较大的改进。其主要特点如下。

(1)哈佛结构。

早期的微处理器内部大多采用冯·诺依曼(Von-Neumann)结构,其片内程序空间和数据空间是合在一起的,取指令和取操作数通过一条总线分时进行,因此不能同时取指令和取操作数。当高速运算时,还会在传输通道上出现瓶颈现象。而 DSP 内部采用的是程序空间和数据空间分开的哈佛(Harvard)结构,它允许同时取指令(来自程序存储器)和取操作数(来自数据存储器),而且还允许在程序空间和数据空间之间相互传送数据。第二代改进的哈佛结构允许指令存储在高速缓存器(Cache)中,执行此指令时,不需要再从存储器中读取指令,节约了一个指令周期的时间。

(2)多总线结构。

DSP 芯片内部大多采用多总线结构,以保证在一个机器周期内可以多次访问程序空间和数据空间。例如,TMS320C54x 内部有 P,C,D,E 4 条总线(每条总线又包括地址总线和数据总线),可以在一个机器周期从程序存储器取一条指令,从数据存储器读 2 个操作数,向数据存储器写一个数据数,大大提高了 DSP 的运行速度。内部总线是 DSP 中十分重要的资源,总线越多,可以完成的功能就越复杂。

(3)流水线结构。

若执行一条指令,需要通过取指、译码、取操作数和执行等阶段。在 DSP 中采用流水线结构,程序运行过程中这几个阶段是重叠的。这样,在执行本条指令的同时,还能一次完成后面 3 条指令的取操作数、译码和取指任务,将指令周期降低到最小值。

利用这种流水线结构,加上执行重复操作,可以在单个指令周期内完成数字信号处理中最多的乘法累加运算。

（4）多处理单元。

DSP 内部一般包括多个处理单元，如算术逻辑运算单元（ALU）、辅助寄存器运算单元（ARAU）、累加器（ACC）单元以及硬件乘法器（MULT）单元等。它们可以在一个指令周期内同时进行运算，为下一次乘法和累加运算做好充分的准备。因此，DSP 的连续的乘加运算都在单周期完成。DSP 的这种多处理器单元结构，特别适用于 FIR 和 IIR 滤波器。此外，许多 DSP 的多处理单元结构还可以将一些特殊的算法，如 FFT 的位码倒置寻址和取模运算等，在芯片内部用硬件实现，提高了运行速度。

（5）特殊的 DSP 指令。

为了更好地满足数字信号处理的需要，在 DSP 的指令系统中，设计了一些特殊的 DSP 指令。例如，TMS320C25 中的 MACD（乘法、累加和数据移动）指令，TMS320C54x 中专门用于系数对称的 FIR 滤波器的 FIRS 指令。

（6）指令周期短。

早期的 DSP 的指令周期约为 400 ns，采用 4 pm 的 NMOS 制造工艺，其运算速度为 5 MIPS（每秒执行 5 百万条指令）。随着集成电路工艺的发展，DSP 广泛采用亚微米 CMOS 制造工艺，其运行速度越来越快。以 TMS320C54x 为例，其运行速度可达 100 MIPS。TMS320C6203 的时钟为 300 MHz，运行速度达到 2 400 MIPS。

（7）运算精度高。

早期 DSP 的字长为 8 位，后来逐步提高到 16 位、24 位和 32 位。为了防止在运算过程中溢出，有的累加器达到 40 位。此外，一批浮点 DSP，如 TMS320C3x，TMS320C4x 和 ADSP21020D等，则提供了更大的动态范围。

（8）硬件配置强。

新一代 DSP 的接口功能越来越强，片内具有串行口、主机接口（HPI）、DMA 控制器、A/D转换器、锁相环时钟产生器以及实现在片内仿真符合 IEEE 1149.1 标准的测试仿真接口等。另外，许多 DSP 芯片都可以工作在省电模式，大大降低了系统功耗。

正因为 DSP 具有上述特点，因此它在各个领域得到越来越广泛的应用。

2. TI 公司的 TMS320 系列 DSP

DSP 芯片种类繁多，常用的有 TI，AD 等公司的产品。其中美国的 TI 公司生产的 DSP 占较大的市场份额，在我国应用较广泛。TI 公司的 TMS320 系列 DSP 主要有 2000，5000，6000 三个系列。

TMS320C5000™DSP 是高性能、定点 DSP 芯片，主要用于无线电通信和消费类电子市场，如 3G 手机、数字播放机、数码相机 PDA（个人数字助理）、GPS 接收机等。

TMS320C6000™DSP 是定点及浮点 DSP 芯片，主要应用于图像处理、雷达、多媒体、网络交换等高端领域。

TMS320C2000™DSP 集微控制器和高性能数字信号处理功能于一身，具有很强的数据处理和数字控制功能，能够实现复杂的控制算法。该系列芯片整合了 Flash 存储器、快速的 A/D 转换器、增强的 CAN 模块、事件管理器、正交编码电路接口、多通道缓冲串口等外设，用户可以利用它开发出高性能数据采集和控制系统。

　　2000 系列主要包括 TMS320C281x,TMS320C280x(32 位定点)和 TMS320C283xx(32 位浮点)3 种处理器。TMS320C2812 是 32 位控制专用芯片,为自动控制、数据采集及处理、光学网络等应用而设计。它具有增强的电机控制外设,高性能的 A/D 转换器和改进的通信接口,具有 8 GB 的线性地址空间。C28x 的内核提供高达 150 MIPS 的计算速度,因此能够实时地完成许多复杂的控制算法。TMS320C283xx 具有浮点运算功能,它的运算精度高,信号处理功能更强,可以实时完成智能仪器中各种复杂算法和大量计算。F28335 是 TI 公司较新的产品,它的一大特点就是将浮点运算单元(Floating Point Unit,FPU)集成到控制器中,可以支持 32 位浮点运算,数据处理能力强。同时,F28335 内部有 12 位 A/D 转换器,具备 C28x 系列丰富的控制功能。这个芯片既能对传感器的数据进行采集和转换,又能实现复杂的信号处理算法,适用于信号处理功能强的智能仪器,同时在数字控制领域有广阔的应用前景。

　　另外一些用于频谱分析、声呐探测、地质勘探、地震监测、故障检测及诊断、大型医疗诊断的智能仪器,需要更强的数据处理及信号分析,可以用 TMS320C5000™,TMS320C6000™ DSP 芯片来实现复杂运算。有的仪器往往使用多个 DSP 芯片完成复杂的测量和信息处理任务。DSP 将在测控领域和智能仪器中得到日益广泛的应用。

思考题与习题

1. 设计智能仪器时应怎样选择单片机?
2. 单片机主要有哪些系列?
3. 以 8051 为内核的单片机制造公司有哪些? 它们各具有哪些特点?
4. 高档单片机增加了哪些附件? 在实际应用中具有哪些优势?
5. 什么是 ARM? 它具有哪些特点?
6. 什么是 DSP? 它具有哪些特点?

第2章 数据采集技术

2.1 概 述

在微型计算机应用于智能化仪器仪表、信号处理和工业自动化等的过程中,都存在着模拟量测量与控制问题,即将温度、压力、流量、位移及角度等模拟量转变为数字信号,再收集到微型机进一步予以显示、处理、记录和传输,这个过程称为数据采集,相应的系统称为数据采集系统。数据采集系统是外部被测模拟信号进入数字式测试系统的必经前置通道。

智能化仪表的数据采集系统硬件由两部分组成:一是信号的滤波、放大、采样、保持、转换部分;二是计算机及其接口部分。图2.1所示为一数据采集系统的结构框图。采样/保持(S/H)环节根据系统要求进行采样并保持采样值,多路开关从 S/H 环节选择一路送到 A/D (模/数)转换器进行 A/D 转换,转换结果(数字量)经接口进入计算机,存于寄存器或内存中。

图2.1 数据采集系统的结构框图

构成数据采集系统的常用方法如下:

(1)采用多片单一功能器件和分立元件,构成数据放大、采样保持、A/D 转换和接口电路,与计算机连接后形成数据采集系统,这种方法灵活,可适用于多种情况。

(2)采用单片数据采集系统芯片。

(3)采用数据采集卡(板)及其驱动软件。

数据采集包含模拟信号量化过程。首先要对模拟信号进行采样,将一个连续的时间函数 $f(t)$ 用时间离散的连续函数 $f^*(t)$ 来表示。理想采样是抽取模拟信号的瞬间函数值。采样信号仅对时间是离散的,而信号值依然是连续的,称为离散(对时间)的模拟信号。数字信号是量化的离散模拟信号,即数字信号不仅在时间上是离散的,而且在数值上也是离散的。量化精度取决于最小量化单位,称为量化当量 δ,它是二进制数码最低有效位所对应的模拟信号数值。例如 $\delta=1$ mV,即数字量的最低有效位对应于 1 mV。因此量化当量越小,量化的精度越高。

图 2.2 所示为一个单通道数据采集系统组成框图。模拟量经过前置放大器(A)、反混叠滤波器(AF)及采样–保持放大器(SHA)进入模数转换器(Analog Digital Converter, ADC), 转换为数字量后送入计算机。A 的作用在于将输入电压放大到 ADC 可接受的最佳范围内; AF 的作用为消除信号中高频成分所能造成的混叠误差;SHA 的作用为保证 ADC 达到所需的动态特性。

图 2.2　单通道数据采集系统

图 2.3 为多通道一般型数据采集系统组成框图,它是通过多路转换器(MUX)将各路模拟量轮流送给 SHA 及 ADC 去进行模数转换,是多通道型结构上最简单的一种。图 2.4 为多通道同步型数据采集系统组成框图,它在每个通道上都加一个 SHA,并受同一触发信号控制,这样可以做到在同一时刻内将采集信号暂存在各自的保持电容上,以后由计算机逐一取走并经 ADC 送入存储器中。这种电路可允许对各通道之间的相互关系进行分析。图2.5 为多通道并行数据采集系统组成框图,它是许多单通道数据采集系统的组合,共同由控制电路进行控制。它的灵活性强,可满足不同精度、不同速度数据采集的要求,但成本最高。

图 2.3　多通道一般型数据采集系统组成框图

图 2.4　多通道同步型数据采集系统组成框图

图 2.5 多通道并行数据采集系统组成框图

2.2 测量放大器

2.2.1 基本要求

在测量时,来自传感器的信号一般都是比较弱的低电平信号,不适合直接进入 A/D 转换器。放大器的作用是将微弱信号进行放大,以便能充分地利用 ADC 的满刻度分辨率。此外,还要求放大器能抑制干扰和降低噪声,并满足响应时间的要求。

在数据采集系统中选用何种放大器应依情况不同而异,总的要求如下:

(1)高输入阻抗,反应时间快。

(2)频率响应范围宽。

(3)抗共模干扰能力强。

(4)低漂移、低噪声及低输出阻抗。

只有在最简单的情况下,才可能将传感器输出的模拟信号直接连至数据采集系统。这是因为传感器的工作环境往往比较复杂、恶劣。在传感器的两个输出端经常产生较大的干扰信号(噪声),有时是完全相同的干扰信号,称为共模干扰。虽然运算放大器对直接输入到差动端的共模信号都有较高的抑制能力,但由于这种电路的低输入阻抗、不平衡输出阻抗、共模抑制能力直接与电阻比的匹配有关等缺陷,使其不能在精密测量的场合下使用。

测量放大器(IA)又称数据放大器或仪表放大器,是一种在不利于精密测量环境下能实现精密差动增益的部件。由于测量放大器具有高输入阻抗、较低的失调电压与温度漂移系数以及稳定的增益与低输出阻抗,从而在热电偶、应变桥、流量计等微弱信号的数据采集系统中得到了广泛应用。

2.2.2 通用测量放大器

如图 2.6 所示,通用测量放大器由 A_1,A_2,A_3 构成,其对称性结构使整个放大器具有很高的共模抑制能力,特别适合长距离测量,是智能测量仪器中最常用的放大电路。通常为保证放大器的共模抑制能力,电路参数对称,即 $R_1 = R_2$,$R_3 = R_4$,$R_5 = R_6$,此时放大器的输出电

压为 $U_o = (U_i^+ - U_i^-) \cdot (\dfrac{2R_1}{R_g} + 1) \cdot \dfrac{R_5}{R_3}$。

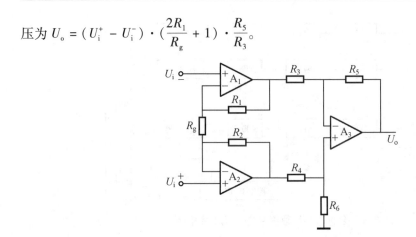

图 2.6 通用测量放大器

目前已有多种型号的单片仪表放大器集成电路芯片供应市场,其中的一些芯片还具有增益调整能力。例如,美国 AD 公司生产的集成测量放大器中,有通过芯片上管脚的不同连接来改变增益,如 AD524,AD621,AD624 等;外接可变电阻器来改变增益,如 AD620,AD625等,另外还可通过软件编程来改变增益的测量放大器,如 AD526 等。同样,Burr-Brown 公司生产的 INA101,INA114/118/128/129 系列等高精度测量放大器因具有较高的性价比而获得了较多的应用。

AD620 是 AD 公司生产的用于仪器仪表的通用单片放大器,具有成本低、精度高、功耗低、工作频带宽、使用简单等特点,在多种设计中被广泛采用。其主要特点与技术指标如下:

(1)体积小,只有 8 个引脚。

(2)仅用一个外接电阻设置增益,增益范围为 1 ~ 1 000,$G = (49.4 \ \text{k}\Omega/R_g) + 1$。

(3)电源电压范围宽:$\pm(2.3 \sim 18)$ V。

(4)性能优于 3 个独立的运算放大器。

(5)低功耗,电源电流最大为 1.3 mA。

(6)优良的直流性能。

①输入失调电压小于 50 μV。

②输入失调漂移小于 0.6 μA/℃。

③输入偏置电流小于 1.0 nA。

④共模抑制比大于 100 dB。

(7)低噪声。

(8)输入信号带宽 120 kHz($G = 100$),到 0.01% 的建立时间为 15 μs。

AD620 管脚分配如图 2.7 所示。图 2.8 是 AD620B 与桥路连接用于测量压力的电路,当外接电阻 $R_g = 499$ Ω 时,AD620 的增益为 $G = (49.4 \ \text{k}\Omega/R_g) + 1 = 100$。桥路中的 4 个 3 kΩ 电阻可以是应变片,初始时,调整电桥 4 个臂上的电阻使桥路处于平衡状态,当有压力作用时,桥路变成不平衡电桥,其不平衡电压输出加在测量放大器 AD620B 的输入端,并由 AD620 放大 100 倍后输出给后级的 ADC。后级 ADC 的参考电压由 +5 V 电源经 3 个电阻分压得到的电压为 3 V,运算放大器 AD705 接成跟随器,使 ADC 的模拟参考地电位提高 2 V,

这样就保证了在 AD620 输出 0～5 V 的情况下,通过电平变换满足后级 ADC 要求模拟输入 0～3 V 的条件。在本电路中,桥路电流消耗 1.7 mA,如果不考虑后级 ADC 对+5 V 电源的消耗,则整个电路总的供电电流仅需 3.7 mA。

图 2.7　AD620 管脚分配图

图 2.8　由 AD620B 组成的+5 V 单电源供电的压力测量电路

2.2.3　可编程测量放大器

由于各类传感器或进入智能仪器的其他模拟信号往往提供宽范围变化的信号电平(如从 μV 到 V),测量放大器必须随数据采集通道的切换而迅速调整增益,使 A/D 转换器满量程信号达到均一化,大大提高了测试精度。图 2.9 所示为 LH0084 程控增益放大器电路原理图,其内部电路由可变增益输入级、差分输出级、译码器、开关驱动器和电阻网络等组成,其总增益为

$$A_U = \left(1 + \frac{R_4 + R_5 + R_6 + R_7}{R_1 + R_2 + R_3}\right) \cdot \left(\frac{R_{10} + R_{12}}{R_8}\right) \tag{2.1}$$

为了保证器件的总增益精度,A_3 的反馈电阻与差动级输入电阻 R_8 之比应保持很高的精度,为保持输出级的高共模抑制比,接地电阻 R_{11},$(R_{11} + R_{13})$,$(R_{11} + R_{13} + R_{15})$ 必须与所用的反馈电阻匹配。

从图中可看出,开关网络由译码器、开关驱动器及两个四通道模拟开关组成。通过软件控制 D_0,D_1 选择通道,每个控制信号可同时驱动对称的两个开关工作,以保证电路参数对称变化,获得不同的输入级增益。为保证电路正常工作,需要 $R_2 = R_3$,$R_4 = R_5$,$R_6 = R_7$。根据检测端与基准端的不同接法,可获得 A_3 级运算放大器不同的增益。表 2.1 为在不同增益下 LH0084 相应端的连接方式。

图 2.9　LH0084 程控增益放大器电路原理图

表 2.1　不同增益下 LH0084 相应端的连接方式

数字输入		输入级增益	端子连接	输出级增益	总增益
D_1	D_0				
0	0	1			1
0	1	2	6 – 10,13 – 地	1	2
1	0	5			5
1	1	10			10
0	0	1			4
0	1	2	7 – 10,12 – 地	4	8
1	0	5			20
1	1	10			40
0	0	1			10
0	1	2	8 – 10,11 – 地	10	20
1	0	5			50
1	1	10			100

2.2.4 隔离放大器

来自现场传感器的检测信号不可避免地会夹杂形形色色的干扰和噪声,如果能对检测信号进行放大,又不和传感器产生电的联系,显然对于消除干扰影响,提高智能仪表的可靠性非常有意义。

隔离放大器能够完成上述任务。它通过光耦合、磁耦合和利用电容器电荷感应的电容耦合办法实现信号的联系,完成模拟信号放大的功能,而输入、输出电路没有直接的电耦合,因此可实现电路隔离,故也称隔离器。隔离放大器可通过多种方法具体实现,一般包括 4 个部分:① 高性能差分式输入、输出放大器;② 调制解调器;③ 耦合器;④ 漂移补偿放大器。

目前,AD 公司已生产出多种型号的隔离放大器,如 AD202/203,AD215,277,284/286,289,290/292 等。另外,BB(BURR – Brown)公司的隔离放大器产品具有较高的性能价格比,应用更为广泛。图 2.10 所示为 BB 公司的 ISO – 124P 隔离放大器的内部结构示意图。

ISO – 124P 隔离放大器的最大非线性度为 0.01%;隔离电压有效值为 1 500 V;输入阻抗为 200 kΩ;输入范围为 ±12.5 V;输出范围为 ±12.5 V;输出电流为 15 mA;纹波电压峰峰值为 20 mV;增益为 1.0(固定值);信号带宽为 50 kHz;工作电压为 ±(4.5 ~ 18)V;封装为 16 pin DIP。

图 2.10 ISO – 124P 隔离放大器的内部结构示意图

ISO – 124P 隔离放大器主要由开关切换的恒流源、积分器、比较器、电容隔离栅和采样保持器等电路组成,利用占空比调制/解调技术实现信号的隔离。跨接在 2 pF(2 个 1 pF)的差分容性隔离栅的信号以数字化的方式传送,借助于数字调制,隔离栅的特性不会影响信号的质量,保证了信号传输的可靠性和频率响应。

其工作过程是:200 μA 的恒流源经过开关 SW 的切换得到电流 $I_1 = ±100$ μA。当输入

电压 $U_i = 0$ 时,电流 $I_2 = I_1 = \pm 100\ \mu A$。积分器 A_1 对电流 I_2 积分,其输出 u_{o1} 为对称三角波,比较器的输出为对称方波。当输入电压 $U_i \neq 0$ 时,$200\ k\Omega$ 的输入电阻中有电流,$I_2 \neq \pm 100\ \mu A$,积分器 A_1 正反向积分的斜率将发生改变,u_{o1} 为锯齿波,如图 2.10 中的 u_{o1} 波形,经过比较器后得到非对称的方波 – 占空比调制。该信号经过隔离栅被放大器 S_2 感知,并控制右侧的开关电流源给积分器 A_2 提供积分电流。输出级的输出电压 U_o 通过 $200\ k\Omega$ 电阻里的电流去平衡占空比调制的电流,使输出电压 U_o 的平均值等于输入电压 U_i。输出反馈回路中的采样保持器可以滤除解调过程中的纹波。

隔离放大器既可用于智能仪表的输入通道,也可用于其输出通道。

2.2.5　运用前置放大器的依据

多数传感器输出模拟信号都比较小,必须选用前置放大器进行放大。本节就以下问题进行讨论。

(1)判断传感器信号"大"还是"小"?是否需要使用前置放大器?

(2)放大器为什么要"前置",即设置在调理电路的最前端?

(3)前置放大器的放大倍数应该是多少?

1. 放大器为什么要前置

我们知道,由于电路内部有这样或那样的噪声源存在,使得电路在没有信号输入时,输出端仍存在一定幅度的波动电压,这就是电路的输出噪声。把电路输出端测得的噪声有效值 U_{ON} 折算到该电路的输入端,即除以该电路的增益 K,得到的电平值称为该电路的等效输入噪声 U_{IN},即

$$U_{IN} = \frac{U_{ON}}{K} \tag{2.2}$$

如果加在该电路输入端的信号幅度 U_{IS} 小到比该电路的等效输入噪声还要低,那么这个信号就会被电路的噪声所"淹没"。为了不使小信号被电路噪声所淹没,就必须在该电路前面加一级放大器,如图 2.11 所示。

图 2.11　前置放大器的作用

图中前置放大器的增益为 K_0,本身的等效输入噪声为 U_{IN0}。由于前置放大器的噪声与后级电路的噪声是互不相关的随机噪声,因此图 2.11 所示电路的总输出噪声 U'_{ON} 为

$$U'_{ON} = \sqrt{(U_{IN0}K_0K)^2 + (U_{IN}K)^2} \tag{2.3}$$

总输出噪声折算到前置放大器的输入端,即总的等效输入噪声为

$$U'_{IN} = \frac{U'_{ON}}{K_0K} = \sqrt{U_{IN0}^2 + \left(\frac{U_{IN}}{K_0}\right)^2} \tag{2.4}$$

假定不设前置放大器,输入信号刚好被电路噪声淹没,即 $U_{IS} = U_{IN}$;加入前置放大器后,为使输入信号 U_{IS} 不再被电路噪声所淹没,即 $U_{IS} > U'_{IN}$,就必须使 $U'_{IN} < U_{IN}$,即

$$U_{\text{IN}} > \sqrt{U_{\text{IN0}}^2 + \left(\frac{U_{\text{IN}}}{K_0}\right)^2} \tag{2.5}$$

解式(2.5),得

$$U_{\text{IN0}} < U_{\text{IN}}\sqrt{1 - \frac{1}{K_0^2}} \tag{2.6}$$

由式(2.6)可见,为使电路总的等效输入噪声比后级电路的等效输入噪声低,在电路前端加入的电路必须是放大器,且必须是低噪声的,即 $K_0 > 1$,小信号才能不被电路噪声所淹没。因此,调理电路前端电路必须是低噪声前置放大器。

2. 放大器倍数的选择

有些智能仪器的采集电路在 MUX 与采样/保持器之间设置了程控增益放大器 PGA 或瞬时浮点放大器 IFP,为与调理电路中的前置放大器相区别,我们称采集电路中的放大器为主放大器。采集电路的任务是将模拟信号数字化,为了使前端来的模拟信号幅值满足后续 A/D 转换器输入的要求,因此在采集电路中设置了主放大器。

若 A/D 转换器满度输入电压为 E,满度输出数字为 D_{FS}(例如,m 位二进制码 A/D 满度输出数字为 $2^m - 1 \approx 2^m$,$3\frac{1}{2}$ 位 BCD 码 A/D 转换器满度输出数字为 1 999 等),则 A/D 转换器的量化绝对误差为 q(截断量化)或 $q/2$(舍入量化),即

$$q = \frac{E}{D_{\text{FS}}} \tag{2.7}$$

如果模拟多路切换器输出的第 i 道信号的第 j 次采样电压为 U_{ij},那么这个采样电压的量化相对误差为

$$\delta_{ij} = \frac{q}{U_{ij}} \tag{2.8}$$

由式(2.8)可见,采样电压越小,相对误差越大,转换精度越低。为了避免弱信号采样电压在 A/D 转换时达不到要求的转换精度,就必须将它放大 K 倍后再进行 A/D 转换,这样量化精度便可提高 K 倍,满足转换精度的要求,即

$$\frac{q}{KU_{ij}} \leqslant \delta_0 \tag{2.9}$$

由式(2.9)可见,K 越大,放大后的 A/D 转换相对误差越小,精度越高,但是 K 值也不能太大,以致产生 A/D 溢出。因此,主放大器的增益 K 应满足两个条件:既不能使 A/D 溢出,又要满足转换精度的要求,即

$$\begin{cases} KU_{ij} \leqslant E \\ \dfrac{q}{KU_{ij}} \leqslant \delta_0 \end{cases} \tag{2.10}$$

将式(2.7)代入式(2.9)及式(2.10),得到所需主放大器增益 K 为

$$\frac{E/D_{\text{FS}}}{\delta_0 U_i} \leqslant K \leqslant \frac{E}{U_{ij}} \tag{2.11}$$

如果被测量的多路模拟信号都是恒定或变化缓慢的信号,且各路信号的幅度也相差不

大,即 U_{ij} 随 i 和 j 的变化都不大,则没有必要在采集电路中设置主放大器。只要使各路信号调理电路中的前置放大器增益满足式(2.11)即可。

如果被测量的多路模拟信号都是恒定或变化缓慢的信号,但是各路信号的幅度相差很大,也就是说,U_{ij} 不随 j 变化,但随 i 变化很大,则应在采集电路中设置程控增益放大器作为主放大器。程控增益放大器的特点是每当多路开关 MUX 在对第 i 道信号采样时,放大器就采用预先按式(2.11)选定的第 i 道的增益 K_i 进行放大。

如果被测量的多路模拟信号是随时间变化的信号,且同一时刻各路信号的幅度也不一样,即 U_{ij} 既随 i 变化,也随 j 变化,则应在采集电路中设置瞬时浮点放大器作为主放大器。瞬时浮点放大器的特点是在多路开关 MUX 对第 i 道信号进行第 j 次采样期间,及时地为该采样幅值 U_{ij} 选定一个符合式(2.11)的最佳增益 K_{ij}。由于该放大器的增益 K_{ij} 是随采样幅值 U_{ij} 而变化调整的,故称浮点放大器。因为放大器增益调整必须在采样电压 U_{ij} 存在的那一瞬间完成,所以又称为瞬时浮点放大器。瞬时浮点放大器在数字地震记录仪中曾被广泛采用。其增益取 2 的整数次幂,即

$$K_{ij} = 2^{G_{ij}} \qquad (2.12)$$

采样电压 U_{ij} 经浮点放大 $2^{G_{ij}}$ 倍后,再由满量程 E 的 A/D 转换得到数码 D_{ij},即

$$U_{ij} \times 2^{G_{ij}} = E \times D_{ij} \qquad (2.13)$$

故有

$$U_{ij} = 2^{-G_{ij}} E D_{ij} \qquad (2.14)$$

式(2.14)表明,瞬时浮点放大器和 A/D 转换器一起,把采样电压 U_{ij} 转换成一个阶码为 G_{ij},尾数为 D_{ij} 的浮点二进制数。因此,由浮点放大器和 A/D 转换器构成的电路又称为浮点二进制数转换电路。由于浮点二进制数一般比定点二进制数表示范围大,因此这种浮点二进制数转换电路比较适合大动态范围的变化信号,如地震信号的测量等。但是浮点放大器电路很复杂,一般测控系统大多采用程控增益放大器作为主放大器。

2.3 模拟多路开关(MUX)

2.3.1 模拟多路开关的功能

在智能仪器中,往往需要同时或依次采集多路信号,当对这些模拟信号进行模数转换时,常常使用公共的 ADC,即采用分时方式占用 ADC,也就是利用模拟多路开关轮流切换每个被采集的信号与 ADC 的通路。因此,采用一种可控制的开关是数据采集系统必不可少的元件,这种开关称为模拟多路开关(Analog Multiplexer)或模拟多路切换器,这里简称为多路开关。表 2.2 给出了模拟多路开关特性的典型数值。

模拟多路开关器件实际上由多个模拟开关组成,由译码电路实现控制。目前,电子模拟多路开关多使用 JFET 及 CMOS 器件,而双极型晶体管作为电压开关已很少使用(可作用电流开关),这主要是因为双极型模拟开关导通时存在偏移电压。

表 2.2 模拟多路开关特性的典型数值

类型	导通电阻	截止电阻	开关时间
舌簧继电路	$0.1\ \Omega$	$10^{14}\ \Omega$	1 ms
JFET	$100\ \Omega$	$10^{9}\ \Omega$	200 ns
CMOS	$1.5\ k\Omega$	$10^{8}\ \Omega$	500 ns

2.3.2 模拟多路开关的配置

模拟多路开关的基本配置方式是单端式,如图 2.12(a)所示。这种方式应用在所有输入信号相对于系统模拟公共地测量上,而且信号电平显著大于出现在系统中的共模电压 U_{CM}。此时,测量放大器的共模抑制能力尚未发挥,但系统可以得到最多的通道数。

图 2.12(b)给出模拟多路开关的差动配置。此种方式应用在 n 个输入信号有各自独立的参考电位,或者是应用在信号长线传输引起严重的共模干扰时。这种配置可以充分发挥测量放大器共模抑制的能力,用以采集低电平信号,但通道数只有图 2.12(a)所示方案的一半。

图 2.12(c)为模拟多路开关的伪差动配置。它可以保证系统的共模抑制能力,而无需减少一半通道数。这种方式仅适用于所有输入信号均参考一个公共电位的系统,而且各信号源均置于同样的噪声环境。

图 2.12 模拟多路开关的配置

2.3.3　常用的半导体多路开关芯片

AD7501，AD7503，AD7502 为美国 AD 公司生产的 CMOS 电路，它们有 8 个输入端和 1 个公共输出端。通道的选择控制分别为 3 位及 2 位二进制地址码与 EN 控制端。AD7503 与 AD7501 的差别是 EN 的控制状态相反。图 2.13 为 AD7501（AD7503）和 AD7502 的功能框图。

(a)　　　　　　　　　　　　　　　(b)

图 2.13　AD7501（AD7503）和 AD7502 的功能框图

上述 3 种器件的特性基本相同，表 2.3 给出了它们的主要参数。

表 2.3　AD7501（AD7503）和 AD7502 的主要参数

参数	数据	参数	数据
R_{ON}	170 Ω	t_{ON}	0.8 μs
$R_{ON} \sim U_S$	20%	t_{OFF}	0.8 μs
$R_{ON} \sim T$	0.5%/℃	C_S	5 pF
ΔR_{ON}	4%	C_{OUT}	30 pF
R_{ON} 的温漂差	±0.01%/℃	C_{S-OUT}	0.5 pF
I_S	0.2 nA	C_{SS}	0.5 pF
I_{OUT}	0.5 nA		

在表 2.3 中，各参数含义如下：

R_{ON} 为通道开关的导通电阻；

$R_{ON} \sim U_S$ 为导通电阻随模拟输入信号的变化；

$R_{ON} \sim T$ 为导通电阻的温漂；

ΔR_{ON} 为任意两个通道间导通电阻的差值；

R_{ON} 的温漂差为任意两个通道间导通电阻的温漂差；

I_S 为开关截止时输入端的漏电流；

I_{OUT} 为全部开关截止时输出端的漏电流；

t_{ON} 为开关导通延迟时间；

t_{OFF} 为开关截止延迟时间；

C_S 为 S 端(输入端)对地电容;

C_{OUT} 为输出端对地电容;

C_{S-OUT} 为截止时 S 端对输出端之间的电容;

C_{SS} 为任意两个 S 端之间的电容。

AD7506 是集成 CMOS 电路 16 通道的模拟多路开关。AD7507 与 AD7506 基本相同,但 AD7507 为双路 8 通道,适于差分输入的情况。图 2.14 为 AD7506 和 AD7507 的功能框图。

图 2.14　AD7506 和 AD7507 的功能框图

2.3.4　多路测量通道的串音问题

在多通道数字测试系统中,MUX 常被用作多选一开关或多路采样开关。若某一通道开关接通,则其他各道开关全都是关断的。在理想情况下,负载上只应出现被接通的那一道信号,其他被关断的各路信号都不应出现在负载上。然而实际情况并非如此,其他被关断的信号也会出现在负载上,对本来是唯一被接通的信号形成干扰,这种干扰称为道间串音干扰,简称串音。

道间串音干扰的产生主要是由于模拟开关的断开电阻 R_{off} 不是无穷大和多路模拟开关中存在寄生电容的缘故。图 2.15 所示为第一道开关接通,其余 $N-1$ 道开关均关断时的情况。为简化起见,假设各道信号源内阻 R_i 及电压 U_i 均相同,各开关断开电阻 R_{off} 均相同,由图 2.15(a)可见,其余 $(N-1)$ 道被关断的信号因 $\beta = 2\pi \cdot \dfrac{m}{n}$ 而在负载 R_L 上产生的泄漏电压,其总和为

$$U_N = (N-1)U_i \frac{(R_i+R_{on})//R_L//\dfrac{R_i+R_{off}}{N-2}}{R_i+R_{off}+(R_i+R_{on})//R_L//\dfrac{R_i+R_{off}}{N-2}} \tag{2.15}$$

一般 $(R_i+R_{on}) \ll R_L \ll \dfrac{R_i+R_{off}}{N-2}$,$(2R_i+R_{on})$,$(2R_i+R_{on}) \ll R_{off}$,故式(2.15)简化为

$$U_N = (N-1)\frac{R_i+R_{on}}{2R_i+R_{on}+R_{off}}U_i \approx (N-1)(R_i+R_{on})\frac{U_i}{R_{off}} \tag{2.16}$$

由式(2.16)可见,为减小串音干扰,应采取如下措施:

(a) 低频等效电路　　　　　　　　　　　　　(b) 高频等效电路

图 2.15　多路切换系统的等效电路

(1) 减小 R_i, 为此前级应采用电压跟随器。

(2) 选用 R_{on} 极小、R_{off} 极大的开关管。

(3) 减少输出端并联的开关数 N。若 $N=1$, 则 $U_N=0$。

除 $R_{off} \neq \infty$ 引起串音外,当切换多路高频信号时,截止通道的高频信号还会通过通道之间的寄生电容 C_x 和开关源、漏极之间的寄生电容 C_{DS} 在负载端产生泄漏电压,如图 2.15(b) 所示。寄生电容 C_x 和 C_{DS} 的数值越大,信号频率越高,泄漏电压就越大,串音干扰也就越严重。因此,为减小串音应选用寄生电容小的 MUX。

2.4　采样保持电路

采样保持电路常称为采样保持放大器(Sample and Hold Amplifier, SHA),是数据采集系统的基本部件之一。ADC 对模拟量进行量化的过程需要一定的时间,即在转换时间内只有保持采样点的数值不变才能保证转换精度。另外,当有多个传感器信号时,需用一种电路将各传感器同一时刻的信号保持住,然后通过共用 A/D 转换器分时进行转换并送入内存,这种电路就是采样保持器。因此 SHA 是一种根据状态控制指令截取输入模拟电压的瞬时值(采样过程),并把这一瞬时值保留一段需要的时间(保持过程)的功能单元。

2.4.1　采样保持器设置原则

设待转换的信号为 $U_i = U_m \cos \omega t$, 这一信号的最大变化率为

$$\frac{dU_i}{dt} \bigg|_{max} = \omega U_m = 2\pi f U_m \tag{2.17}$$

如果信号的正负峰值正好达到 ADC 的正负满量程,而 ADC 的位数(不含符号位)为 m, 则 ADC 最低有效位 LSB 代表的量化电平(量化单位)q 为

$$q = \frac{U_m}{2^m} \tag{2.18}$$

如果 ADC 的转换时间为 t_c, 为保证 ± 1 LSB 的转换精度,在转换时间 t_c 内,被转化信号的最大变化量不应超过一个量化单位 q, 即

$$2\pi f U_m t_c \leqslant q = \frac{U_m}{2^m} \tag{2.19}$$

则不加采样／保持器时,待转换信号允许的最高频率为

$$f_{\max} = \frac{1}{2^{m+1}\pi t_c} \tag{2.20}$$

例如,一个 12 位 ADC, t_c = 25 μs,若用它来直接转换一个正弦信号并要求精度优于 1 LSB,则信号频率不能超过 1.5 Hz。由此可见,除了被转换信号是直流电压或变化极其缓慢即满足式(2.20),可以用 ADC 直接转换而不必在 ADC 前加设采样／保持器外,凡是频率不低于由式(2.20)确定的 $f_{\max}$ 的被转换信号,都必须设置采样／保持器把采样幅值保持下来,以便 ADC 在采样／保持器保持期间把保持的采样幅值转换成相应的数码。

在 ADC 之前加设采样／保持器后,虽然不会再因 A/D 转换期间因转换信号变化而出现误差,但是因采样／保持器采样转到保持状态需要一段孔径时间 t_{AP},使采样／保持器电路实际保持的信号幅值并不是原来预期要保持的信号幅值(即保持指令到达时刻的信号幅值)。两者之差即孔径误差为

$$\Delta U_{o,\max} = 2\pi f U_m t_{AP} \tag{2.21}$$

在数据采集系统中,若要求最大孔径误差不超过 q,则由此限定的被转换信号的最高频率为

$$f_{\max} = \frac{1}{2^{m+1}\pi t_{AP}} \tag{2.22}$$

由于采样／保持器的孔径时间 t_{AP} 远远小于 ADC 的转换时间 t_c(典型的 t_{AP} = 10 ns),因此由式(2.20)限定的频率远远高于由式(2.22)限定的频率。这也证明在 ADC 前加设采样／保持器后大大扩展了被转换信号频率的允许范围。

2.4.2　采样保持器工作原理

采样保持器由输入放大器 A_1、模拟开关 S、保持电容 C 和输出放大器 A_2 组成,如图 2.16 所示。

图 2.16　采样保持器原理示意图

采样保持器的一个工作周期由采样期和保持期组成,如图 2.17 所示。当控制信号使模拟开关 S 闭合时,输入信号 U_i 经输入放大器与保持电容 C 相连,输出电压 U_o 可随输入信号 U_i 变化,电容上电压与输入电压相同,这就是采样期的情况。当控制信号使模拟开关断开时,电容只与放大器 A_2 高阻输入端相连,这样可以保持模拟开关断开前瞬间的输入信号 U_i 的值不变,输出放大器因此也可在相当长的时间保持一恒定输出值不变,直至模拟开关再次闭合,这是保持期的工作情况。采样保持器在实际工作过程中有各种非理想状态,将会给采样保持质量带来影响。

图 2.17　采样保持器波形

（1）断开时间（保持建立时间）。

t_1 瞬时，控制信号已发生跳变，由于电路的延时作用，模拟开关在 t_2 瞬时才完全断开，因此电容 C 保持 t_2 时刻的输入信号与 t_1 时刻的输入信号有误差。t_2 与 t_1 之差称为断开时间，它通常很小，在输入信号变化速度不是很快的情况下，引起的误差很小。如果芯片的断开时间已知，输入信号变化很快，则可以通过调整保持信号的跳变时间（前移）来校正这一误差，这一调整时间又称孔径时间。

（2）捕捉时间。

如图 2.18 所示，当由保持状态转到采样状态时，不管电容 C 上原保持电压大小如何，电容电压跟随输入信号变化达到规定的采样精度（误差小于一定值，例如 0.01%），所需的最小时间称为捕捉时间。它与输入放大器的响应时间、电容充放电时间常数输入信号的变化率及捕捉精度有关。

图 2.18　非理想状态对采样保持器的影响

（3）泄漏电流（下降速率）。

若保持电压在整个保持时间内不发生变化，便可获得高的保持精度。实际上，开关的关断电阻、运算放大器的输入电阻以及电容本身的介质电阻都是有限的，这必将引起电容上电

荷的泄漏而使保持电压不断下降。泄漏电流 I_s 可以表示保持电压的下降速率,即

$$\frac{\Delta U}{\Delta t} = \frac{I_s}{C} \tag{2.23}$$

(4)馈送影响(馈通影响)。

在保持期间内,由于模拟开关的断开电阻不为无穷大以及受开关极间电容的影响,输入信号会耦合到保持电容上引起输出电压的微小变化。

(5)瞬变效应对保持电压的影响(保持阶跃)。

当控制信号产生由采样到保持的跳变时,驱动线路的瞬变电压会通过模拟开关的极间电容和驱动线与保持电容的杂散电容耦合,使电荷转移到保持电容上,从而对保持电压产生影响,其值为

$$\Delta U_H = \frac{\Delta U_G C_{GD}}{C} \tag{2.24}$$

式中,ΔU_H 为保持电压的变化量;ΔU_G 为控制信号的跳变电压,通常为 $+5$ V;C_{GD} 为模拟开关极间电容量;C 为保持电容量。

2.4.3　常用采样保持器芯片

1. LF198/LF298/LF398

LF198/LF298/LF398 是比较常用的单片采样保持器。该芯片为 8 端双列直插封装形式,其原理图如图 2.19 所示。端子 3 为模拟量输入端,端子 5 为模拟量输出端,端子 8,7 分别为逻辑信号和逻辑参考电平端,端子 8 加逻辑高电平为采样,加低电平则为保持端,端子 6 为保持电容连接端,用以外接保持电容,端子 2 为调零端,端子 1,4 为电源端,电源设置范围为 $\pm(5\sim8)$ V。

图 2.19　LF198/LF298/LF398 原理图

LF198/LF298/LF398 具有采样速度高、保持电压下降速率慢以及精度高等特点。当其采样时间小于 6 μs 时,精度可达 0.01%,当保持电容为 1 μF 时,下降速率为 5 mV/min,当

作为单位增益跟随器工作时,直流增益精度为 0.002%,其输入阻抗为 $10^{10}\Omega$,与高阻抗信号相连也不会影响其精度。

逻辑及逻辑参考电平用来控制采样保持器的工作方式。当逻辑为高电平时,通过控制逻辑电路 A_3 使开关 K 闭合,整个电路工作在采样状态;反之,当逻辑为低电平时,则开关 K 断开,电路工作在保持状态。偏置端为偏差调整管脚,可用外接电阻调整采样保持器的零点,保持电容引脚用来连接外部保持电容。其典型应用电路如图 2.20 所示。

图 2.20　LF398 的典型应用电路

2. AD582/AD583

AD582 是单片采样保持器,由结型场效应管结构的输入放大器、低泄漏电阻的模拟开关及高性能输出运算放大器组成。芯片为 14 端双列直插封装形式,其引脚及接法如图 2.21 所示。

AD583 是与 AD582 类似的采样保持芯片,其区别在于 AD583 为单逻辑输入。AD582/AD583 同样具有捕捉时间短、下降速率慢的特点,而且又能差动输入,输入信号电平可达到电源电压 $\pm U_s$。

图 2.21(a)是 AD582 的引脚图,图 2.21(b)、(c)分别是 AD582 接成 $A=+1$ 和 $A=1+R_F/R_1$ 时的接法。C_H 可小至 100 pF,当精度要求较高(±0.01%)且与 12 位 ADC 配合时,为了降低直通耦合作用、下降率误差等,C_H 应取 1 000 pF。

2.4.4　保持电容器的选择

捕捉时间、下降速率和保持阶跃是选择保持电容容量时应该考虑的 3 个主要因素。查阅采样保持器器件手册上的曲线、表格可以得到电容量与 3 个参数之间的关系,根据实际需要经过综合就可选择电容量,它一般为 1 000 pF ~ 1 μF。

保持电容的介质吸收是采样保持电路中的一个重要误差来源,选电容器时应该注意。聚苯乙烯、聚苯烯和聚四氟乙烯都是滞后很小、低介质吸收、绝缘电阻很高的介质,这几种介质的电容器可以优先选用。陶瓷电容的滞后一般大于 1%,不能选用。

(a) AD582引脚

(b) AD582 $A=+1$ 的接法

(c) AD582 $A=1+R_F/R_1$ 的接法

图 2.21　AD582 的引脚及接法

2.5　A/D 转换器及其接口设计

模拟量经多路开关和采样/保持后,必须把模拟量变成数字量才能送入计算机,完成上述转换任务的器件称为模拟/数字转换器,简称 A/D 转换器或 ADC。

目前,一些微处理器已经集成了 A/D 转换器,简化了智能仪器的结构,但当微处理器中的 A/D 转换器不能满足设计要求时,需要外置 A/D 转换器。随着大规模集成电路的发展,目前已经生产出各式各样的 A/D 转换器,以满足数据采集系统设计的需要。如普通型 A/D转换器 ADC0804(8 位),ADC7570 (10 位),ADC1210(12 位);高性能的 A/D 转换器 MOD-1205,AD578,ADC1131 等。

此外,为使用方便,有些 A/D 转换器内部还带有可编程放大器、多路开关、三态输出锁存器等。如 ADC0809 内部有 8 通道多路开关,AD363 不但有 16 通道(或双 8 通道)多路开关,而且还有放大器、采样保持器及 12 位 A/D 转换器,还有专门供数字显示、可直接输出

BCD 码的 A/D 转换器,如 AD7555 等。这些 A/D 转换器是计算机与外部设备进行信息转换的桥梁。

2.5.1 A/D 转换器的主要技术指标

在系统设计时,选用 A/D 转换器之前,设计者首先要考虑如下问题:

①模拟输入电压的量程是多大? 能测量的最小信号(分辨率)是多少?

②线性误差是多少?

③每完成一次转换需要多长时间?

④电源的变化对转换精度有什么影响?

⑤对输入信号有什么要求? 是否需要做预处理?

所有这些问题都是设计者需要解决的问题,所以我们把 A/D 转换器的几个主要技术指标做一简单介绍。

(1)精度。

A/D 转换器的精度分为绝对精度和相对精度两种。

①绝对精度。在一个 A/D 转换器中,任何数码所对应的实际模拟电压与其理想的电压值之差并非是一个常数。我们把这个差的最大值定为绝对精度。对 ADC 而言,可以在每一阶梯的水平中心点进行测量,它包括所有的误差,也包括量化误差。

②相对精度。相对精度与绝对精度相似,所不同的是把这个最大偏差表示为满刻度模拟电压的百分数,或者用二进制来表示相对应的数字量,它通常不包括被用户消除的刻度误差。

(2)转换时间。

A/D 转换器完成一次转换所需的时间称为转换时间。

资料中给出的这一指标是最长转换时间的典型值。当选择器件时,要根据应用的需要和价格来考虑这一指标,有时还要考虑数据传输过程中转换器件的工作特点。例如,有的器件虽然转换时间较长,但是对控制信号有闩锁功能,所以在整个转换时间内不需要外部硬件来支持它的工作,计算机和其他硬件可以在完成转换以前先去处理其他事件而不必等待;而有的器件虽然转换时间不算太长,但是在整个转换时间内必须由外部硬件提供连续的控制信号,因而要求计算机处于等待状态,AD570 就属于这种类型的器件。

(3)分辨率。

分辨率是 A/D 转换器对微小输入量变化的敏感程度,即二进制数的末位变化 1 所需要的最小输入电压对满量程之比称为分辨率。分辨率越高,转换时输入量微小变化的反应就越灵敏,通常用数字量的位数表示。分辨率为 8 位,表示它可以对满刻度值的 $1/2^8 = 1/256$ 的变化量做出反应。对于 N 位的 A/D 转换器,其分辨率为

$$分辨率 = \frac{1}{2^N}满刻度值$$

实际上分辨率等于 1 LSB。

(4)电源灵敏度。

电源电压变化,将使 A/D 转换器的输出也发生变化。这种变化的实际作用相当于 A/D

转换器输入量的变化,从而产生误差。通常 A/D 转换器对电源变化的灵敏度用相当于同样变化的模拟输入值的百分数来表示。例如,当电源灵敏度为 $0.05\%/\%\Delta U_s$ 时,其含义是当电源电压变化为电源电压 U_s 的 1% 时,相当于引入 0.05% 的模拟输入值的变化。

2.5.2　A/D 的类型及比较

ADC 的种类很多,分类方法也很多,具体见表 2.4。

积分型 ADC 的主要特点是积分周期可使干扰的正、负半周相互抵消,因此精度较高,电路较简单,对元器件精度要求较低,易于集成,成本低,噪声小,温漂也较小。但这类 ADC 的转换速度较低,适用于一般控制用仪器仪表。

表 2.4　ADC 的分类

分类方法	类　　型
按器件工艺结构	1. 组件型 ADC 2. 混合(集成)电路型 ADC 3. 单片式 ADC (1)双极型;(2)MOS 型;(3)双极 MOS 兼容型
按器件工作原理	1. 间接型 ADC (1)积分型(电压–时间变换型)ADC ①单积分型;②双积分型;③四重积分型;④五重积分型;⑤脉宽调制型;⑥电荷平衡型 (2)电压–频率变换型 ADC(V–F 变换器) 2. 比较型(直接型)ADC (1)反馈比较型 ①逐次逼近型;②跟踪比较型 (2)无反馈比较型 ①并行比较型;②串行比较型;③串–并比较型 3. $\Sigma-\Delta$ 型 ADC
按器件转换精度	1. 低精度 ADC(8 位及以下) 2. 中精度 ADC(9~12 位) 3. 高精度 ADC(13~16 位) 4. 超高精度 ADC(16 位以上)
按器件转换速度	1. 低速 ADC($\geqslant$1 ms) 2. 中速 ADC(1 ms~10 μs) 3. 高速 ADC(10~1 μs) 4. 超高速 ADC(<1 μs)

采用多斜率转换技术可提高积分型 ADC 的性能。常规的双斜率转换器忽略了"残压"留在电容器的"残压"误差,而多斜率转换方式将"残压"放大并反向积分,再通过反方向的加/减计数来消除附加的计数值。由于每次反向积分留下逐次减小的误差,这个测量与计算"残压"的过程可不断地重复进行,这样多斜率转换具有比常规的双斜率积分更高的分辨

率。这样的器件如 MAX132。

反馈比较型 ADC 内含一个由 DAC 构成的反馈回路,这类转换器的转换速率较快,一般属于中速转换器。逐次逼近型 ADC 是该类 ADC 的代表。实际应用时,转换器的输入端一般应连接采样/保持电路(SHA),影响该类 ADC 精度的误差主要来自芯片内部 DAC、比较器和译码器等,并且随着转换速度的增加,误差还会增大,所以该类 ADC 的精度很难进一步提高。

无反馈比较型 ADC 转换速率最高。高速 ADC 几乎都是无反馈比较型 ADC,这类转换器线路结构复杂,因此难以实现较高的转换分辨率。

Σ-Δ 型 ADC 是近年来出现的新型 ADC,它采用总和(Σ)-增量(Δ)调制原理,并与现代数字信号处理技术相结合,实现了高精度的 A/D 转换。

Σ-Δ 型 ADC 本质上采用负反馈方式逐步减小输入模拟信号与 DAC 反馈输出的差值,并且它们的差值不是直接加到比较器,而是通过一个积分器后再送到比较器,与积分器输出比较的基准信号是低电平,因而它比逐次逼近方式性能更好。然而,单靠 Σ-Δ 技术并不能满足所希望的精度。为此,一些 Σ-Δ 型 ADC 都采用了可编程增益放大器、可编程数字滤波、多种自校正技术等多项先进技术,并都采用了专门的微处理器来管理与控制转换程序。引入这些措施后,转换器在通过校正与滤波后可实现 24 位分辨率。采用数字滤波、自校正技术和微处理器控制是这类器件的主要特点,这也代表了高精度模拟器件的发展方向。

模-数转换器件是以速度和精度作为其主攻的方向。目前,模-数转换器件的速度已高达 1 000 MHz,分辨率已高达 24 位。

在集成电路性能上,速度与精度总是矛盾的。实际上,ADC 的发展基于以下 3 个方面。

(1)专攻速度,牺牲一些精度指标。例如,速度已达 1 000 MHz 的超高速 ADC 的分辨率只有 8 位,实际应用时的有效精度只有 6~7 位。

(2)专攻精度。24 位的 ADS1210/1211 在保证精度的情况下工作,转换速度仅为 10 Hz,这是由于校正、滤波要花费大量的时间,特别是滤波,需要省很多个周期数据才能完成。

(3)速度与精度兼顾。这样的产品是大量的,因为很多应用既要求速度指标,又要求精度指标。实际上,在这些器件中也还有是以速度为主还是以精度为主的问题。从目前的市场看,16 位以下 ADC 的速度有 10 MHz 14 位(AD9240),16 位以上的有 1.2 MHz 16 位(AD7723)。

表 2.5 从转换时间、分辨率、抗干扰能力和价格等几个方面对不同原理的 ADC 进行了比较。

表 2.5　几种常用 ADC 的比较

ADC 类型	转换时间	分辨率	抗干扰	价格
并型比较型	最快	低	很差	最高
逐次逼近型	快	较高	差	低
Σ-Δ 型	较快	最高	强	较低
双积分型	最慢	高	很强	最低

2.5.3　ADC 与单片机接口

要成功地将 ADC 与计算机接口,需要考虑电源要求、逻辑兼容性、定时参数、外围硬件及数据格式等因素。

(1)电源要求。

大多数早期的 ADC 都需要±15 V(±5%)的供电电源,但是新近开发的一些 ADC 产品在+12 ~ +15 V 的范围内都可正常工作,它们与+12 V 或+15 V 电源兼容。

(2)逻辑兼容性。

计算机系统要求输入/输出信号与 TTL 电平兼容。绝大多数 ADC 的逻辑电平与 TTL 电平兼容。需要注意的是,有些产品还提供与 CMOS 电平兼容的输入/输出信号。当电源电压为+5 V 时,其数字输入与 TTL 电平兼容;当电源电压为+10 ~ +15 V 时,其数字输入与 COMS 电平兼容。因此在进行系统设计时,应将逻辑兼容性作为一个因素加以考虑。

(3)定时参数。

在设计 ADC 与计算机接口电路时,特别要注意器件定时参数的极限值。系统控制信号的脉冲宽度、建立时间、保持时间应满足器件的定时要求。此外,还要考虑到温漂以及电源电压的波动对定时的影响,对于不使用的引脚应当置成相应的逻辑电平。

(4)外围硬件。

为了使 ADC 能够与计算机接口,常常需要增加一些外围硬件电路,如译码器、锁存器等。

(5)数据格式。

8 位数据宽度的计算机的数据总线为 8 位,可与 8 位 ADC 直接接口,当与更高分辨率的器件接口时,欲转换的数据分两次传送。计算机系统可采用两种数据格式,即向左对齐数据格式和向右对齐数据格式。

串行数据格式为远距离数据传输提供了方便。在较为复杂的系统中,串行数据格式可减少连线并允许更多的信息在总线上传送。此外,串行数据采集器件通常引脚少,可减小印制电路板的体积。需要注意的是,所有串行数据采集器件均需要一个时钟(由外部或内部产生),用以选通数据输入/输出。

2.5.4　A/D 的选择

1. A/D 的位数选择

若需要转换成有效数码(除 0 以外)的模拟输入电压最大值和最小值分别为 $U_{i,max}$ 和 $U_{i,min}$,A/D 前置放大器增益为 K_g,m 位 A/D 满量程为 E,则应使

$$U_{i,min} \geqslant q = \frac{E}{2^m}(小信号不被量化噪声淹没)$$

$$U_{i,max} K_g \leqslant E(大信号不使 A/D 溢出)$$

所以,有

$$\frac{U_{i,max}}{U_{i,min}} \leqslant 2^m \tag{2.25}$$

通常将量程范围上限与下限之比的分贝数称为动态范围,即

$$L_1 = 20\lg \frac{U_{i,\max}}{U_{i,\min}} \tag{2.26}$$

若已知被测模拟电压动态范围为 L_1,则 A/D 位数 m 为

$$m \geqslant \frac{L_1}{6} \tag{2.27}$$

由于多路开关、采样／保持器和 A/D 组成的数据采集电路的总误差是这 3 个组成部分分项误差的综合值,因此选择元器件精度的一般规则是:每个元器件的精度指标应优于系统精度的 10 倍左右。例如,要构成一个误差为 0.1% 的数据采集系统,所用多路开关、采样／保持器和 A/D 的组件的线性误差都应小于 0.01%,A/D 的量化误差也应小于 0.01%,A/D 量化误差为 ±1/2LSB,即满度值的 $1/2^{m+1}$,因此可根据系统精度指标 δ,估算所需 A/D 的位数 m 为

$$\frac{10}{2^{m+1}} \leqslant \delta \tag{2.28}$$

例如,要求系统误差不大于 0.1% 满度值(即 $\delta = 0.1\%$),则需采用 m 为 12 位的 A/D 转换器。

2. A/D 的转换速率选择

A/D 的转换速率即单位时间内所能完成的转换次数,由转换时间 t_c 和休止时间 t_o(从转换结束到再次启动转换)二者共同决定。

$$\text{转换速率} = \frac{1}{t_o + t_c} \tag{2.29}$$

转换速率的倒数称为转换周期,记为 $T_{A/D}$,若 A/D 转换器在一个采样周期 T_s 内依次完成 N 路模拟信号采样值的 A/D 转换,则

$$T_s = N T_{A/D} \tag{2.30}$$

对于集中采集式测试系统,N 即为模拟输入通道数;对于单路测试系统或分散采集测试系统,则 $N = 1$。

若需要测量的模拟信号的最高频率为 $f_{\max}$,则抗混叠低通滤波器截止频率 f_h 应选取为

$$f_h = f_{\max} \tag{2.31}$$

根据信号采样理论,$f_h = \dfrac{1}{CT_s} = \dfrac{f_s}{C}$(其中 C 为设定的截频系数,一般 $C > 2$),则

$$T_s = \frac{1}{Cf_{\max}} \tag{2.32}$$

将式(2.29)代入式(2.31),得

$$T_{A/D} = \frac{1}{NCf_{\max}} = t_c + t_o \tag{2.33}$$

由式(2.33)可知,对 $f_{\max}$ 大的高频(或高速)测试系统,应该采取以下措施:

① 减少通道数 N,最好采用分散采集方式,即 $N = 1$。

② 减少截频系数 C,增大抗混叠低通滤波器陡度。

③ 选用转换时间 t_c 短的 A/D 转换器芯片。

④ 将由 CPU 读取数据改为直接存储器存取(DMA)技术,以大大缩短休止时间 t_o。

2.5.5　抑制系统误差的方法

由 ADC 和计算机系统组合在一起的模拟数据采集系统,是模拟电路和数字电路混合使用的典型系统。在这种系统中,不但要防止市电频率的感应噪声,还必须防止数字电路对模拟电路的噪声干扰,这也是抑制系统误差来源的关键。

模拟电路的干扰噪声源有:来自输入部分的干扰;来自交流电源的干扰;来自地线的干扰;来自直流电源的干扰;来自空中电磁辐射的干扰等。因此,防止干扰噪声的主要方法有电路结构、电路的排列和布线、地线的布线以及电源去耦、屏蔽、隔离等。

(1)电路结构。

就电路结构来说,问题往往出在输入部分。当外部输入到系统内的模拟信号很微弱时,自然可以认为信号是被淹没在市电频率噪声(交流声)中。因此,在用单端输入形式取得的模拟信号中,信号仍照样淹没在噪声中。为了从噪声中提取信号,必须消除噪声,用差分放大器即可实现这一目的。

差分放大器的共模抑制比(CMRR)可以做得很大,利用这一特性,就可以把市电频率噪声当作共模噪声加以消除。

(2)电路的排列布线、地线布线和电源去耦。

在电路排列方面,模拟电路和模拟电路集中装在一起,数字电路和数字电路集中装在一起。模拟电路之间的连接应注意信号的流向,还要尽量缩短其连接线。必须避免模拟电路与数字电路混合走线。此外,模拟电路和数字电路间的连线应避免迂回交叠,要尽量使其接近直线。

处理微弱电平模拟信号的电路,其地线的布置尤为重要,原则上是一点接地并接触良好。微弱电平电路的地和高电平电路的地绝不能在同一点,因为高电平电路的地将会给微弱电平电路带来极大的误差。

电源线和地线之间加上旁路电容,即所谓电源去耦法,其目的是降低电源的阻抗。它不但防止了模拟电路的自振和噪声干扰,而且改善了暂态特性。而改善暂态特性、防止误动作和自振也是数字电路不可缺少的。

(3)隔离和屏蔽。

所谓隔离,就是用变压器或光电耦合器把模拟电路和数字电路、模拟电路的低电平放大部分和高电平放大部分在电气上隔离开来。

采用隔离法可以有效地防止各种信号交换所带来的恶劣影响,如防止数字电路对模拟电路的噪声干扰;市电频率噪声和尖峰噪声对低电平放大部分的感应干扰;高电平放大部分对低电平放大部分的干扰等。

隔离的方法有很多种,有只用变压器的,也有用变压器和光电耦合法组合而成的。即使能隔离信号,但若不能对隔离电路供给电源,也是毫无用途的,因为这样的电路不能工作。

因此,系统中必须采用相互隔离的电源。

图 2.22 给出了一个将数据采集系统与数字系统隔离开来的实例。隔离电源采用变压器,与数字系统间的信号交换采用光电耦合器。

对于逐次逼近型的 ADC,在进行隔离时,其 ADC 一般采用串行输出而不采用并行输出,以便减少隔离用光电耦合器的数量,因此应选择具有内部时钟和串行数据输出的 ADC。若用串行数据输出,则与 ADC 的接口信号只需如下 4 种:ADC 启动信号(START)、时钟信号(CLK)、串行数据输出信号(SO)和转换结束信号(EOC)。除 ADC 的接口信号外,还要有多路转换器的通道选择信号。隔离后可减少市电频率噪声和数字系统噪声的干扰,把隔离的部分特别是从多路转换器到 ADC 的部分放在屏蔽盒里进行屏蔽,抗噪声效果将会更好。

图 2.22 带隔离的数据采集系统实例

2.6 逐次逼近型 A/D 转换器及其接口

2.6.1 逐次逼近型 A/D 转换器的原理简介

逐次逼近型(也称逐位比较式)的 A/D 转换器,应用比积分型更为广泛。其主要由逐次逼近寄存器 SAR,D/A 转换器、比较器以及时序和控制逻辑等部分组成,如图 2.23 所示。其工作原理是逐次把设定的 SAR 寄存器中的数字量经 D/A 转换后得到电压 U_C 与待转换模拟电压 U_x 进行比较。比较时,先从 SAR 的最高位开始,逐次确定各位的数码应是"1"还是"0"。

其工作过程如下:转换前,先将 SAR 寄存器各位清零。转换开始时,控制逻辑电路先设定 SAR 寄存器的最高位为"1",其余位为"0",此试探值经 D/A 转换成电压 U_C,然后将 U_C 与模拟输入电压 U_x 比较。如果 $U_x \geqslant U_C$,说明 SAR 最高位的"1"应予保留;如果 $U_x < U_C$,说

明 SAR 该位应予清零。然后再对 SAR 寄存器的次高位置"1",依上述方法进行 D/A 转换和比较。如此重复上述过程,直至确定 SAR 寄存器的最低位为止。过程结束后,状态线改变状态,表明已完成一次转换。最后,逐次逼近寄存器 SAR 中的内容就是与输入模拟量 U_x 相对应的二进制数字量。显然,A/D 转换器的位数 N 决定于 SAR 的位数和 D/A 转换器的位数,位数越多,越能准确逼近模拟量,但转换所需的时间也越长。

图 2.23　逐次逼近型 A/D 转换原理图

逐次逼近型的 A/D 转换器的主要特点如下:

转换速度较快,在 1 ~ 100 μs 以内,分辨率可以达 18 位,特别适用于工业控制系统;转换时间固定,不随输入信号的变化而变化;抗干扰能力相对积分型的差。例如,在模拟输入信号采样过程中,若在采样时刻有一个干扰脉冲叠加在模拟信号上,则采样时,包括干扰信号在内,都被采样和转换为数字量,这就会造成较大的误差,所以有必要采取适当的滤波措施。

目前,逐次逼近型 A/D 转换器大多做成单片集成电路的形式,使用时只需发出 A/D 转换启动信号,然后在 EOC 端查知 A/D 转换过程结束后,取出数据即可。应用较多的芯片有 ADC0809,ADC1210,AD574,AD1674,TLC549,TLC1543/2543,MAX1241 等。

2.6.2　TLC2543 简介

TLC2543 是 TI 公司生产的具有 11 个通道的 12 位开关电容逐次逼近串行 A/D 转换器,采样率为 66 kbit/s,采样和保持由片内采样保持电路自动完成。器件的转换器结合外部输入的差分高阻抗的基准电压,具有简化比率转换刻度和模拟电路、逻辑电路以及隔离电源噪声的特点。多通道、小体积的 TLC2543 转换快,稳定性好,线性误差小,节省口线资源,成本较低,特别适用于单片机数据系统的开发。

1. TLC2543 的硬件描述与工作时序

TLC2543 的控制信号有片选(CS)、A/D 转换结束标志(EOC)、输入/输出时钟(I/O CLOCK)以及数据输入端(DATA INPUT)和数据输出端(DATA OUTPUT)。片内有一个 14 路模拟开关,可从 11 个模拟输出通道或从 3 个内部自测电压中选择其中的一个。在转换结束时,EOC 输出端指示转换完成。

器件的基准由外电路提供,可差分输入也可单端输入,范围是+2.5 V ~ U_{CC}。在温度范围内转换时间小于 10 μs,线性误差小于±1 LSB。有片内转换时钟,I/O 最高时钟频率为 4.1 MHz。工作电源是+5 V±0.25 V。

可通过软件设置为下列输出方式:

(1)单极性或双极性输出(有符号的双极性,相对于所加基准电压的1/2)。

(2)MSB(D_{11}位)或 LSB(D_0 位)作前导输出。

(3)可变输出数据长度。

TLC2543 的引脚排列如图2.24 所示。

图 2.24　TLC2543 的引脚排列

一开始,片选(CS)为高,CLOCK 和 DATAI 被禁止,DATAO 为高阻抗状态。CS 变低时,开始转换过程。输入数据是一个包括 4 位模拟通道地址($D_7 \sim D_4$)、2 位数据长度选择($D_3 \sim D_2$)、输出 MSB 或 LSB 在前的位(D_1)以及单极性或双极性输出选择位(D_0)的数据流。这个数据流是从 DATAI 端加入的,其格式见表2.6。输入/输出时钟加在 CLOCK 端,以传送这个数据流到输入数据寄存器。在传送的同时,输入/输出时钟也将前一次转换的结果从输出数据寄存器移到 DATAO 端。CLOCK 接收输入的 8,12 或 16 个长度取决于输入数据寄存器中的数据长度选择位。模拟输入的采样开始于 CLOCK 的第四个下降沿,而保持则在 CLOCK 的最后一个下降沿也使 EOC 变低并开始转换。

表 2.6 输入寄存器格式

功能选择	输入数据字节								备注
	地址位				L_1	L_0	LSBF	BIP	$D_7 = MSB$
	D_7	D_6	D_5	D_4	D_3	D_2	D_1	D_0	$D_0 = LSB$
AIN0	0	0	0	0					
AIN1	0	0	0	1					
AIN2	0	0	1	0					
AIN3	0	0	1	1					
AIN4	0	1	0	0					选择
AIN5	0	1	0	1					输入
AIN6	0	1	1	0					通道
AIN7	0	1	1	1					
AIN8	1	0	0	0					
AIN9	1	0	0	1					
AIN10	1	0	1	0					
REF+ 与 REF- 差模	1	0	1	1					内部
REF- 单端	1	1	0	0					测试
REF+ 单端	1	1	0	1					
软件断电	1	1	1	0					
输出 8 位					0	1			输出
输出 12 位					×	0			数据
输出 16 位					1	1			长度
MSB(高位)先出							0		顺序
LSB(低位)先出							1		输出
单极性(二进制)								0	极性
双极性(2 的补码)								1	

图 2.25 ~ 2.27 分别表示进行 8 位、12 位或 16 位时钟传送,以 MSB 为导前的时序。

图 2.25　用 8 位时钟传送,以 MSB 为导前的时序

图 2.26　用 12 位时钟传送,以 MSB 为导前的时序

图 2.27　用 16 位时钟传送,以 MSB 为导前的时序

2. TLC2543 数据采集接口

用 TLC2543 进行数据采集非常方便,因为它与 CPU(特别是单片机)接口很容易,只要按照表 2.6 及上面的叙述进行即可。图 2.28 就是一例,不过在 TLC2543 的模拟输入端最好加缓冲器(因输入阻抗较低)。若要将单极性输入变成双极性输入,可在输入端加 R_1, R_2 分压电阻。

图 2.28　TLC2543 串行接口

3. 数据采集程序

结合图 2.28 接口电路,数据采集程序如下:

```c
#include<reg51. h>
#include <stdio. h>
sbit AD_CS   = P1^0;                    //定义 I/O 口
sbit AD_CLK = P1^1;
sbit AD_EOC = P1^4;
sbit AD_OUT = P1^3;
sbit AD_IN = P1^2;
void main( void)
{
int AD_IN;
int tempt = 0x00;                       //定义 A/D 转换器的高位字节
int tempt1 = 0x00;                      //定义 A/D 转换器的低位字节
int i;
AD_CS = 0;
while(1)
  {
    if( ! AD_EOC)
      {
        for( i = 0; i<8; i++)           //设置转换位数为 8 位
```

```
{
    AD_CLK = 1 ;                    //设置 AD_CLK 为高电平
    if( AD_OUT)
    {
    tempt = tempt | | 0x01 ;        //读 D11-D4 高 8 位
    }
    AD_CLK = 0 ;                    //设置 AD_CLK 为低电平

tempt<<1 ; }                        //左移一位变量
for( i = 0 ; i<4 ; i++)             //设置转换次数 4 位
    {
    AD_CLK = 1 ;                    //设置 AD_CLK 为高电平
    if( AD_OUT)
        {tempt1 = tempt1 | | 0x10 ; } //读 D3-D0 第 4 位
    AD_CLK = 0 ;                    //设置 AD_CLK 为低电平
    tempt<<1 ;                      //左移一位变量
    }
    AD_IN = tempt ;                 //移位到 AD_IN 线上并输入 TLC2543
}
AD_EOC = 0 ;
}
}
```

2.7　双积分 A/D 转换器及其接口

2.7.1　双积分 A/D 的原理

双积分 ADC 是一种间接转换式的 A/D 转换器。它的基本原理是把待转换的模拟电压 U_A 变换成与之成比例的时间间隔 Δt，并在 Δt 时间内，用恒定频率的脉冲去计数，这就把 Δt 转换成数字 N。N 与 U_A 也成正比，常称为模拟电压 – 时间间隔 – 数字量转换原理。

图 2.29 所示为双积分 ADC 的原理图，它由积分器、过零鉴别器、计数器和控制电路组成。由 RC 积分网络组成的积分器将输入的模拟电压 U_A 进行积分，输出为 U_o；鉴别器用来判别 U_o 的极性，以控制计数器的计数过程。

双积分 A/D 的工作波形如图 2.30(a) 所示。转换器先将计数器复位，然后积分电容 C 完全放电。其工作分为以下两个阶段。

第一阶段：模拟开关 S_1 将输入电压 U_A（设 $U_A > 0$）接向积分器的输入端，积分器开始积分，其输出 U_o 按 RC 决定的斜率向下变化。鉴别器输出 $U_C = 1$，门打开，启动计数器对脉冲计数。当计数器计到满量程 N_1 时，计数器回零，控制电路使模拟开关由 S_1 转到 S_2，即断开

图 2.29　双积分 ADC 原理图

U_A,接通 $-U_R$,第一阶段结束。这一阶段实质是对 U_A 积分,积分时间 T_1 固定为

$$T_1 = T_{CP}N_1 \tag{2.34}$$

式中,T_{CP}——恒定频率的脉冲周期。

当积分到 T_1 时,积分器输出电压 U_o 为

$$U_o = -\frac{1}{RC}\int_0^{T_1} U_A \mathrm{d}t \tag{2.35}$$

若电压 U_A 在 T_1 内平均值为 $\overline{U}_A$,R,C 的值也不变,则

$$U_o = -\frac{1}{RC}\overline{U}_A \cdot T_1 \tag{2.36}$$

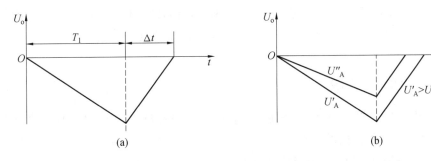

图 2.30　双积分 A/D 的工作波形

第二阶段:模拟开关 S_2 将基准电压 $-U_R$ 接到积分器输入端,积分器反方向积分,计数器由 0 开始新的一轮计数过程。当积分器输出 U_o 回到起点(0)时,积分器积分过程结束,计数器停止计数,得到本阶段的脉冲计数 N_2。第二次积分时间为 Δt,实质上是将 U_A 转换成与之成正比的时间间隔 Δt,结束积分时的输出为

$$U_o + \frac{1}{RC}\int_0^{\Delta t} U_R \mathrm{d}t = 0 \tag{2.37}$$

当 U_R,R,C 均为恒定值时,则有

$$U_o = -\frac{1}{RC} \cdot U_R \cdot \Delta t \tag{2.38}$$

根据第一阶段的积分输出 U_o,可得

$$-\frac{1}{RC}\overline{U}_{\mathrm{A}}\cdot T_1=-\frac{1}{RC}U_{\mathrm{R}}\cdot\Delta t \tag{2.39}$$

$$\Delta t=\frac{T_1}{U_{\mathrm{R}}}\cdot\overline{U}_{\mathrm{A}} \tag{2.40}$$

因为 $T_1=T_{\mathrm{CP}}\cdot N_1$，$\Delta t=T_{\mathrm{CP}}\cdot N_2$，所以

$$N_2=N_1\frac{\overline{U}_{\mathrm{A}}}{U_{\mathrm{R}}} \tag{2.41}$$

由式(2.41)可以看出，计数值与 U_{A} 在 T_1 内的平均值成正比。图 2.30(b)形象地说明了被转换电压 U_{A} 与 Δt 之间的关系。U_{A} 越大，第一阶段(定时积分)结束时 U_{o} 越大；第二阶段(是斜率积分)积分时间 Δt 越长，则计数值 N_2 越大，也就是输出数字量越大。

双积分式 ADC 转换过程中进行两次积分，这一特点使其具有如下优点：

① 抗干扰能力强。尤其对工频干扰有较强的抑制能力，只要选择定时积分时间 T_1 为 50 Hz 的整数倍即可。

②具有较高的转换精度。这主要取决于计数脉冲的周期，计数脉冲频率越高，计数精度也就越高。

③电路结构简单。对积分元件 R,C 参数精度要求不高，只要稳定性好即可。

④编码方便。数字量输出既可以是二进制的，也可以是 BCD 码的，这仅决定于计数器的计数规律。

双积分 ADC 的缺点是转换速度低，常用于速度要求不高、精度要求较高的测量仪器仪表、工业测控系统中。

目前，常用的双积分 A/D 芯片有 ICL7106、ICL7107、ICL7116、ICL7117、ICL7126、ICL7135、ICL7149、ICL7109、MC14433、MAX139、CH259、带微处理器的双积分 A/D HI7159A 等。

2.7.2　ICL7135 介绍

ICL7135 为 4 位半双积分 A/D 转换器，是动态分时轮流输出 BCD 码，数据输出为非总线形式，具有精度高、价格低的特点。

ICL7135 为高精度 ADC，其主要特性如下：

①总读数为±20 000，精度为±1。

②输入阻抗大于 $10^9\ \Omega$。

③自校为零，保证零电压输入时读数为零。

④采用 BCD 码扫描输出。

⑤设有 6 个 I/O 辅助信号，可与设有 UART 的微处理器或其他复杂电路接口。

⑥输出与 TTL 电路兼容。

ICL7135 为 28 线双列直插式封装，其管脚配置如图 2.31 所示。

ICL7135 由±5 V 电源供电，U^+ 接+5 V，U^- 接-5 V，DGND 为数字地，即接±5 V 电源的地。U_{R} 为基准电压高电位输入端，AGND 为模拟地，它既是模拟信号的地，又是基准电压的低电位端。INT 为积分器输出，接积分电容。BUF 为缓冲放大器的输出，接积分电阻。AZ

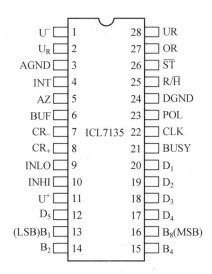

图 2.31　ICL7135 管脚配置

为自动调零输入端,接自动调零电容。CR_+ 为基准电容的高电位端,CR_- 为基准电容的低电位端。INHI 为模拟信号输入的正端,INLO 为模拟信号输入的负端。CLK 为时钟信号输入端,$R/\overline{H}$ 为运行或保持操作端。D_1,D_2,D_3,D_4,D_5 为位扫描输出端,其中 D_1 为个位,D_5 为万位。B_1,B_2,B_3,B_4 为 BCD 码数据,B_1 为低位,B_4 为高位。POL 为信号极性输出,当信号为正时,POL 为"1",OR 为超量程状态输出,UR 为欠量程输出。BUSY 为忙信号输出,它指示 A/D 是正在进行转换还是已转换完毕。$\overline{ST}$ 为数字选通输出,用以通知微处理器或其他器件准备读取 ICL 的输出数据。

　　ICL7135 输出定时波形如图 2.32 所示。由图可见,ICL7135 在工作期间总是从 B_8,B_4,B_2,B_1 引脚将转换后 5 位数字的 BCD 码从高位到低位依次循环扫描输出;同时,引脚 $D_5 \sim D_1$ 不断送出相应扫描信号,每个位扫描信号宽度为 200 个时钟周期。数字输出选通信号 $\overline{WR}$ 在每个转换周期内出现一次,一次转换共有 5 个负脉冲,$\overline{CS}$ 总是出现在每个扫描信号的中部,其宽度为 1/2 时钟周期。

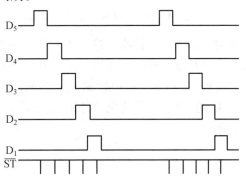

图 2.32　ICL7135 输出定时波形

2.7.3　ICL7135 与 MCS–51 单片机 I/O 直接连接接口

图 2.33 为 ICL7135 与单片机 89C51 接口方法。图中只画出了数据线(B_8,B_4,B_2,B_1)、位控线最高位 D_5 及相应的标志、状态控制线。

89C51 只能用本身的 I/O 口线与 ICL7135 相连。为了减少 I/O 口线的占用,使用了 74LS157(4 选 1 数据选择器)。使"万"位数及其标志信号 B_8,B_4,B_2,B_1 与 P1.3 ~ P1.0 共用 I/O口线。其分时传送通过 D_5 控制 74LS157 的选择端 SEL 实现。当 SEL 输入低电平时,选择 1A ~ 4A 输入端;当 SEL 输入高电平时,选择 1B ~ 4B 输入端。ICL7135 转换结果输出时序如图 2.32 所示,当每个转换周期结束后,$\overline{WR}$端发出 5 个负脉冲信号分别与 D_5(万位),D_4(千位),D_3(百位),D_2(十位),D_1(个位)位选通信号相对应,在位选通信号(D_5 ~ D_1)控制下,从 B_8,B_4,B_2,B_1端送出相应位的 BCD 码。万位数只能输出 B_1 的 0 或 1,其余 3 位为 OR(过量程)、UR(欠量程)和 POL(正、负)标志信号。$\overline{WR}$为自动转换/停止控制。在悬空状态时,将自行产生高电平,按自动转换方式工作。当 $\overline{CS}$输入低电平时,本次转换完后进入停止状态,输出值保持不变。

图 2.33　ICL7135 与 89C51 的接口方法

下面用中断计数法实现对 ICL7135 的控制。这种方法是依据 Y_7 脉冲序列的序号与万、千、百、十、个位 BCD 码有严格的对应关系来设计的。用一内存单元(20H)存入除 D_5 外尚待读入的 BCD 码位数(#04H),然后每中断一次位数减 1,若位数减至零,则个位数 BCD 码读完。这种方法可以省去 D_1 ~ D_4 的接线,从而简化硬件结构,如图 2.33 所示。程序框图如图 2.34 所示。具体的中断服务程序如下。

图 2.34 中断计数法转换结果读出

```
#include<reg51. h>
#include <stdio. h>
sbit  P1.0    =P1^0;
sbit  P1.1    =P1^1;
sbit  P1.2    =P1^2;
sbit  P1.3    =P1^3;
sbit  P3.2    =P3^2;
int   a[4];
int   DATE;
void tm0_isr()interrupt 1
{
If(j==0)                          //判断该位数据是否为万位
  {
  if (P1.3 == 0)
    {
    …                            //过压保护
    }
  If (P1.2 == 0)
    {
    …                            //欠压保护
    }
  }
```

```
a[i]=8*P1.3+4*P1.2+2*P1.1+1*P1.0;      //合并一位 BCD 码
i--;
j++;
if(j>=5)                               //判断是否采集一个完整的数据
    {
      j=0;                             /*若采集一个完整数据,则开始下一
                                         个数据的采集*/
      i=4;
      k=1;                             //置标志位
    }
  }
void main( )
{
  int i=4;
  int j=k=0;                           //标志位初始化
    EA=1;                              //开总中断
    while(1);
    {
      if(k==1)
        {
          DATE=a[4]*10000+a[3]*1000+a[2]*100+a[1]*10+a[0];
                                       //将各独立数组合并成一个完整数据
          k=0;//清标志位
        }
    }
}
```

2.8　Σ-Δ 型 A/D 转换器及其接口

Σ-Δ 也称为增量调制转换技术,其内部集成了精密比较器、积分器、精密基准电压源、电子开关和脉冲源等功能部件。自从 20 世纪 30 年代发明此结构以来,它一直被认为是最具发展前景的 A/D 转换器结构。但直到近期,随着微小尺寸 CMOS 工艺的发展以及一些新增功能的添加,如无闲杂音、高速、定制的数字滤波器、简化的处理器界面以及模拟与数字功能的进一步集成等使其性能得到进一步提高。目前商品化的 Σ-Δ 型 A/D 芯片转换精度可达 18~24 位,完成转换所需的时间为 100~1 000 μs,达到中速 A/D 转换的水平,而其精度是其他类型 A/D 器件无法比拟的。

2.8.1　∑-Δ 型 A/D 转换器的工作原理

1. 过采样

如果对理想 ADC 输入一恒定直流电压,多次采样得到的数字输出量总是相同的,而且分辨率受到量化误差的限制。如果在这个输入直流电压上叠加一个交流信号,并用比这个交流信号频率高得多的采样频率进行采样,此时得到的输出数字是变化的,用这些采样结果的平均值表示 ADC 转换结果,便可得到比用同样 ADC 高得多的分辨率,这种方法称作过采样(Over-sampling)。如果模拟输入本身就是一个交流信号,采用过采样方法(采样频率远远高于输入信号频率)也同样可以提高 ADC 的分辨率。

一个理想的常规 N 位 ADC 的采样量化噪声功率为 $q/12$,均匀分布在直流至 f_B 的频带内,且 $\overline{\text{RD}}$(f_B 为信号最高频率,f_s 为采样频率),如图 2.35(a)所示。如果用 Kf_s 的采样速率对输入信号进行采样(K 为过采样倍数),则整个量化噪声位于直流与 $Kf_s/2$ 之间,量化噪声功率降为原来的 $1/K$,如图 2.35(b)所示。如果在 ADC 后加一个数字滤波器,则滤除 $f_s/2$ 至 $Kf_s/2$ 之间的无用信号而又不影响有用信号,从而提高了信噪比,实现了用低分辨率 ADC 达到高分辨率的效果,如图 2.35(c)所示。

图 2.35　采样及过采样时量化噪声分布

2. 量化噪声整形

如果简单地使用过采样的方法使分辨率提高 N 位,必须进行 $K=2^{2N}$ 倍过采样。为使采样速率不超过一个合理的界限,需要对量化噪声的频谱进行整形,使得大部分噪声位于 $f_s/2$ 至 $Kf_s/2$ 之间,而仅有很少一部分留在直流至 $f_s/2$ 内。完成这种功能的是 ∑-Δ 调制器,∑ 是求和,Δ 表示增量。噪声频谱被调制整形后,数字滤波器可去除大部分量化噪声能量,使总的信噪比大大增加,如图 2.36 所示。

(a) 整形后噪声分布　　　　　　　　(b) 数字滤波后噪声分布

图 2.36　整形及滤波后噪声分布

图 2.37 给出了一阶 $\Sigma-\Delta$ 型 ADC 原理结构框图。虚线框内是 $\Sigma-\Delta$ 型调制器,它以 Kf_S 采样速率将输入信号转换成 1 和 0 构成的连续串行位流。D 触发器形成一位数据流,一路串行进入数字滤波器,一路以负反馈形式与输入信号求和。

图 2.37　$\Sigma-\Delta$ 型 ADC 原理结构图

根据反馈理论,具有积分环节的反馈环路的静态误差等于零,因此 DAC 的输出平均值(串行位流)接近输入信号的平均值。用图 2.38 所示频域线性化模型对 $\Sigma-\Delta$ 型调制器可做进一步分析。其中积分器模拟一个传递函数为 $H(S)$ 的滤波器,量化器、模拟放大器的输出与量化噪声叠加。输入信号为 X,输出信号为 Y。已知 $H(S)=\dfrac{1}{S}$,则有

$$Y=\frac{X-Y}{S+Q}$$

$$Y=\frac{X}{S+1}+\frac{QS}{S+1} \tag{2.42}$$

由式(2.42)可以看出,当频率接近于零时($S\to 0$),输出 Y 趋向于 X 且无噪声分量。当频率增高时,X 项的值减小而噪声分量增加。对于高频分量,输出的主要是噪声。实际上,积分器对输入信号具有低通滤波作用,而对噪声分量具有高通滤波作用。因此,可将具有模拟滤波作用的调制器看作是一种噪声整形滤波器。整形后的量化噪声分布如图 2.36 所示。

图 2.38　反馈模型

与一般的模拟滤波器一样,滤波器的阶数越高,其滤波性能就越好。因此,高阶 $\Sigma-\Delta$ 调制器得到了广泛应用。图 2.39 所示为二阶 $\Sigma-\Delta$ 型 ADC 原理图。

图 2.40 给出了 $\Sigma-\Delta$ 调制器的信噪比与阶数和过采样倍率之间的关系。图中 SNR 为信噪比,K 为过采样倍数。例如,当 $K=64$ 时,一个理想的二阶系统的信噪比大约为 80 dB,分辨率大约相当于 13 位的 ADC。

3. 数字滤波和采样抽取

$\Sigma-\Delta$ 调制器对量化噪声整形之后,将量化噪声移到 $f_S/2$ 之外,然后应对整形后的噪声

图 2.39　二阶 Σ-Δ 式 ADC 原理框图

图 2.40　信噪比与阶数和过采样倍数之间的关系

进行数字滤波。数字滤波器的作用有两个：一是相对于最终频率 f_S，它必须起到滤波器的作用；二是必须滤除 Σ-Δ 调制器在噪声整形过程中产生的高频噪声。

要想不失真地恢复原始信号，数字滤波器降低带宽后必须满足采样定理。由于采取了过采样，因此在采样过程产生了许多多余信号。数字滤波器通过每输出 M 个数据抽取一个数据的重采样方法，实现了使输出数据低于原来的过采样速率，直到使关心的频带满足采样定理。如图 2.41 所示，当 $M=4$ 时，其中输入信号 $X(n)$ 的重复采样频率已降到原来过采样速率的 1/4。

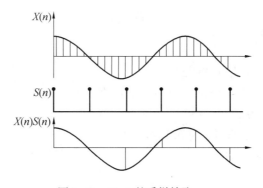

图 2.41　$M=4$ 的采样抽取

传统的 A/D 转换器采用过采样实现高分辨率有很大的困难。因为要获得频率响应特性陡峭和非线性失真很小的模拟滤波器比较困难。虽然增加量化位数 N 是减小量化误差的途径，但由于元件失配的影响，量化级之间不匹配（间距不等）形成的误差将随 N 的增大而增大。因此，传统 A/D 转换中模拟电路固有的噪声容限小的缺点，使得难以获得价格低廉、性能高的 A/D 转换器。采用 $\Sigma-\Delta$ 转换技术,数字电路占有很大的比重($\Sigma-\Delta$ 调制、数字滤波等),使制成高精度、低成本的转换器成为现实。

$\Sigma-\Delta$ 型 ADC 具有积分式 ADC 与反馈比较式 ADC 的双重优点。$\Sigma-\Delta$ 型 ADC 是在电荷平衡式 V/F 转换基础上改进而成的,它取消了电荷平衡式 V/F 转换中较为复杂的单稳定时电路,用比较简单的 D 触发器代替,这就使得在 $\Sigma-\Delta$ 型 ADC 的电路组成中,对精密元件的要求降到了最低程度。$\Sigma-\Delta$ 型 ADC 也具有像双积分 ADC 那样对串模干扰的抑制能力。由于它是一个连续转换的闭环系统,对组成电路的某些元器件的要求低于双积分式 ADC。例如,比较器的失调与漂移不会影响转换精度。$\Sigma-\Delta$ 型 ADC 采用了数字式反馈比较,大大降低了量化噪声,提高了分辨率。

由于上述优点,$\Sigma-\Delta$ 型 ADC 得到了重视。目前已有多种 $\Sigma-\Delta$ 型集成芯片投向市场,如美国 AD 公司生产的 AD7701(16 位),AD7703(20 位),AD7710 与 AD7714(24 位),AD7715(16 位,带可编程的放大器 1 ~ 128 倍)。$\Sigma-\Delta$ 型 ADC 目前在音频信号处理和低频模拟测量中得到了应用。

2.8.2　$\Sigma-\Delta$ 型 AD7703 简介

AD7703 是美国 AD 公司推出的 20 位单片 A/D 转换器,由于采用过采样 $\Sigma-\Delta$ 转换技术和片内自校准控制电路,不仅具有精度高、成本低、工作温度范围宽、噪声低、抗干扰能力强等特点,而且具有灵活的串行输出模式,极易和单片机接口,适用于工业过程参数检测、遥控检测和户外智能化仪器仪表。

AD7703 对工业现场噪声的抑制能力不亚于双积分 ADC,它比双积分 ADC 有较高的数据输出速率;与逐次逼近型 ADC 相比,具有较高的信噪比、分辨率高、线性度好,而且简化模拟电路结构,不需要应用采样保持电路,芯片还提供了两种自标定方法,不像一般 ADC 芯片需要手动进行零点调节和增益调节。

AD7703 和普通的 A/D 转换器不同,只要一上电,AD7703 就开始对输入信号进行采样,而不需要启动信号。

AD7703 的主要性能如下:

(1)20 位分辨率。

(2)最大非线性误差为 0.000 3% 。

(3)满量程误差 φ_i 为 4 LSB,典型有效值噪声为 1.6 LSB。

(4)片内自校准系统。

(5)低通滤波器的转折频率为 0.1 ~ 10 Hz。

(6)数据传输率为 4 kHz。

(7)灵活的串行接口。

(8)工作温度范围 A,B,C 级为 –40 ~ +85 ℃,S 级为 –55 ~ +125 ℃。

(9)超低功耗:正常工作状态为 40 mW,睡眠状态为 10 μW。

AD7703 的内部结构如图 2.42 所示,它由校准微控制器、校准静态 RAM、20 位 $\Sigma-\Delta$ 型 ADC、模拟调制器、六极点高斯低通数字滤波器、时钟发生器和串行口逻辑等组成。

AD7703 以 $f_{CLKIN}/256$(最大为 16 kHz)的速率对模拟输入信号进行连续采样,采样信号

图 2.42　AD7703 结构框图

由 Σ-Δ 型 ADC 转换成数字脉冲序列,该序列经六极点高斯低通数字滤波器处理后,以 4 kHz的速率更新一个 20 位数据输出寄存器。寄存器中的数据可以从串行口采用同步内时钟或同步外时钟方式随机读出。

片内用微控制器来控制芯片的自校准(又称自标定),以消除芯片本身的零点误差和增益误差;同时片内还有系统校准(又称系统标定),以消除输入通道的失调和增益误差。校准开始由外部输入的信号 CAL 控制,用户可在任意时刻施加 CAL 信号,启动 AD7703 校准。

AD7703 为 20 脚双列直插式封装,如图 2.43 所示。

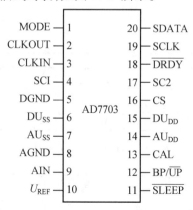

图 2.43　AD7703 的封装

AD7703 的采样速率、输出数据速率、滤波特性、建立时间和校准时间都与主时钟频率 f_{CLKIN}密切相关。使用外部时钟信号可加到 CLKIN 脚(此时 CLKOUT 脚不用);使用内部时钟信号时,可由石英晶体接在 CLKIN 脚和 CLKOUT 脚之间获得,如图 2.44 所示。若用

图 2.44　时钟电路

4.096 MHz晶体,外接电容 C_1, C_2 可省略;若用 3.579 MHz 的晶体,$C_1 = C_2 = 20$ pF;若用 2 MHz晶体,$C_1 = C_2 = 30$ pF。

AD7703 是相对于外部参考源 U_{REF} 为基准的 A/D 转换,其单、双极性由 $x(t)$ 选择。当此脚接高电平时,AD7703 允许双极性输入,输入电压范围是 $-2.5 \sim +2.5$ V;当此脚接低电平时,AD7703 允许单极性输入,输入电压范围是 $0 \sim +2.5$ V。

AD7703 的参考电源为 $1 \sim 3$ V,通常采用 2.5 V。为了保证良好的噪声抑制能力,应选择在 $0.1 \sim 10$ Hz 时噪声小的电源,否则会影响 AD7703 的性能。建议采用 AD580 和 LT101 参考源,它们在 $0.1 \sim 10$ Hz 带宽内的噪声小于 10 μV(P-P)。

AD7703 的标定对于芯片能否正常使用起着非常重要的作用。每次系统加电启动或重新复位后,系统应自动为 AD7703 进行一次标定。而用户每次使用 AD7703 从掉电保护状态进入正常工作状态后也应为 AD7703 做一次标定。

AD7703 具有自校准和系统校准功能,即能消除 AD7703 本身的零点、增益、漂移误差以及系统输入通道的失调和增益误差。这是其他 ADC 所不具备的。

AD7703 拥有两种方式的数字接口,即 SSC 方式(同步内时钟方式)和 SEC 方式(同步外时钟方式)。采用哪种方式由 MODE 脚所加的电平决定。当 MODE = 1 时,AD7703 工作在 SSC 方式;当 MODE = 0 时,AD7703 工作在 SEC 方式。SEC 方式具有接口简单、编程方便等优点。下面将着重介绍 SEC 方式,其时序如图 2.45 所示。

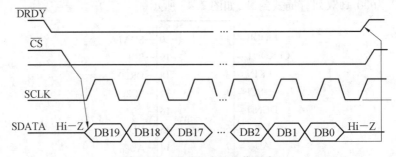

图 2.45　SEC 方式的工作时序

从时序图可以看出,在 $\overline{CS}$ 下降沿串行数据的 MSB 首先有效发送。其后的 19 位数据在外部时钟 SCLK 的下降沿更新,上升沿才稳定有效发送。在最低位 LSB 送出后,$\overline{DRDY}$ 和 SDADA 脚变为三态输出。如果当新的数据有效时,$\overline{CS}$ 为低电平,并且 AD7703 还在发送数据,那么 AD7703 仍旧发送输出寄存器中原先的数据,新数据丢失。

2.8.3　AD7703 与单片机的接口

AD7703 与 8031 的接口电路如图 2.46 所示。AD7703 内的主时钟由 4 MHz 晶振提供，AD580 给出 +2.5 V 的参考电压。图中采用自校准方式，使其上电和复位后恢复到初始状态并进行正确标定。

图 2.46　AD7703 与 8031 单片机的接口电路

由于 AD7703 将转换好的 20 位二进制数放入输出寄存器并按一定的时序串行输出，因此必须编程将 AD7703 的输出读出来。使用 SEC 方式读数据，要求 8031 为 AD7703 提供外部同步时钟以便读出数据。数据读取的思路是：先判断 $\overline{DRDY}$ 是否为低（P1.2 口），若为低，表示已有转换好的数据存于输出寄存器中。这时再使 $\overline{CS}$ 信号变低（P1.3 口），接收 20 位数据的 MSB 位。然后，8031 由 P1.1 口送出外同步时钟 SCLK，AD7703 在 SCLK 的下降沿更新数据，数据在 SCLK 的上升沿稳定。8031 在 SCLK 的上升沿后读取数据。不断循环，直到 20 位数据全部读出。

假定从 AD7703 读出的数据中的高 4 位存于 32H 单元，中 8 位存于 31H 单元，低 8 位存于 30H 单元，AD7703 的读出程序如下：

```
#include <reg51. h>
#include <stdio. h>
```

```c
sbit P1_0 = P1^0;
sbit P1_1 = P1^1;
sbit P1_2 = P1^2;
sbit P1_3 = P1^3;

void main( )
{
    int i;
    int tempt, tempt1, tempt2;
    while(1)
    {
        if(P1_2 = =0)
        {
            P1_3 =0;
        }
    for(i=0;i<4;i++)
    {
    P1_1 =1;
    if(P1_0)
    {
        tempt = tempt | |0x01
        tempt<<1;
    }
    else
        { tempt = tempt&0xFE;
        tempt<<1;
        }
    P1_1 =0;
    }
    for(i=0;i<8;i++)
    {
    P1_1 =1;
    if(P1_0)
    {tempt1 = tempt1 | |0x01;
    tempt<<1;
    }
    else
        { tempt1 = tempt1&0xFE;
```

```
        tempt1<<1;
        }
    P1_1=0;
    }
    for(i=0;i<8;i++)
    {
        P1_1=1;
        if(P1_0)
        {tempt2=tempt2||0x01;
        tempt2<<1;
        }
        else
        { tempt2=tempt2&0xFE;
          tempt2<<1;
        }
        P1_1=0;
        }
    }
}
```

2.9　数据采集系统设计

前面对数据采集系统的主要组成元件进行了论述,为了能够更深入地理解数据采集技术及系统的组成,本节从系统设计的角度深入分析数据采集系统的特性和误差。

2.9.1　数据采集系统的特性

1. 输入信号特性

在输入信号的特性方面主要考虑以下问题:信号的数量;信号的特点;是模拟量还是数字量;信号的强弱及动态范围;信号的输入方式(如单端输入还是差动输入,单极性还是双极性,信号源接地还是浮地);信号的频带宽度;信号是周期信号还是瞬态信号;信号中的噪声及其共模电压大小;信号源的阻抗等。

2. 系统性能特性

数据采集系统的主要技术指标如下:

(1)系统的通过速率。

系统的通过速率又称为系统速度、传输速率、采样速率或吞吐率,是指在单位时间内系统对模拟信号的采集次数。通过速率的倒数是通过周期(吞吐时间),通常又称为系统响应时间或系统采集周期,表明系统每采样并处理一个数据所占用的时间。它是设计数据采集系统的重要技术指标,特别对于高速数据采集系统尤为重要。

（2）系统的分辨率。

系统的分辨率是指数据采集系统可以分辨的输入信号最小变化量。通常用最低有效位值（LSB）、系统满刻度值的百分数（%FSR）或系统可分辨的实际电压数值等来表示。

（3）系统的精度。

系统精度是指当系统工作在额定通过速率下,系统采集的数值和实际值之差,它表明系统误差的总和。应该注意,系统的分辨率和系统精度是两个不同的概念,不能将二者混淆。

此外,还应考虑系统的非线性误差、共模抑制比及串模抑制比等指标。

3. 接口特性

接口特性包括采样数据的输出形式（是并行输出还是串行输出）、数据的编码格式、与什么数据总线相接等。

2.9.2　数据采集系统误差分析

1. 采样误差

（1）采样频率引起的误差。

为了有效地恢复原来的信号,采样频率必须大于信号最高有效频率 f_H 的 2 倍。如果不满足奈奎斯特采样定理,将产生混叠误差。为了避免输入信号中杂散频率分量的影响,在采样预处理之前,用截止频率为 f_H 的低通滤波器即抗混叠滤波器进行滤波。

另外,可以通过提高采样频率的方法消除混叠误差。在智能仪器或自动化系统中,如有可能,往往选取高于信号最高频率 10 倍甚至几十倍的采样频率。

（2）系统的通过速率与采样误差。

多路数据采集系统在工作过程中,需要不断地切换模拟开关,采样／保持器也交替地工作在采样和保持状态下,采样是个动态过程。

采样／保持器接收到采样命令后,保持电容从原来的状态跟踪新的输入信号,直到经过捕获时间 t_{AC} 后,输出电压接近输入电压值。采样／保持器输出电压达到精度指标（与被测电压的误差为 0.1% ~ 0.01%）。

控制器发出保持命令后,保持开关需要延时一段时间 t_{AP}（孔径时间）才能真正断开,这时保持电容才开始起保持作用。如果在孔径时间内输入信号发生变化,则产生孔径误差。只要信号变化速率不太快,孔径时间不太长,孔径误差就可以忽略。

采样／保持器进入保持状态后,需要经过保持建立时间 t_s,输出才能达到稳定。

可见,发出采样命令后,必须延迟捕获时间 t_{AC} 再发保持命令,才可以使采样保持器捕获到输入信号。发出保持命令后,经过孔径时间 t_{AP} 和保持建立时间 t_s 延迟后再进行 A/D 转换,可以消除由于信号不稳定引起的误差。

多路模拟开关的切换也需要时间,即本路模拟开关的接通时间 t_{on} 和前一路开关的断开时间 t_{off}。如果采样过程不满足这个时间要求,就会产生误差。

另外,A/D 转换需要时间,即信号的转换时间 t_c 和数据输出时间 t_o。

系统的通过速率的倒数为吞吐时间,它包括模拟开关切换时间（接通时间 t_{on} 和断开时

间 t_{off})、采样/保持器的捕获时间 t_{AC}、孔径时间 t_{AP}、保持建立时间 t_s、A/D 转换时间 t_c 和数据输出时间 t_o。系统通过周期(吞吐时间)t_{TH} 可表示为

$$t_{TH} = t_{on} + t_{off} + t_{AC} + t_{AP} + t_s + t_c + t_o \qquad (2.43)$$

如果系统中有放大器,式(2.43)中还应该加上放大器的稳定时间。

为了保证系统正常工作,消除系统在转换过程的动态误差,模拟开关对 N 路信号顺序进行等速率切换时,采样周期至少为 Nt_{TH},每个通道的吞吐率为

$$f_{TH} \leq \frac{1}{Nt_{TH}} \qquad (2.44)$$

如果使用重叠采样方式,在 A/D 转换器的转换和数据输出的同时,切换模拟开关采集下一路信号,则可提高每个通道的吞吐率。

设计数据采集系统选择器件时,必须使器件的速度指标满足系统通过速率(吞吐时间)的要求,模拟开关、采样/保持器和 A/D 转换器的动态参数必须满足式(2.43),否则在数据采集过程中,由于模拟开关的切换未完成,或者采样保持器的信号未稳定,或者 A/D 转换器的转换、数据输出未结束,从而造成采集、转换的数据误差很大。

如果使用数据采集系统芯片,特别要注意芯片的采样速率,这一指标已综合了数据采集系统各部分电路的动态参数。

2. 模拟电路的误差

(1)由模拟开关导通电阻 R_{on} 引起的误差。

模拟开关存在一定的导通电阻,信号经过模拟开关会产生压降。模拟开关的负载一般是采样/保持器或放大器。显然,开关的导通电阻 R_{on} 越大,信号在开关上的压降越大,产生的误差也越大。另外,导通电阻的平坦度面 ΔR_{on} 表明导通电阻的起伏,导通电阻的变化会使放大器或采样/保持器的输入信号波动,引起误差。误差的大小和开关的负载的输入阻抗有关。一般模拟开关的导通电阻为 100~300 Ω,放大器、采样/保持器的输入阻抗为 10^6 ~ 10^{12} Ω 左右,故由导通电阻引起的输入信号误差可以忽略不计。

如果负载的输入阻抗较低,为了减少误差,可以选择低阻开关,有的模拟开关的电阻小于 100 Ω,如 MAX312-314 的导通电阻仅为 10 Ω。

(2)由多路模拟开关泄漏电流 I_s 引起的误差。

模拟开关断开的泄漏电流 I_s 一般在 1 nA 左右,当某一路接通时,其余各路均断开,它们的泄漏电流 I_s 都经过导通的开关和这一路的信号源流入地。在信号源的内阻上产生电压降,引起误差。例如,一个 8 路模拟开关,泄漏电流 I_s 为 1 nA,信号源内阻 50 Ω,断开的 7 路泄漏电流 I_s 在导通这一路的信号源内阻上产生的压降为 a_0。

可见,如果信号源的内阻较小,对泄漏电流影响不大,有时可以忽略。如果信号源内阻很大,而且信号源输出的信号电平较低,则需要考虑由模拟开关的泄漏电流所引起的影响。一般希望泄漏电流越小越好。

(3)采样保持器衰减率引起的误差。

在保持阶段,保持电容的漏电流会使保持电压不断地衰减,衰减率为

$$\frac{dU}{dt} = \frac{I_D}{C_H} \qquad (2.45)$$

式中,I_D 为流入保持电容 C_H 的总泄漏电流。

I_D 包括采样/保持器中的缓冲放大器的输入电流和模拟开关截止时的泄漏电流,电容内部的泄漏电流。如果衰减率大,在 A/D 转换期间保持电压减小,会影响测量的准确度。一般选择泄漏电流小的聚四氟乙烯等优质电容,可以使由衰减率引起的误差忽略不计。增大电容的容量也可以减少衰减率,但电容太大会影响系统的采样速率。

(4)放大器引起的误差。

数据采集系统往往需要使用放大器对信号进行放大并归一化。如果输入信号分散在不同的地方而且比较小,则给每路设置一个放大器,将信号放大后再传输。如果信号比较集中且不要求同步采样,多路信号可共用一个可程控放大器。由于多路信号幅值的差异可能很大,为了充分发挥 A/D 转换器的分辨率,又不使其过载,可以针对不同信号的幅度调节程控放大器的增益,使加到 A/D 转换器输入端的模拟电压幅值满足 $\frac{1}{2}U_{FS} \leqslant U_i \leqslant U_{FS}$。

放大器是系统的主要误差源之一,其中包括放大器的非线性误差、增益误差及零位误差等。在计算系统误差时必须把它们考虑进去。

3. A/D 转换器的误差

A/D 转换器是数据采集系统中的重要部件,它的性能指标对整个系统起着至关重要的作用,也是系统中重要的误差源。选择 A/D 转换器时,必须从精度和速度两方面考虑,还要考虑它的位数、速度及输出接口。

4. 数据采集系统误差的计算

计算数据采集系统误差时,必须对各部分电路进行仔细分析,找出主要矛盾,忽略次要的因素,分别计算各部分的相对误差,然后再进行误差综合。如果误差项在 5 项以上,按均方根形式综合考虑为宜;若误差项在 5 项以下,按绝对值和的方式综合考虑为宜。

按均方根形式综合误差的表达式为

$$\varepsilon = \sqrt{\omega_{MUX}^2 + \varepsilon_{AMP}^2 + \varepsilon_{SH}^2 + \varepsilon_{ADC}^2} \tag{2.46}$$

按绝对值和方式综合误差的表达式为

$$\varepsilon = (|\varepsilon_{MUX}| + |\varepsilon_{AMP}| + |\varepsilon_{SH}| + |\varepsilon_{ADC}|) \tag{2.47}$$

式中　ε_{MUX}——多路模拟开关的误差;

ε_{AMP}——放大器的误差;

ε_{SH}——采样保持器的误差;

ε_{ADC}——A/D 转换器的误差。

2.9.3　数据采集系统的误差分配举例

设计一个数据采集系统,一般首先给定精度要求、工作温度、通道数目和信号特征等条件,然后根据条件,初步确定通道的结构方案和选择元器件。

在确定通道的结构方案之后,应根据通道的总精度要求,给各个环节分配误差,以便选择元器件。通常传感器和信号放大电路所占的误差比例最大,其他各环节如采样/保持器和 A/D 转换器等误差,可以按选择元器件精度的一般规则和具体情况而定。

选择元器件精度的一般规则:每个元器件的精度指标应该优于系统规定的某一最严格的性能指标的 10 倍左右。例如,要构成一个要求 0.1% 级精度性能的数据采集系统,所选择的 A/D 转换器、采样/保持器和模拟多路开关组件的精度都应该不大于 0.01%。

初步选定各个元器件之后,还要根据各个元器件的技术特性和元器件之间的相互关系核算实际误差,并且按绝对值和的形式或方和根形式综合各类误差,检查总误差是否满足给定的指标。如果不满足要求,应该分析误差,重新选择元器件并进行误差的分析综合,直至达到要求。下面举例说明。

设计一个远距离测量室内温度的模拟输入通道。

已知满量程为 100 ℃,共有 8 路信号,要求模拟输入通道的总误差为 ±1.0 ℃(即相对误差为 ±1%),环境温度为 25±15 ℃,电源波动为 ±1%。

模拟输入通道的设计可按以下步骤进行。

(1)方案选择。

鉴于温度的变化一般很缓慢,故可以选择多通道共享采样/保持器和 A/D 转换器的通道结构方案,温度传感器及信号放大电路方案如图 2.47 所示。

图 2.47　温度传感器及信号放大电路

(2)误差分配。

由于传感器和信号放大电路是整个通道总误差的主要部分,故将总误差的 90%(即 ±0.9 ℃的误差)分配至该部分。该部分的相对误差为 0.9%,数据采集、转换部分和其他环节的相对误差为 0.1%。

(3)初选元器件与误差估算。

①传感器选择与误差估算。由于是远距离测量,且测量范围不大,故选择电流输出型集成温度传感器 AD590K。由技术手册可查出:

a. AD590K 的线性误差为 0.20℃。

b. AD590K 的电源抑制误差:当 +5 V ≤ U_S ≤ +15 V 时,AD590K 的电源抑制系数为 0.2 ℃/V。现设供电电压为 10 V,U_S 变化为 1%,则由此引起的误差为 0.02 ℃。

c. 电流电压变换电阻的温度系数引入误差。AD590K 的电流输出远传至采集系统的信号放大电路,应先经电阻变为电压信号。电阻值为 1 kΩ,该电阻误差选为 0.1%,电阻温度系为 $10×10^{-6}$℃。AD590K 的灵敏度为 1 μA/℃。在 0 ℃时输出电流为 273.2 μA。所以,当环境温度变化 15 ℃时,它所产生的最大误差电压(当所测量温度为 100 ℃时)为

$(273.2\times10^{-6})\times(10\times10^{-6})\times15\times10^3\ V=4.0\times10^{-5}\ V=0.04\ mV(相当于\ 0.04\ ℃)$

②信号放大电路的误差估算。AD590K 的电流输出经电阻转换成最大量程为 100 mV 电压，而 A/D 的满量程输入电压为 10 V，故应加一级放大电路，现选用仪用放大电路 AD522B，放大器输入加一偏置电路。将传感器 AD590K 在 0 ℃时的输出值 273.2 mV 进行偏移，以使 0 ℃时输出电压为零。为此，尚需要一个偏置电源和一个分压网络，由 AD580LH 以及 R_2，R_{P_1}，R_3 构成的电路如图 2.47 所示。偏置后为 100 ℃时，AD522B 的输出信号为 10 V，显然，放大器的增益为 100。

a. 由参考电源 AD580LH 的温度系数引起的误差。AD580LH 用来产生 273.2 mV 的偏置电压，其电压温度系数为 25×10^{-6}℃，当温度变化±15 ℃时，偏置电压出现的误差为

$(273.2\times10^{-3})\times(25\times10^{-6})\times15\ V=1.0\times10^{-4}\ V=0.1\ mV(相当于\ 0.1\ ℃)$

b. 由电阻电压引起的误差。电阻 R_2 和 R_3 的温度系数为 $\pm10\times10^{-6}$℃，±15 ℃温度变化引起的偏置电压的变化为

$(273.2\times10^{-3})\times(10\times10^{-6})\times15\ V=4.0\times10^{-5}\ V=0.04\ mV(相当于\ 0.04\ ℃)$

c. 由放大器 AD522B 引起的共模误差。其增益为 100，此时的 CMRR 的最小值为 100 dB，共模电压为 273.2 mV，故产生的共模误差为

$(273.2\times10^{-3})\times10^{-5}\ V=2.7\times10^{-6}\ V=2.7\ \mu V(该误差可以忽略)$

d. 由 AD522B 的失调电压温漂引起的误差。它的失调电压温度系数为 $\pm2\ \mu V/℃$，当温度变化为±15 ℃时，输入端出现的失调漂移为

$(2\times10^{-6})\times15\ V=3\times10^{-5}\ V=0.03\ mV(相当于\ 0.03\ ℃)$

e. 由 AD522B 的增益温度系数产生的误差。当它的增益为 1 000 时，最大温度系数等于 $\pm25\times10^{-6}$℃，当增益为 100 时，温度系数要小于这一数值，如仍取这一数值，且设所用增益电阻温度系数为 $\pm10\times10^{-6}$℃，则最大温度增益误差(环境温度变化为±15 ℃)是

$(25+10)\times10^{-6}\times15\times100=0.05\ (mV)$

在 100 ℃时，该误差折合到放大器输入端为 0.05 mV，相当于 0.05 ℃。

f. AD522B 线性误差。当非线性在增益为 100 时，近似等于 0.002%，输出 10 V 摆动范围产生的误差为

$10\times0.002\%\ V=2\times10^{-4}\ V=0.2\ mV(相当于\ 0.2\ ℃)$

现按绝对值和的方式进行误差综合，则传感器、信号放大电路的总误差为

$(0.02+0.02+0.04+0.10+0.04+0.03+0.05+0.20)\ ℃=0.68\ ℃$

若用方和根综合方式，这两部分的总误差为

$\sqrt{0.2^2+0.02^2+0.04^2+0.1^2+0.04^2+0.03^2+0.05^2+0.2^2}\ ℃=0.31(℃)$

估算结果表明，传感器和信号放大电路部分满足误差分配的要求。

③A/D 转换器、采样/保持器和多路开关的误差估算。因为分配给该部分的总误差不能大于 0.1%，所以 A/D 转换器、采样/保持器、多路开关的线性误差应小于 0.01%。为了能正确地做出误差估算，需要了解这部分器件的技术特性。

a. 技术特性。设初选的 A/D 转换器、采样/保持器、多路开关的技术特性如下。

● A/D 转换器为 MAX1240，其有关技术特性如下：

线性误差为 0.012%（FSR）；微分线性误差为±1 LSB；增益温度系数（最大）为 $\pm0.25\times$

10^{-6}/℃;失调温度系数(最大)为±0.68×10^{-6}/℃;电压灵敏度为 3.6 V ±0.000 8%;输入模拟电压范围为 1.0 ~ 3.6 V;转换时间为 5.5 ~ 7.5 μs。

● 采样/保持器为 ADSHC-85,其有关技术特性如下:

增益非线性为±0.01%;增益误差为±0.01%;增益温度系数为±10×10^{-6}/℃;输入失调温度系数为±100 μV/℃;输入电阻为 10^{11} Ω;电源抑制为 200 μV/V;输入偏置电流为 0.5 nA;捕获时间(10 V 阶跃输入、输出为输入值的 0.01%)为 4.5 μs;保持状态稳定时间为0.5 μs;衰变速率(最大)为 0.5 mV/ms;衰变速率随温度的变化为温度每升高 10 ℃,衰变数值加倍。

● 多路开关为 AD7501 或 AD7503,其主要技术特性如下:

导通电阻为 300 Ω;输出截止漏电流为 10 nA(在整个工作温度范围内不超过 250 nA)。

b. 常温(25 ℃)下误差估算。常温下误差估算包括多路开关误差、采集器误差和 A/D 转换器误差的估算。

● 多路开关误差估算。设信号源内阻为 10 Ω,则 8 个开关截止漏电流在信号源内阻上的压降为

$$10×10^{-9}×8 \text{ V} = 8×10^{-8} \text{ V} = 0.08 \text{ μV(可以忽略)}$$

开关导通电阻和采样/保持器输入电阻的比值,决定了开关导通电阻上输入信号压降所占比例,即

$$\frac{300}{10^{11}} = 3×10^{-9} \text{(可以忽略)}$$

● 采样/保持器的误差估算。

线性误差为±0.01%。

输入偏置电流在开关导通电阻和信号源内阻上所产生的压降为

$$(300+10)×0.5×10^{-9} \text{ V} = 1.6×10^{-7} \text{ V} = 0.16 \text{ μV(可以忽略)}$$

● A/D 转换器的误差估算。

线性误差为±0.012%。

量化误差为±$\frac{1}{2^{12}}$×100% = 0.024%。

滤波器的混叠误差取为 0.01%。采样/保持器和 A/D 转换器的增益和失调误差,均可以通过零点和增益调整来消除。

按绝对值和的方式进行误差综合,系统总误差为混叠误差、采样/保持器的线性误差以及 A/D 转换器的线性误差与量化误差之和,即

$$±(0.01\% + 0.01\% + 0.012\% + 0.024\%) = ±0.056\%$$

按均方根形式综合,总误差为±$(\sqrt{0.01^2 + 0.01^2 + 0.012^2 + 0.024^2})\%$ = ±0.092%。

c. 工作温度范围(25±15 ℃)内误差估算。

● 采样/保持器的漂移误差。

失调漂移误差为±100×10^{-6}×15 V = ±1.5×10^{-3}V。

相对误差为±$\frac{1.5×10^{-3}}{10}$ = ±0.015%。

增益漂移误差为 $\pm10\times10^{-6}\times15=0.015\%$ 。

$\pm15V$ 电源电压变化所产生的失调误差(设电源电压变化为1%)为

$$200\times10^{-6}\times15\times1\%\times2\ V=6\times10^{-5}V=60\ \mu V(可以忽略)$$

- A/D 转换器的漂移误差。

增益漂移误差为

$$(\pm0.25\times10^{-6})\times3.6\times100\%=\pm0.000\ 09\%(可以忽略)$$

失调漂移误差为

$$(\pm0.68\times10^{-6})\times3.6\times100\%=\pm0.000\ 24\%(可以忽略)$$

电源电压变化的失调误差为 $0.000\ 08$(可以忽略)。

按绝对值和的方式综合,工作温度范围内系统总误差为

$$\pm(0.015+0.015)\%=\pm0.030\%$$

按均方根方式综合,系统总误差则为

$$\pm(\sqrt{2\times0.015^2})\%=\pm0.021\%$$

计算表明,总误差满足要求。因此,各个元器件的选择在精度和速度两个方面都满足系统总指标的要求。

思考题与习题

1. 数据采集系统主要实现哪些基本功能?

2. 简述数据采集系统的基本结构形式,并比较其特点。

3. 采样周期与哪些因素有关? 如何选择采样周期?

4. 为什么要在数据采集系统中使用测量放大器? 应如何选择?

5. 在设计数据采集系统时,选择模拟多路转换器要考虑哪些主要因素?

6. 能否说一个带有采样/保持器的数据采集系统,其采样频率可以不受限制? 为什么?

7. 一个 12 位逐次比较型 ADC,若时钟频率 f_{CP} 为 100 kHz,试计算完成一次转换所需要的时间。

8. 在数据采集系统中,模拟多路转换器的作用是什么? 选择型号和配置电路的原则是什么?

9. 如果一个数据采集系统要求有1%级精度性能指标,在设计该数据采集系统时,应怎样选择系统的各个元器件?

10. 设计一个由 89S51 单片机控制程控隔离放大器增益的接口电路。已知输入信号小于 10 mV,要求当输入信号小于 1 mV 时,增益为 1 000,而输入信号每增加 1 mV,其增益自动减少一倍,直到 100 mV 为止。

11. 一个数据采集系统的采样对象是粮库的温度和湿度,要求测量精度分别是 ±1 ℃ 和 $\pm3\%$ RH,每 10 min 采集一次数据,应选择何种类型的 ADC 和通道方案?

第3章 模拟量与开关量信号输出系统

3.1 概　述

本章主要介绍智能仪器的输出通道接口与控制,包括模拟量输出通道、数字量输出通道和脉冲量输入/输出通道。

3.1.1 输出通道的结构

智能仪器的输出通道直接输出模拟量或数字量,如电动机的启停、步进电机的运转、阀门的开闭、状态的显示等。

1. 模拟量输出通道

模拟量输出通道一般由 D/A 转换器、多路模拟开关、保持器等组成,其中 D/A 转换器是完成 D/A 转换的主要器件。

模拟输出也有单通道和多通道之分。多通道的结构通常又分为以下两种:

(1)每个通道有独自的 D/A 转换器,如图 3.1 所示。这种形式通常用于各个模拟量可分别刷新的快速输出通道。

(2)多路通道共享 D/A 转换器,如图 3.2 所示。这种形式通常用于输出通道不太多,对速度要求不太高的场合。多路开关轮流接通各个保持器予以刷新,而且每个通道要有足够的接通时间,以保证有稳定的模拟量输出。

图 3.1 每个通道有独自的 D/A 结构

2. 数字量输出通道

数字量输出通道主要由输出锁存器、数字光电隔离电路、输出地址译码电路、输出驱动电路等组成,如图 3.3 所示。对生产过程进行控制时,控制数据在锁存器中进行锁存,直到 CPU 给出新的值为止。光电耦合电路将控制信号与被控信号隔离。输出驱动器对输出信

图 3.2　多通道共享 D/A 的结构

号进行功率放大后传递给执行装置。

图 3.3　数字量输出通道的结构

3.1.2　输出通道的特点

根据输出和控制对象对控制信号的要求,输出通道具有以下特点:

(1)小信号输出,大功率控制。

目前,由于微处理器的功率受限,而在有些场合需要控制大功率的设备,如显示器、继电器、电磁开关、电动机等,都需要解决功率放大的问题。系统中要增加功率,用以驱动接口电路,因此需要采用功率器件,如晶体管、晶闸管、固态继电器等。

(2)D/A 转换。

单片机输出数字量控制模拟信号设备,需要解决数字信号与模拟信号的转换问题,设置 D/A 转换接口。

(3)输出通道距干扰源近,干扰大。

如果被控对象是电感设备,如电动机、继电器等,电磁干扰就会比较大。被控设备大多使用单相,甚至是三相交流电,电源干扰也很大。通常采用信号隔离、电源隔离和对大功率开关实现过零切换等方法进行干扰防治。

3.2　模拟量输出与接口

智能仪器中模拟量输出的核心器件是 D/A 转换器,简称 DAC,用于重建那些以数字形式被加工、存储或从一地传送到另一地的原始模拟信号。它的任务是将一个某种形式的数字量转换为一个模拟电压、电流或增益。D/A 转换器经常被用于微型计算机的模拟输入、输出系统,作为各种数控图形发生器(如示波器、XY 绘图仪等)的驱动源,也常用作各种模拟执行元件(如伺服电机、模拟电表、可编程电源、数字合成信号发生器、用于锁相环路的电压频率转换器等)的驱动源。在使用微处理器进行增益控制、信号衰减、乘法运算等方面也广泛使用着 DAC。此外,D/A 转换器还是许多 A/D 转换器的重要部件。D/A 转换器实际上为微型机系统的数字信号和模拟连续信号之间提供了一种接口。

1. D/A 转换器的结构框图

D/A 转换器是一种译码电路,其输入为数字量 D,输出为模拟量 A。其转换关系为

$$A = U_R D \tag{3.1}$$

或写成

$$A = U_R \left[a_1 2^{-1} + a_2 2^{-2} + \cdots + a_{n-1} 2^{-(n-1)} + a_n 2^{-n} \right] = V_R \sum_{i=1}^{n} a_i 2^{-i} \tag{3.2}$$

式中　　V_R——参考模拟量;

　　　　a_i——i 位的二进制码;

　　　　n——位数。

式(3.2)代表任意一种二进制 D/A 转换器的基本传递函数式。

各种 D/A 转换器都可用图 3.4 所示的框图来概括。

图 3.4　D/A 转换器总体结构

实际产品不一定包括图中所有部分,但虚线中的部分则应是必备的。D/A 转换器采用电阻(或电容)网络,借助于一个适当的模拟参考电压,把代表某量的数字码转换成对应的模拟量。DAC 的种类很多,绝大多数 DAC 都为电流输出,有的兼有电流和电压输出;输出模拟量和输入数字量之间的函数关系既有线性的,也有非线性的;数字输入方式有并行的,也有串行的;多数 DAC 既可对普通二进制数字进行单极性转换,通过改变外部接线又可以对补码、反码、偏移二进制码或符号-数值码进行双极性转换。

2. D/A 转换器的技术特性

D/A 转换器的电路结构虽然多种多样,但是作为一个标准的功能单元,它的主要技术特性可以归纳为静态特性和动态特性两个方面。

(1)转换准确度。

转换准确度是指当输入端加上给定的数字代码时,所测得的模拟输出值与理想输出值之间的差值,这个静态的转换误差是增益误差、零点误差及线性误差的综合。

(2)分辨力是指转换器的最低位对应的电压值与满度电压值之比。

例如,10 位 D/A 转换器的分辨力为 $1/(2^{10}-1)$,近似表示为 0.001,或者简单地用转换器的位数来表示。如 12 位 D/A 转换器的分辨力为 12 位,或近似表示为 $1/2^{12}$。

(3)线性度通常用非线性误差来表征转换器的线性度。

它是指转换器实测的输入-输出特性曲线与一条理想直线的偏离程度,这条理想直线是校准后的转换器的两个端点的连线,如图 3.5 所示。

图 3.5　D/A 转换器的非线性误差

(4)微分非线性。

它表示在输入数码整个范围内,相邻各数字代码之间引起的模拟跃变值的差异。若相邻跃变值相等,都为最低位的等效值,则微分非线性为零;若相邻跃变值间的差异超过最低一位的等效值(即量距电压),则将引起微分非线性误差。

(5)稳定时间(建立时间)。

它表示当输入数字代码产生满度值的变化时,其模拟输出达到稳态值±(1/2)LSB(最低有效位)所需的时间。

(6)温度系数。

在规定的范围内,用温度每升高 1 ℃引起输出模拟电压变化的百分数称为温度系数。它包括增益温度系数和零点温度系数,是按整个温度范围内的平均偏差定义的。

3.3　集成 DAC 及其应用

3.3.1　DAC 的分类

集成 DAC 的输出大多为电流输出形式,如 DAC0832,AD7520,AD7521 等。有的则在内部设有放大器,直接输出电压信号,如 AD7224,AD667 等,电压输出形式有单极性输出和双极性输出两种。D/A 转换器按位数来分有 8 位、10 位、12 位、14 位、16 位和 18 位等。随着大规模集成电路的发展,现在已经生产出各种用途的 D/A 转换器,如双路 D/A 转换器(如 MAX518,AD7S28 等)、四路 D/A 转换器(如 MAX536,AD7226 等)、八路 D/A 转换器(如 MAX528,AD7568 等)以及串行 D/A 转换器(如 DAC80,MAX514 等);有的甚至可以直接输入 BCD 码(如 AD7525 等)。为了与现在广泛使用的电动单元组合仪表配合使用,还生产出输出电流为 4~20 mA 的 D/A 转换器(如 AD1420/1422 等)。因此,D/A 转换器的应用越来越广泛。几种常用的 DAC 芯片的技术指标见表 3.1。

表 3.1　几种常用的 DAC 芯片的技术指标

型号	位数	建立时间	非线性误差	工作电压/V	输出	数据总线接口	路数
DAC0832	8	1 μs	0.2% FSR	+5~+15	I	并行	1
AD7524	8	0.5 μs	0.1% FSR	+5~+15	I	并行	1
MAX506	8	6 μs	±1LSB	+5 或±5	V	并行	4
MAX515	10	25 μs	±1LSB	+5	V	串行	1
AD7520	10	0.5 μs	0.2% FSR	+5~+15	I	并行	1
DAC1210	12	1 μs	0.05% FSR	+5~+15	I	并行	1
MAX538	12	25 μs	±1LSB	+5	V	串行	1
MAX536	12	3 μs	±1LSB	−5/+15	V	串行	4
AD7244	14	4 μs	±2LSB	±5	V	串行	2
AD768	16	35 ns	±8LSB	±5	I	并行	1
DAC729	18	8 μs	±2LSB	5/±15	V	并行	1

3.3.2　单片集成 DAC 举例

1. 8 位并行 D/A 转换器 DAC0832

DAC0832 是一个具有两个输入数据缓冲器并行输入的 8 位 D/A 芯片,其结构如图 3.6 所示。

它采用反 T 型电阻网络结构,并在数码输入端设置了 8 位输入寄存器和 8 位 DAC 寄存器,可以进行两次缓冲操作,使其对该器件的控制具有更大的灵活性。例如,在微处理器程序的控制下,在输出一个模拟电压的同时可以进行下一个数字信息的输入;又如,在多个 D/A 转换器同时工作的情况下,可在同一瞬时更改其输出的模拟量。

下面介绍 DAC0832 D/A 转换器的控制信号引线脚的含义。

$\overline{\text{CS}}$(片选):输入,低电平有效。它来自地址译码器。

图 3.6　DAC0832 的结构框图

ILE(输入寄存器允许):输入,高电平有效。它与$\overline{\text{CS}}$信号共同控制$\overline{\text{WR}_1}$,以便选通输入寄存器。

$\overline{\text{WR}_1}$(读写信号 1):输入,低电平有效。用来将数据总线上的数据装入输入寄存器。

$\overline{\text{XFER}}$(传送控制):输入,低电平有效。用来控制$\overline{\text{WR}_2}$,以便选通 DAC 寄存器。

$\overline{\text{WR}_2}$(读写信号 2):输入,低电平有效。当$\overline{\text{WR}_2}$与$\overline{\text{XFER}}$同时有效时,输入寄存器中的数据装入 DAC 寄存器,实现第二级缓冲。

由图 3.6 可见,第一级寄存器选通控制的逻辑关系式为$\overline{\text{LE}_1} = \text{ILE} \cdot \overline{\text{CS}} \cdot \overline{\text{WR}_1}$,其下跳沿把数据选通寄存于第一级寄存器。第二级寄存器选通控制的逻辑关系式为$\overline{\text{LE}_2} = \overline{\text{XFER}} \cdot \overline{\text{WR}_2}$,下跳沿把第一级寄存器的内容存入第二级寄存器。常用的微型计算机与 DAC0832 连接方法如图 3.7 所示。

图 3.7　微型计算机与 DAC0832 的连接图

如果用这种接口电路来产生一个锯齿波,可以编写如下程序来实现,这时输出端 U_o 将得到图 3.8 的波形。

```
#include<reg51. h>
#include <stdio. h>
void main( void)
int xdata  * p;
p=0x3000;
{int temp=0x00;        //电压初值为零
while(1)
{
 * p= temp;            //将 temp 的值送给 DAC0832 输出
temp=temp+1;           //temp 值自动加 1
}
}
```

图 3.8　DAC0832 输出的锯齿波形

2. 10 位串行 D/A 转换器 MAX515

串行数字输入 DAC 的数字量输入端可以使用很少几个引脚,从而使 DAC 的总管脚数达到很少(例如 8 脚),接口布线大为简化,占用印刷电路板的面积也很小,而且适于远距离控制。有的串行数字输入 DAC 的数据传输规则遵从某种现场总线的标准,为研制现场智能仪表提供了方便。

串行数字输入 DAC 的缺点在于接收数据较慢。但是目前的集成电路芯片已经能使串行接收数据的波特率达到十兆以上,而电压输出的 DAC 的建立时间一般为几十微秒,相比之下,串行数字输入过程并不是限制 DAC 工作速度的主要因素。

MAX515 就是一种 5 V 电源供电低功耗电压输出串行数字输入 10 位 DAC 芯片,其结构框图及管脚图如图 3.9 所示。

图 3.9 中的 AGND 与 U_{DD} 分别为地和电源, U_{DD} 一般用+5 V;REFIN 为参考电压输入端,参考电压范围为 0 ~ U_{DD} −2 V; U_o 为模拟电压输出端,输出电压为 $U_o=2 \times U_{REF} \times D/1\ 024$, D 为 DAC 的数字量输入值;$\overline{CS}$ 为选片输入端,低电平有效;DIN 为串行数据输入端;SCLK 为移位脉冲输入端。$\overline{CS}$,DIN 和 SCLK 3 个信号配合作用,将输入数字量移入 MAX515 的移位寄存器。MAX515 的工作时,序如图 3.10 所示,当 $\overline{CS}$ 跳变时 SCLK 应保持在低电平,当 $\overline{CS}$ 为低

(a) 结构框图　　　　　　　　　　　　　(b) 管脚图

图 3.9　串行数字输入 DAC 芯片 MAX515 结构框图及管脚图

电平时,由 SCLK 的上跳沿将 DIN 的串行数据移入 16 位的移位寄存器,移入的次序为:4 个哑位,之后 10 个数据位(MSB 在先,LSB 在后),最后是作为结尾的两位"0"。4 个哑位通常可以不要,只有当多片 DAC 由 DOUT 连接成菊花链时,它们才是需要的。当$\overline{\text{CS}}$上跳时,移位寄存器中的 10 个数据位传送给 DAC 寄存器并更新 DAC 的输出。当$\overline{\text{CS}}$保持为高电平时,MAX515 内移位寄存器中的数据不受 DIN 及 SCLK 状态的影响。这种三线串行数据接口与 SPI,QSPI 及 MICROWIRE 标准兼容。

图 3.10　串行数字输入 DAC 芯片 MAX515 工作时序图

　　MAX515 与单片机 8031 的接口电路如图 3.11 所示。设要输出的 10 位数据存放在 R_1 和 R_2,R_1 存放高 8 位,R_2 的 D_7 和 D_6 存放低 2 位,程序如下:

图 3.11　串行输入 DAC 芯片 MAX515 与 8031 接口

```
#include<reg51. h>
#include <stdio. h>
```

```
sbitP1_0 = P1^0;
sbitP1_1 = P1^1;
sbitP1_2 = P1^2;
void main(void)
{
int A = 0x00;
int B = 0x00;
P1_0 = 0;                    //置CS̄ = 0
while(1)
{
for(i = 0;i<8;i++)           //取高 8 位数据
  {
  if (P1_1)
    {A = A||0x01;
    A<<1;
    }
else
    {A = A&0xFE;}
    A<<1;
    }
P1_2 = 1;
P1_2 = 0;                    //输出一个时钟脉冲
}
for(i = 0;i<4;i++)           //重置计数器为4
{
If (P1_1)
    {B = B||0x01;
    B<<1;
    }
else
    { B = B&0xFE;}           //循环输出低 2 位数据及 2 位"0"
    A<<1;
    }
P1_2 = 1;
P1_2 = 0;
}
P1_0 = 1;                    //CS̄上跳,更新 DAC 输出
```

}
}

3.3.3　DAC 的应用

在电子测量和仪器系统中,D/A 转换器有着广泛的用途,限于篇幅,这里仅举几个例子做简单介绍。

1. 数字可编程的电压源和电流源

在测量仪器系统中,常常需要高性能的可调电压源或电流源。将 D/A 转换器与运算放大器相结合,可以为此种电源实现精密的数字设定。数字设定可用拨盘开关,也可在微处理器控制下自动实现。

电压输出的 D/A 转换器本身就是数字控制电压源。输出电流正比于 D/A 转换器的参考电压和数字输入端的二进制数码乘积,选择 D/A 转换器中输出运算放大器的反馈电阻,就可确定输出电压的大小。若要获得双极性电压源,可将 D/A 转换器的输出偏移满量程的一半,上述原理可用图 3.12 所示的功能图来说明。

图 3.12　数字可编程的电压源

对于单极性输出,输出电压幅度为

$$U_o = \frac{U_{\mathrm{REF}}}{R_{\mathrm{REF}}} R (a_1 2^{-1} + a_2 2^{-2} + \cdots + a_n 2^{-n}) \tag{3.3}$$

此处数字码值 a_i 为"0"或"1"。

对于双极性电压输出,可将 D/A 转换器的输出电压偏移满量程的一半(图 3.12 中增加的 $2R_{\mathrm{REF}}$ 和 U_{REF}),此时

$$U_o = \frac{U_{\mathrm{REF}}}{R_{\mathrm{REF}}} R \left[(a_1 2^{-1} + a_2 2^{-2} + \cdots + a_n 2^{-n}) - \frac{1}{2} \right] \tag{3.4}$$

2. 可控增益放大器

用 D/A 转换器可以实现对模拟信号的增益(或衰减)进行数字控制。对于单极性模拟信号,若用模拟信号 U_i 代替基准电压 U_R,则得等式

$$\frac{U_o}{U_i} = \frac{R}{R_{\mathrm{REF}} \times 2^n} (a_{n-1} 2^{n-1} + a_{n-2} 2^{n-2} + \cdots + a_1 2^1 + a_0 2^0) = \frac{R}{R_{\mathrm{REF}} \times 2^n} X_p \tag{3.5}$$

可见,信号的增益受加到 D/A 转换器输入数码 X_p 的控制。因此,凡能与可变基准电压配合工作的 D/A 转换器,都可看作是一个数字控制的电位器,它可以由计算机设定输入数

码,从而改变放大器的增益或衰减系数。

程控放大器的具体电路如图3.13(a)所示。运算放大器 A 的输出端连接到转换器的15脚并作为转换器的基准电压输入,将转换器内部的反馈电阻 R_f 作为放大器的输入电阻 R_1,因此,$R_f = R_1 = R$,故输入电压 U_i 接到 16 脚。实际上是将 D/A 转换器连接在运算放大器 A 的反馈回路中,其等效电路如图3.13(b)所示。

(a) 电路连接　　　　　　　　　(b) 等效电路

图 3.13　可程控增益放大器的电路连接和等效电路

因为输入回路电阻 $R_i = R_f = R$,所以

$$U_o = -\frac{2^{10} \times U_i}{X_P} \tag{3.6}$$

式中　X_P——10 位程控增益的二进制输入数码,通过改变 X_P 值可以控制放大器的放大倍数。

3. 波形发生器

利用软件控制 DAC 可以作成产生任意波形发生器,而且使用灵活,修改方便,这是过去所做不到的。凡是用数学式可以表达的曲线,或无法用数学式表达但可以想象出来的曲线都可以用计算机把它复制出来。图 3.14 所示为一个任意波形的离散化。可以用手工的方法在图纸上进行,这样做不仅效率低,而且准确度不高,最好是采用数字化仪把离散的数自动存入计算机的存储器中以备取用。离散时取的采样点越多,数值量化的位数就越多,以后

图 3.14　进行离散的任意波形

波形复现的精度就越高。当然,此时就要在复现速度及内存方面付出代价。在软件控制下的波形发生器可以对波形的幅值标尺或时间轴标尺进行扩展或压缩或做对数转换,因而应用是十分灵活的。

图 3.15 所示为 MDAC(调制型)任意波形发生器原理框图。CPU 是整个仪器的核心,工作前,在面板的控制下,CPU 将欲输出的波形预先从 EPROM 波形存储表(或计算机的内存)中将数据组送入 RAM 数据区中,通过锁存器 2 及 DAC2 用数据设定输出 DAC1 所需的参考电压 U_{REF1}。通过可程控频率源产生顺序地址发生器所需要的步进触发脉冲频率 f_k,从而可以对 RAM 数据区循环寻址,所需的波形即可经锁存器 1 及 DAC1 输出。本发生器还备有与外部的通信接口 RS-232C 或 GP-IB 总线接口。

图 3.15　MDAC 任意波形发生器原理框图

3.4　数字量输出与接口

智能仪器通过开关量输出通道发出"0"或"1"两种状态的驱动信号,去接通发光二极管、控制继电器或无触点开关等的通断动作,以实现诸如越限声光报警、双位式阀门的开启或关闭以及电动机的启动或停车等。下面介绍几种具体的应用。

3.4.1　光电耦合器及其接口

光电耦合器是把发光器件和光敏器件组装在一起,通过光线实现耦合,构成电-光-电的转换器件。当电信号送入光电耦合器输入端的发光器件时,发光器件将电信号转换为光信号,光信号经光接收器接收,并将其还原成电信号。

1. 光电耦合器的工作原理

光电耦合器可根据要求不同,由不同种类的发光元件和受光元件组合成许多系列的光电耦合器。目前应用最广的是发光二极管与光敏三极管组合的光电耦合器,其内部结构如图 3.16(a)所示。

光电耦合器的工作情况可用输入特性和输出特性来表示。

（1）输入特性。

光电耦合器的输入端是发光二极管,因此,它的输入特性可用发光二极管的伏安特性来表示,如图3.16(b)所示。由图可见,它与普通晶体二极管的伏安特性仅有两点不同:一是正向死区较大,即正向管压降大,可达0.9~1.1 V,只有当外加电压大于这一数值时,二极管才发光;二是反向击穿电压很小,只有6 V左右,比普通二极管的反向击穿电压要小得多。因此,在使用时要特别注意输入端的反向电压不能大于反向击穿电压。

（2）输出特性。

由于光电耦合器的输出端是光敏三极管,因此,光敏三极管的伏安特性就是它的输出特性,如图3.16(c)所示。由图可见,它与普通晶体三极管的伏安特性相似,也分为饱和、线性和截止3个区域。其不同之处就是光敏三极管以发光二极管的注入电流I_f为参变量。

图3.16　光电耦合器的结构与特性

（3）传输特性。

当光电耦合器工作在线性区域时,输入电流I_f与输出电流I_c呈线性对应关系,这种线性关系常用电流传输比β来表示,即

$$\beta = \frac{I_c}{I_f} \times 100\% \tag{3.7}$$

β值反映了光电耦合器电信号的传输能力。从表面上看,光电耦合器的电流传输比与晶体三极管的电流放大倍数相同,都是表示输出与输入电流之比。但是三极管的$\beta = I_c/I_b$总是大于1,所以把三极管的β称为电流放大倍数;而光电耦合器的$\beta = I_c/I_f$总是小于1,通常用百分数表示。

在使用光电耦合器件时,应首先明确光电耦合器件本身只能隔离传导干扰,而不能隔离辐射及感应干扰。辐射来自空间,感应来自相邻的导体。在PCB设计中,若将光电耦合器件的输入和输出电路布在一起,则干扰不能从光电耦合器件通过,但很容易经输入电路感应到输出电路。另外,光电耦合器件隔离传导干扰的能力也只有1 kV左右,1 kV以上的干扰一般是不能被隔离的。如EMC的快速脉冲群测试,施加的干扰信号幅值是2 kV,4 kV,8 kV,光电耦合器件是无法隔离的。

2. 光电耦合器接口电路

常用的光电耦合器有晶体管输出型和晶闸管输出型。

(1)晶体管输出型光电耦合器驱动接口。

晶体管输出型光电耦合器的受光器是光电晶体管。光电晶体管除了没有使用基极外，与普通晶体管一样，取代基极电流的是以光作为晶体管的输入。

晶体管输出型光电耦合器可作为开关运用，这时发光二极管和光电晶体管都处于关断状态。在发光二极管通过电流脉冲时，光电晶体管在电流脉冲持续的时间内导通。光电耦合器也可作线性耦合器运用，在发光二极管上提供一个偏置电流，再把信号电压通过电阻耦合到发光二极管上，引起其亮度的变化，这样，光电晶体管接收到的是在偏置电流上增、减变化的光信号。输出电流也将随输入的信号电压线性变化。

图 3.17 是使用 4N25 的光电耦合器接口电路图。4N25 起到耦合脉冲信号和隔离单片机 8051 系统与输出部分的作用，使两部分的电流相互独立。输出部分的地线接机壳或接大地，而 8051 系统的电源地线浮空，不与交流电源的地线相接。这样可以避免输出部分电源变化对单片机电源的影响，减少系统所受的干扰，提高系统的可靠性。4N25 输入输出端的最大隔离电压大于 2 500 V。

图 3.17　光电耦合器 4N25 的接口电路

当 8051 的 P1.0 端输出高电平时，4N25 输入端的电流为 0，输出相当开门，74LS04 的输入端为高电平，输出为低电平。当 8051 的 P1.0 端输出低电平时，7407 输出端为低电压输出，4N25 的输入电流为 15 mA，输出端可以流过不小于 3 mA 的电流。如果输出端负载电流小于 3 mA，则输出端相当于一个接通的开关，74LS04 输出高电平。4N25 的 6 脚是光电晶体管的基极，在一般的使用中可以不接，该脚悬空。

光电耦合器也常用于较远距离的信号隔离传送。一方面光电耦合器可以起到隔离两个系统地线的作用，使两个系统的电源相互独立，消除由地电位不同所产生的影响。另一方面，光电耦合器的发光二极管是电流驱动器件，可以形成电流环路的传送形式。由于电流环电路是低阻抗电路，它对噪声的敏感度低，因此提高了通信系统的抗干扰能力。常在有噪声干扰的环境下传输信号。图 3.18 是用光电耦合器组成的电流环发送和接收电路。

图 3.18 所示电路可以用来传输数据，最大速率为 50 kB/s，最大传输距离为 900 m。环路连线的电阻对传输距离影响很大，此电路中环路连线电阻不能大于 30 Ω，当连线电阻较大时，100 Ω 的限流电阻要相应减小。光电耦合管使用 TIL110，TIL110 的功能与 4N25 相同，但开关速度比 4N25 快，当传输速度要求不高时，也可以用 4N25 代替。电路中光电耦合器放在接收端，输入端由同相驱动器 7407 驱动，限流电阻分为两个，一个是 50 Ω，一个是 100 Ω。50 Ω 电阻的作用除了限流外，还起阻尼作用，防止传送的信号发生畸变和产生突发

图 3.18　电流环电路

的尖峰。

　　TIL110 的输出端接一个带施密特整形电路的反相器 74LS04,其作用是提高抗干扰能力。

　　(2)晶闸管输出型光电耦合器驱动接口。

　　晶闸管输出型光电耦合器的输出端是光敏晶闸管或光敏双向晶闸管。当光电耦合器的输入端有一定的电流流入时,晶闸管即导通。有的光电耦合器的输出端还配有过零检测电路,用于控制晶闸管过零触发,以减少用电器在接通电源时对电网的影响。

　　4N40 是常用的单向晶闸管输出型光电耦合器。当输入端有 15~30 mA 电流时,输出端的晶闸管导通。输出端的额定电压为 400 V,额定电流有效值为 300 mA。输入输出端隔离电压为 1 500~7 500 V。4N40 的 6 脚是输出晶闸管的控制端,当不使用此端时,此端间对阴极接一个电阻。

　　MOC3041 是常用的双向晶闸管输出的光电耦合器,带过零触发电路,输入端的控制电流为 15 mA,输出端额定电压为 400 V,最大重复浪涌电流为 1 A,输入输出端隔离电压为 7 500 V,MOC3041 的 5 脚是器件的衬底引出端,使用时不需要接线。图 3.19 是 4N40 和 MOC3041 的接口驱动电路。

图 3.19　4N40 和 MOC3041 的接口驱动电路

3.4.2　继电器及其接口

继电器主要有电磁继电器和固态继电器两种。

1.电磁继电器的工作原理及其接口

（1）电磁继电器的工作原理。

图 3.20 为继电器工作原理图。当控制电流流经线圈时，产生一个磁场，这个磁场力可带动触点 K 动作，使其闭合或断开。通过触点 K 即可控制外界的交流或直流高电压或高电流。

图 3.20　继电器工作原理图

继电器线圈是电感性负载，当电路突然关断时，会出现电感性浪涌电压，所以在继电器两端并联一个阻尼二极管加以保护。

继电器的电路符号如图 3.21 所示。触点 C 为公共端，NC 为常闭触点，继电器不通电时接通；NO 为常开触点，继电器通电时接通；J 为产生磁力的控制线圈。

图 3.21　继电器的电路符号

（2）电磁继电器的接口电路。

当继电器动作时，对电源有一定的干扰，为了提高单片机系统的可靠性，在单片机和继电器、接触器之间都用光电耦合器隔离。一些超小型的继电器，由于线圈工作电流较小，对电源的影响不大，也可以不加隔离电路。

直流电磁式继电器一般用功率接口集成电路或晶体管驱动。在使用较多继电器的系统中，适宜用功率接口集成电路驱动。

常用的继电器大部分属于直流电磁式继电器，也称为直流继电器。图 3.22 是直流继电器的接口电路图。

继电器的动作由单片机 8031 的 P1.0 端控制。当 P1.0 端输出低电平时，继电器 J 吸合；当 P1.0 端输出高电平时，继电器 J 释放。采用这种控制逻辑可以使继电器在上电复位或单片机受控复位时不吸合。

继电器 J 由晶体管 9013 驱动，9013 可以提供 300 mA 的驱动电流，适用于继电器线圈工作电流小于 300 mA 的使用场合。U_c 的电压范围是 6 ~ 30 V。光电耦合器使用 TIL117。TIL117 有较高的电流传输比，最小值为 50%。晶体管 9013 的电流放大倍数大于 50。当继电器线圈工作电流为 300 mA 时，光电耦合器需要输出大于 6.8 mA 的电流，其中晶体管 9013 基极对地的电阻分流约为 0.8 mA，输入光电耦合器的电流必须大于 13.6 mA，才能保

图 3.22　直流继电器接口电路

证向继电器提供 300 mA 的电流。光电耦合器的输入电流由 7407 提供,电流约为 20 mA。

　　二极管 D 的作用是保护晶体管 T。当继电器 J 吸合时,二极管 D 截止,不影响电路工作。当继电器释放时,由于继电器线圈存在电感,这时晶体管 T 已经截止,所以会在线圈的两端产生较高的感应电压。这个感应电压的极性是上负下正,正端接在晶体管 T 的集电极上。当感应电压与 U_C 之和大于晶体管 T 的集电结反向耐压时,晶体管 T 就有可能损坏。加入二极管 D 后,继电器线圈产生的感应电流由二极管 D 流过,因此不会产生很高的感应电压,晶体管 T 得到保护。

2. 固态继电器的工作原理及接口

（1）固态继电器的工作原理。

　　固态继电器(SSR)是一种无触点通断功率型电子开关。当施加触发信号后,其主回路呈导通状态;当无信号时,呈阻断状态。它利用电子技术实现了控制回路(输入端)与负载回路(输出端)之间的电隔离和信号耦合,而没有任何可动部件或触头,实现了相当于电磁继电器的功能,故称为固态继电器。与普通电磁式继电器相比,它具有体积小、开关速度快、无机械触点和机械噪声、开关无电弧、耐冲击、抗有害气体腐蚀、寿命长等优点,因而在计算机控制系统中得到了广泛的应用。

　　单相固体继电器通常是 4 端组件,即两个输入端、两个输出端。图 3.23 为单相固态继电器结构框图。

图 3.23　单相固态继电器的工作原理框图

　　单相固体继电器一般由 5 部分组成,其中耦合隔离器的作用是在输入与输出两端电气上完全隔离下传递信号;控制触发器是为后级开关电路导通提供触发;吸收保护电路是为了防止电源的尖峰和浪涌对开关电路造成损坏而采用的 R-C 串联网络或压敏电阻;零压检测器用于控制开关开通时刻消除射频干扰;开关电路是用来接通或关断直流或交流负载的大功率器件。

（2）固态继电器的接口电路。

根据负载端所加电压的不同,SSR 可分为直流型和交流型两种,交流型产品又有单相和三相之分。直流型 SSR 内部的开关元件为功率晶体管,交流型 SSR 的开关元件为双向可控硅和两支反并联的单向可控硅。交流型 SSR 按控制触发方式不同可分为过零型和非过零型两类,其中应用最广泛的是过零型。过零型交流 SSR 是指当加入控制信号后,交流电压过零时,固态继电器为通态;而当断开控制信号后,SSR 要等交流点的正负半周的零电位时(严格说是负载电流小于可控硅导通的维持电流时),SSR 才断开。这种设计能防止固态继电器控制的大功率器件对电网的高次谐波的干扰。

非过零型 SSR 的关断条件与过零型 SSR 相同,但其通态条件简单,只要加入控制信号即可。直流型 SSR 的控制信号(输入)与输出完全同步。图 3.24 为 SSR 输入/输出的关系波形。

(a) 直流型　　　　　　　(b) 交流过零型　　　　　　(c) 交流非过零型

图 3.24　SSR 输入/输出的关系波形

当输入 5 ~ 10 mA 电流时,SSR 接通,而当输入小于 1 mA 时,SSR 断开;输入端工作电压通态一般不低于 3 V,断态一般小于 1 V。图 3.25 为几种基本的 SSR 输入端驱动方式。

(a) 触点控制　　　　　　(b) TTL 驱动　　　　　　(c) CMOS 驱动

图 3.25　几种基本的 SSR 输入端驱动方式

对于直流型 SSR,当负载为感性时(如直流电磁阀或电磁铁),应在负载两端并联一只二极管。二极管电流应等于工作电流,电压应大于工作电压的 4 倍,且 SSR 应尽量靠近负载。

大功率的 SSR 应加瞬间过电压保护。由于电源上电时 RC 回路的充放电会产生误动作,大功率的 SSR 无 RC 吸收保护网络环节。为此,可采用压敏电阻用来保护。

由于负载断路、浪涌电流等易造成 SSR 器件损坏,一般应按额定电流的 10 倍以上浪涌电流值来选择合适的 SSR。保护措施最好采用快速熔断器或电源中串接限流电抗器。

SSR 的负载能力受工作环境温度影响较大,温度升高,负载能力随之下降。故在选用时应留有一定余量,并注意散热处理。

3.5　脉冲宽度调制输出

脉冲量输出是指输出通道、输出频率可变或占空比可变的脉冲信号。采用脉冲宽度调制(Pulse-Width Modulation,PWM)技术输出的脉冲信号是智能仪器中常见的脉冲量输出信号。

脉冲宽度调制的工作原理如图 3.26 所示。图 3.26(a)为脉冲信号频率固定(频率为 $1/(t_H+t_L)$)但占空比(t_H/t_{PWM},$t_{PWM}=t_H+t_L$)可调的 PWM 信号;图(b)为图(a)中 PWM 信号的平均值。由图可见,可以通过控制每个 PWM 周期($t_{PWM}=t_H+t_L$)内高电平时间(t_H)的长短(即占空比)来调节输出信号平均值的大小(图中所示的输出平均值是理想值,实际输出随 PWM 的频率有微小波动)。也就是说,图 3.26(a)所示的数字信号经滤波后转换成了如图 3.26(b)所示的模拟信号,即通过 PWM 及相关的辅助电路可实现数字量(D)到模拟量(A)的转换(D/A 转换)。并且占空比可调节的范围越细小,滤波后输出的模拟信号的分辨率越高。

(a) 脉冲信号占空比变化示意图　　　　　(b) PWM信号平均值

图 3.26　脉冲宽度调制的工作原理

对于内含嵌入式微处理器的智能仪器而言,产生 PWM 信号的方法主要有两种。由于 MCS-51 系列单片机没有专门的 PWM 发生器,所以常用单片机内部的定时器配合一个 I/O 引脚来产生。近年来,不断推出自带 PWM 功能的单片机,如 C8051 系列单片机就具有 5 个 16 位 PWM 发生器,使用极为方便。

PWM 技术可用于直流伺服电机的控制。

直流伺服电机有电磁式、永磁式、杯形电枢式、无槽电枢式、圆盘电枢式、无刷式等多种类型,还有一种特殊的直流力矩电机。不管哪种类型的直流伺服电机,它们都由定子和转子两大部分组成,定子上装有磁极(电磁式直流电机的定子磁极上还绕有励磁绕组),转子由硅钢片叠压而成,转子外圆有槽,槽内嵌有电枢绕组,绕组通过换向器和电刷引出。伺服电机与一般直流电机最大的区别在于其电枢铁芯长度与直径之比较大,而气隙则较小。

　　在励磁式直流伺服电机中,电机的转速由电枢电压决定,在励磁电压和负载转矩恒定时,电枢电压越高,电机转速就越高,当电枢电压降至零时,电机停转;当电枢电压极性改变时,电机就反转。所以,直流伺服电机的转速和转向可以通过控制电枢电压的大小和方向来实现。

　　用 PWM 技术实现直流伺服电机开环脉冲宽度调速系统原理如图 3.27 所示。

图 3.27　开环脉冲宽度调速系统原理图

　　直流伺服电机的平均转速 v_d 与占空比 D 之间的关系如图 3.28 所示。图中,v_{max} 为电机最高转速,D 为占空比($D = t_1/T$)。由图可见,v_d 与 D 的关系近似为 $v_d = v_{max}D$(即图中 3.28 虚线所示的直线,实际上,由于存在非线性,应为图中一条略有弯曲的曲线)。

　　采用场效应管作为驱动器的开环 PWM 直流伺服电机调速系统原理图如图 3.29 所示。

图 3.28　电机平均转速与占空比的关系

图 3.29　开环 PWM 直流伺服电机调速系统原理图

　　在图 3.29 中,51 系列单片机的 P1.0 输出的 PWM 信号通过光电耦合器隔离后由场效应管驱动电机,光电耦合器的作用是切断以单片机为主的控制系统与以电机等为主的控制现场之间的电气联系而提高单片机系统的可靠性。PWM 的频率为 500 Hz(即 T 为 2 ms)时能使直流电机平衡运转,当占空比从 0 到 100% 时,转速以 1% 的变化率连续可调。为此,计数脉冲应在 0～2 000 范围内以 20 为增量控制计数,以实现 1% 精度调速。

51 系列单片机的系统晶振为 12 MHz(即机器周期为 1 μs),当定时器 0 在方式 1 下工作时,要求 PWM 以 70% 的占空比输出控制信号的程序清单如下:

```
#include<reg51. h>
#include <stdio. h>
unsigned int    count_a,count_b;
sbit    P1_0 = P1^0;                    //正/反向计数器中断次数 count_z/count_f;
void    main( )
{TMOD = 0X55;                           //计数器模式方式 1(16 位)
    IP = 0X0A;                          //优先级设置计数器优先
    TR0 = TR1 = 1;                      //启动计数器
    ET0 = 1;                            //允许计数器 T0 溢出中断
    ET1 = 1;                            //允许计数器 T1 溢出中断
    EA = 1;                             //开总中断
    count_a = count_b = 0;
    TH0 = TL0 = 0;                      //定时器初值
    TH1 = TL1 = 0;
    TF0 = TF1 = 0;
    count_a = 64136;
    count_b = 64936;
      while(1)
      {
      }
}
void tm0_isr( )interrupt 1
{
    count_a = count_a+1;
    P1_0 = 1;
}
void tm1_isr( )interrupt 1
{
    count_b = count_b+1;
    P1_0 = 0;
}
```

如要改变占空比,只需改变 TH0,TL0 中的预置数。应注意的是,由于单片机响应中断以及中断响应后执行程序需要一定时间,实际输出的占空比与理论计算稍有差别,通过适当调整尽可能减小这个差别,而通过采用自带 PWM 功能的单片机则可基本消除这个差别。

当电机需要按两个方向运转时,可采用如图 3.30 所示的控制电路。电路的工作原理请自行分析(需要特别注意的是,该电路必须用"0"信号作为有效信号)。

图 3.30　实现正、反转的直流伺服电机控制电路

为提高直流伺服电机的运行精度,通常采用闭环控制系统。为此,应在开环系统的基础上增加电机运行速度和位移检测回路。将回路检测到的速度与位移设定值进行比较,并由数字调节(PID 调节器或直接数字控制)进行调节。

思考题与习题

1. 模拟量输出通道一般有哪几种形式? 其作用各是什么?

2. 数字量输出通道由哪几部分组成? 其作用各是什么?

3. 电路如图 3.30 所示,对于一个 8 位 DAC:

(1)若最小输出电压增量为 0.02 V,试问当输入代码为 01001101B 时,输出电压 U_o 为多少伏?

(2)若其分辨率用百分数表示,应是多少?

4. 电路如图 3.31 所示,图中 $R = 10$ kΩ,$R_f = 30$ kΩ,d_0,d_1 为输入的数字量。当数字量为"0"时,电子开关 S_0,S_1 接地;当数字量为"1"时,开关接+5 V。要求写出输出电压 U_o 与输入的数字量 d_0,d_1 之间的表达式。

5. 试设计一个用数字输出口控制光电耦合器的电路,并分析其工作原理。

6. 设计一个由 8 位 DAC 构成的任意波形发生器(电路中包括时钟、地址发生器、偏移地址累加器、数据存储器等),说明其工作原理,并给出改进设计的意见。

图 3.31 题 4 电路图

第4章 智能仪器外设处理技术

智能仪器的外设主要包括键盘、显示器、打印机、触摸屏等,是智能仪器实现人机交互和信息输出的重要手段。智能仪器在设计过程中,十分注重微处理器与外设之间的接口处理技术,保证智能仪器具有完善的操作性能和丰富的信息输出功能,以提高智能仪器的可靠性。

4.1 键盘处理技术

键盘是一组按键的集合,操作者通过键盘输入数据或命令,实现简单的人机对话,以完成对智能仪器的操作和控制,具有使用方便、简单可靠、软件修改容易等特点,是智能仪器最常见的输入设备。在键盘系统的设计过程中,需根据具体情况确定键盘编码方案、选择键盘工作方式,软件处理应注意规范性和通用性。

4.1.1 按键类型

目前常用的按键有3种,即机械触点式按键、导电橡胶式按键和柔性按键(又称轻触按键)。机械触点式按键是利用金属的弹性使按键复位,具有手感明显及接触可靠的特点。导电橡胶按键则是利用橡胶的弹性来复位,通常采用压制方法把面板上所有的按键制作在一起,体积小,装配方便。柔性按键出现较晚,但发展迅速,它分为凸球型和平面型两类:前者动作行程触感明显,富有立体感,但工艺复杂;后者动作行程极微,触感较弱,但工艺简单,防尘耐蚀,寿命长,外观和结构容易满足仪器设计要求。

4.1.2 键抖动、键连击及串键的处理

1. 键抖动处理

键触点的闭合或断开瞬间,由于触点的弹性作用,键按下和键松开时会产生短暂的抖动现象,其动作情况如图4.1所示。抖动时间的长短与按键特性有关,一般为5~10 ms。抖动过程会引起电平信号的波动,可能令 CPU 误解为多次按键操作而引起误处理,必须采取适当的方法加以解决。通常用软件方法和硬件方法来消除键抖动现象。

图 4.1 键抖动现象

当按键数目较少时,可考虑采用硬件去抖方法:在每个键上加 RS 触发器或单稳态电路组成消除按键抖动电路,如图 4.2 所示。当按键数目较多时,通常采用软件去抖方法:当监测到有键按下时,执行一个延时子程序(一般取 5 ~ 10 ms),等待抖动消失后,如果再次监测到该键仍为闭合状态,则确认该键已按下并进行相应的处理工作;同样,键松开时也应采取相同的措施。图 4.3 给出了键盘扫描子程序流程图。相比于硬件去抖方法,软件消除键抖动更加切实可行。当然,当按键数目较少时,也可采用软件消除键抖动。

图 4.2　采用 RS 触发器的去抖电路

图 4.3　键盘扫描子程序流程图

2. 键连击处理

操作者一次按键操作过程(按下键,观察到系统响应,再松开键)的时间为秒级,而 CPU 即使考虑延时去抖动的时间,处理按键操作的速度也很快,这样会造成单次按键而 CPU 多次响应的问题,理论上相当于多次按键的结果。以上现象称为键连击。采用图 4.3 所示流程即可有效解决键连击问题:当某键被按下时,首先进行去抖动处理,当确定键被按下时,执行相应的处理功能,执行完之后不是立即返回,而是等待闭合键释放之后再返回。

键连击现象可合理地加以利用。例如,通常情况下按键较少的仪器通过多次按键实现有关参数的加 1 或减 1 操作,如果允许存在连击现象,只要按住调整键不放,参数就会连续加 1 或减 1,给操作者带来方便。另外,利用键连击现象可赋予单一按键“短按”和“长按”双重功能,可有效地提高按键的利用率。

3. 键盘串键处理

在同一时间有多个键按下称为串键。采用相关技术可对串键情况加以避免或利用,处理串键有两种技术,即 N 键锁定技术和 N 键有效技术。

N 键锁定技术只处理一个键,通常只有第一个被按下的键或最后一个松开的键产生键码,视为正确按键,执行相关的处理。

N 键有效技术将所有按键信息都存入缓冲器中,然后逐个处理或组合处理,组合处理方式可赋予串键特定功能,提高按键的利用率。

4.1.3　键盘处理步骤

无论键盘系统采用何种组织形式和工作方式,键盘的处理都应包含以下内容:

(1)监视有无键按下(键监视)。判断是否有键按下。若有,执行下一步;若无,则等待或转做其他工作。

(2)判断哪个键按下(键识别)。在有键按下的情况下,进一步识别出按下的是哪个键,并确定具体按键的键码。

(3)实现按键的功能(键处理)。在单义键情况下,CPU 只需根据键码执行相应的键盘处理程序;在多义键情况下,应根据键码和具体键序执行相应的键盘处理程序。

4.1.4　键盘的组织形式和工作方式

键盘按其工作原理可分为非编码式和编码式两种组织形式。非编码式键盘不含编码器,硬件较为简单,主要由软件完成键监视和键识别。编码式键盘内含编码器,软件简单,主要由硬件电路完成键监视和键识别,同时产生选通脉冲与 CPU 进行联络。

键盘的工作方式分为编程扫描方式、定时扫描方式和中断扫描方式,具体采用哪种工作方式应根据实际系统中 CPU 工作的忙闲情况而定。其原则是既要保证及时响应按键操作,又不要过多占用 CPU 的工作时间。

(1)编程扫描方式。

在一个工作周期内,CPU 在执行其他任务的空闲时间调用键盘扫描子程序反复扫描键盘,以响应用户从键盘上输入的命令和数据,若有键操作,则获取键码并执行相应的键处理程序。由于该方法在 CPU 运行其他程序时不响应键盘输入,因此应考虑程序是否对每次按键都会做出及时响应。

(2)定时扫描方式。

定时扫描方式是每隔一定的时间就对键盘扫描一次,通常利用 CPU 内部定时器产生定时中断,CPU 响应定时器溢出中断请求,对键盘进行扫描,若有键操作,则获取键码并执行相应的键处理程序。由于按键时间一般不小于 100 ms,定时中断周期应与按键时间相匹配,以避免漏检按键输入。

(3)中断扫描方式。

在 CPU 工作任务十分繁重的情况下,只在有键按下时,键盘电路才向 CPU 申请中断,CPU 响应中断并在中断服务程序中进行键盘扫描,获取键码并执行相应的键处理程序。

智能仪器在运行过程中,并不会经常进行键操作,因而编程扫描工作方式和定时扫描工作方式使 CPU 经常处于空扫描状态;中断扫描工作方式无键按下时不进行扫描,并能确保对每次按键操作做出及时响应,可有效地提高 CPU 的工作效率。

4.1.5　非编码键盘的处理

非编码键盘组织形式包括独立式键盘和矩阵式键盘两种。下面分别介绍独立式键盘和矩阵式键盘的处理方法。

1. 独立式键盘处理

独立式键盘结构如图 4.4 所示。其特点为一键一线,即每个按键单独占用一根输入口线,可直接通过相应口线的电平变化判断出哪一个键按下。独立式键盘的优点为结构简单,各检测线相互独立,按键容易识别;缺点为占用较多的输入口线,适用于按键较少的场合,不便于组成大型键盘。

图 4.4 独立式键盘结构

图 4.4 所示的独立式键盘工作于中断扫描方式。独立式键盘的处理较为简单:如果"与门"输出信号由高变低,说明有键按下(键监视);CPU 响应中断并在中断服务程序中进行键盘扫描,即读取输入口线电平,判断哪根口线为低电平,然后执行按键前沿去抖操作,如果该口线仍为低电平,则说明该口线对应按键已稳定按下,进而获取该键键码(键识别);CPU 根据键码执行相应的键处理程序(键处理);执行按键后沿去抖操作,确认闭合键释放后返回。图中的上拉电阻保证未按下键对应的检测口线为稳定的高电平。如果去掉图中的"与门",则需采用编程扫描方式或定时扫描方式,即 CPU 空闲式或定时器溢出中断发生时进行键盘扫描,依据输入口线电平是否为低电平判断有无按键按下。

2. 矩阵式键盘处理

矩阵式键盘结构如图 4.5 所示,其特点为多键共用行、列线,按键位于行、列线的交叉点上,行、列线分别连接到按键开关的两端,行线通过上拉电阻接到+5 V。若无键按下,行线处于高电平状态;若有键按下,行线电平由与此行线相连的列线电平决定。所以必须将行、列线信号配合起来并做适当的处理,才能确定闭合键的位置。矩阵式键盘按键排列为行列式矩阵结构,也称行列式键盘。图 4.5 所示键盘为 4×4 矩阵结构,共 16 个键,只占用 8 根数据线,较独立式键盘节省大量数据线,适用于按键数目较多的应用。

图 4.5 所示的矩阵式键盘工作于中断扫描方式。矩阵式键盘的处理较为繁琐,通常采用的键盘扫描方式有扫描法和线反转法,下面介绍其工作原理。

(1) 扫描法。

扫描法是以步进扫描方式,在确认有键闭合之后,每次在键盘的一列发出扫描信号,若发现某行输入信号与扫描信号一致,则位于该行和扫描列交叉点的键被按下。

①键监视。在初始化过程中,设置 P1.0 ~ P1.3 为输入口,P1.4 ~ P1.7 为输出口,利用

图 4.5　矩阵键盘结构

输出指令使所有列线为低电平。仪器在工作过程中,如果"与门"输出信号由高变低,说明有键按下,但无法得知被按下键的具体位置,应进一步处理。

②键识别。CPU 响应中断并在中断服务程序中进行键盘扫描,利用输出指令使列线 1 为低电平,其余列线为高电平,利用输入指令读取行线电平状态,若某行为低电平,说明该行与第一列的交叉点上的按键被按下,转入键处理程序;若所有行都为高电平,说明该列无键被按下,继续扫描下一列。行线状态和列线状态的组合确定了闭合键的位置,由行线和列线电平状态构成的数据字节即为按键键码。表 4.1 列出了部分按键的键码。扫描法要逐列扫描查询,当被按下键处于最后一列时,则需要多次扫描才能最后获得此按键的键码,花费时间较多。

表 4.1　部分按键的键码

键	D_7	D_6	D_5	D_4	D_3	D_2	D_1	D_0	十六进制
K_0	1	1	1	0	1	1	1	0	EE
K_9	1	1	0	1	1	0	1	1	DB
K_6	1	0	1	1	1	1	0	1	BD
K_F	0	1	1	1	0	1	1	1	77

③键处理。获得被按下键的键码后,则可根据该键码执行为其服务的专用子程序,以完成该键的操作功能。

下面以流程图的形式说明 4×4 矩阵键盘的编程扫描法按键处理过程,如图 4.6 所示。

(2)线反转法。

线反转法要求连接矩阵键盘行线和列线的接口为双向口,而且在行线和列线上都需要接上拉电阻,以保证在无键按下时行线或列线处于稳定的高电平状态。图 4.7 为应用线反转法的矩阵键盘电路。

图 4.6　4×4 矩阵键盘的编程扫描法按键处理流程

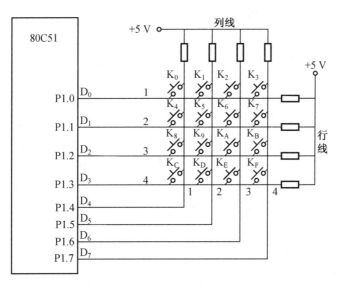

图 4.7　应用线反转法的矩阵键盘电路

在线反转法中,无论键盘矩阵规模大小和被按键具体位置,只需要经过两步操作就能获得被按键的键码,与扫描法相比速度较快。

第一步:设置 P1.0 ~ P1.3 为输出口,P1.4 ~ P1.7 为输入口,使 P1 口的低 4 位为全 0 输出(所有行线电平状态为 0),从 P1 口的高 4 位读入列电平信息 $D_7D_6D_5D_4$;第二步:输入口和输出口反转,即设置 P1.4 ~ P1.7 为输出口,P1.0 ~ P1.3 为输入口,使 P1 口的高 4 位为全

0 输出(所有列线电平状态为 0),从 P1 口的低 4 位读入行电平信息 $D_3D_2D_1D_0$;两次读入的电平信息的组合 $D_7D_6D_5D_4D_3D_2D_1D_0$ 即为当前闭合键的特征码。K_9 键被按下时获得的特征码为 11011011。无论是单键闭合还是多键闭合,特征码的特点为闭合键所处的行、列线对应的数据位均为 0,其他均为 1。

　　上面获得的特征码离散性较大,不便于键盘处理程序做散转处理,因此希望将特征码(键码 1)和顺序码(键码 2)对应起来。表 4.2 为键码转换表,FFH 被定义为空键的特征码和顺序码,表的长度不固定,便于扩张新的键码,以用于增加新的复合键。获得特征码后通过查表得到顺序码,可方便地进行分支处理。

表 4.2　键码转换表

键名	特征码	顺序码	键名	特征码	顺序码
K_0	EEH	00H	K_9	DBH	09H
K_1	DEH	01H	K_A	BBH	0AH
K_2	BEH	02H	K_B	7BH	0BH
K_3	7EH	03H	K_C	E7H	0CH
K_4	EDH	04H	K_D	D7H	0DH
K_5	DDH	05H	K_E	B7H	0EH
K_6	BDH	06H	K_F	77H	0FH
K_7	7DH	07H	K_B+K_C	63H	10H
K_8	EBH	08H	空键	FFH	FFH

采用线反转法获取特征码和顺序码的程序如下。

```
#define uchar unsigned char
#define uint unsigned int
uchar keyvalue;
uchar code key_code[ ] = { 0xee,0xde,0xbe,0x7e,      //K0 ~ K3 的特征码
                           0xed,0xdd,0xbd,0x7d,      //K4 ~ K7 的特征码
                           0xeb,0xdb,0xbb,0x7b,      //K8 ~ KB 的特征码
                           0xe7,0xd7,0xb7,0x77,      //KC ~ KF 的特征码
                           0x63,                     //KB ~ KC 的特征码
                           0xff                      //未按键或空键的特征码
                           };
void main( )                                          //主函数
{
uchar scan_value1,scan_value2,keycode,m;
while(1)
   {
   P1 = 0xf0;                                         //低 4 位输出 0
   scan_value1 = P1;                                  //从高 4 位读取列信息
   P1 = 0x0f;                                         //高 4 位输出 0
```

```
    scan_value2 = P1 ;                           //从低 4 位读取列信息
    keycode = scan_value1 | scan_value2 ;        //行、列信息合成特征码
    if( keycode ! = 0xff)                        //是否为表格结束标志?
    {
        for( m = 0 ; m <= 16 ; m++)              //按顺序码查表
        {
            if( keycode = = key_code[ m ] )      //得到对应的特征码
            {
keyvalue = m ;                                   //返回对应的顺序码
            }
        }
    }
        else    keyvalue = 0xff ;                //未按键或空键的特征码
    }
}
```

4.1.6　编码键盘的处理

　　编码键盘的基本任务是由硬件自动完成键监视和键识别操作,同时产生选通脉冲与 CPU 进行联络,可以节省 CPU 相当多的时间。有的编码键盘还具有自动去抖、处理同时按键等功能。编码键盘是利用硬件电路来实现键盘编码,不同的编码键盘在硬件线路上有较大的差别。

　　简单编码键盘通常使用普通编码器。图 4.8 为采用 8-3 编码器(74LS148)的键盘接口电路。有键按下时,编码器 GS 端输出低电平信号至 CPU,CPU 响应中断,在中断服务子程序中通过 P0 口读取编码器输出的对应于闭合键的键码。这种编码器不进行扫描,因而称为静态式编码器,其缺点是一键一线,不适合按键数目较多的情况,而且需要软件去抖,无法处理同时按键。除采用通用编码器外,也可考虑利用可编程逻辑器件(PLD)实现编码器功能,使用较为灵活、方便。

图 4.8　编码器(74LS148)的键盘接口电路

当按键数量较少时,采用前述的键盘处理方法简单易行。当按键数量较多时,应采用扫描方式,可使用通用键盘管理接口芯片来实现键盘处理,如比高公司推出的大规模集成电路芯片 HD7279A,相关内容将在 4.3 节介绍。

4.2　LED 显示处理技术

发光二极管(Light-Emitting Diode,LED)显示器是智能仪器常用的显示器。LED 显示器是一种由半导体掺杂工艺制成的 PN 结,由于掺杂浓度很高,正向偏置时会产生大量的电子-空穴复合,把多余的能量释放,变为光能。LED 显示器具有工作电压低、功耗小、寿命长、成本低、可靠性高、温度范围宽(−30 ~ 85 ℃)、响应速度快(小于 1 μs)、颜色丰富(红、黄、绿等)、易于与数字逻辑电路连接等优点,是理想的显示器件。LED 的正向工作压降一般为 1.2 ~ 2.6 V,发光工作电流为 5 ~ 20 mA,发光强度基本与正向电流成正比,实际应用中应串联适当的限流电阻。LED 显示器按照结构的不同,分为单个 LED 显示器(常用作指示灯和报警灯)、LED 数码显示器(显示数字和字符)及点阵式 LED 显示器(显示数字、字符和简单图形)。

4.2.1　LED 数码显示器的结构与原理

LED 数码显示器是由发光二极管显示字段组成的显示器,根据段排列结构分为七段数码管和"米"字段数码管,其中七段数码管最为常用。七段 LED 显示器字段排列结构如图4.9(a)所示,包括 a,b,c,d,e,f,g 字段,通过各显示字段的组合,可显示数字 0 ~ 9、多个字母和符号;七段 LED 显示器通常设置 dp 段,用于显示小数点,故有教材称其为八段 LED。

LED 数码显示器有共阳极和共阴极两种,如图 4.9(b)、(c)所示。共阴极 LED 显示器的各发光二极管的阴极连接在一起(公共端 COM),此公共端接地,当某个发光二极管阳极为高电平时,发光二极管点亮相应字段;共阳极 LED 显示器的发光二极管的阳极连接在一起(公共端 COM),此公共端接正电源,当某个发光二极管的阴极接低电平,发光二极管点亮相应字段。每种 LED 有红、绿、黄等不同的发光颜色,而且有高亮和超高亮规格,适应各种显示需要。实际应用中每个字段应串联适当的限流电阻,以保证合适的亮度,不至于损坏发

图 4.9　七段 LED 数码显示器

光二极管。

使用七段 LED 显示器时,需要设计一个字形段码来控制 LED 各字段的不同组合,以显示不同的数字或字符。七段 LED 显示器的字形段码占用单字节,各字段与字节中各位对应关系见表 4.3。

表 4.3　七段 LED 显示器的字段与字节中各位对应关系

D_7	D_6	D_5	D_4	D_3	D_2	D_1	D_0
dp	g	f	e	d	c	b	a

按照上述格式,七段 LED 显示器的字形段码见表 4.4。

表 4.4　七段 LED 字形段码表

字符	共阴极字形段码	共阳极字形段码	字符	共阴极字形段码	共阳极字形段码
0	3FH	C0H	C	39H	C6H
1	06H	F9H	D	5EH	A1H
2	5BH	A4H	E	79H	86H
3	4FH	B0H	F	71H	8EH
4	66H	99H	P	73H	8CH
5	6DH	92H	U	3EH	C1H
6	7DH	82H	Γ	31H	CEH
7	07H	F8H	⊔	6EH	91H
8	7FH	80H	H	76H	89H
9	6FH	90H	L	38H	C7H
A	77H	88H	"灭"	00H	FFH
B	7CH	83H	…	…	…

相比于七段 LED 显示器,"米"字段数码显示器字段经适当的组合,可显示更多的字符,如数字和 26 个英文字母的大写与小写。"米"字段数码显示器的具体结构和字形段码请读者自行学习。

4.2.2　硬件译码与软件译码

如前所述,待显示数字和字符必须转换为字形段码才能用于显示,该转换过程即为译码过程。译码分为硬件译码和软件译码两种方式。

硬件译码器一般为 BCD 型,用于将 BCD 码译为七段字形段码,以显示 BCD 码相对应的数字和字符。常用的 BCD 码——七段字形段码译码器主要有 74LS47,MC14495,74LS248,5G4511 等。硬件译码的优点是节省 CPU 时间,但成本较高,且只能译出十进制或十六进制的数字和字符。

软件译码是 CPU 根据字形段码表查找出要显示的数字或字符对应的字形段码,经驱动器后送至 LED 显示器显示。软件译码成本低,可将字段任意组合显示,故应用较为广泛。

4.2.3　静态显示与动态显示

LED 显示器有静态显示和动态显示两种方式,相应地,其驱动方法也为分静态驱动和动态驱动两种。

所谓静态显示就是所需显示字符的各字段通以连续电流,使所显示的字段连续发光,各位 LED 恒定地显示对应的数字或字符。静态显示方式的优点是显示程序简单,占用 CPU 工作时间少;缺点是每位 LED 需要一个锁存器锁存段码信号,当显示位数增加时,硬件成本和功耗都要增加,且 LED 常亮,影响器件寿命。

所谓动态显示就是所需显示字段通以断续电流,使所显示的字段断续发光,各位 LED 轮流显示对应的数字或字符,由于人眼的视觉暂留现象和发光二极管的余辉效应,只要各位 LED 的轮流显示时间适当(每秒扫描 50 次左右不会产生闪烁现象),虽然某一时刻只有一个字符通电,也会呈现“同时”显示的视觉效果。动态显示方式的优点是硬件成本低,功耗小;缺点是 CPU 以扫描方式循环送出各位 LED 的字形段码和位选择信号,占用 CPU 工作时间。在相同的电流幅度情况下,动态显示(断续通电)的亮度要明显弱于静态显示(持续通电)的亮度,因此需要增大电流幅度以获得满意的动态显示亮度,且有必要配以驱动器件。

1. 静态显示接口设计

静态显示方式中每位 LED 需要一个锁存器锁存段码信号,CPU 把数据写到锁存器后,不需要再干预,显示器便会持续显示。

静态显示应考虑以下 3 个方面问题。①器件的驱动能力选择:对于一般仪器仪表中使用的 LED 显示器,其驱动电流往往为 5～15 mA,不需要外加驱动器即可工作,对需要较大驱动电流的 LED,可选择 74LS07,ULN2003 等器件作为后续的驱动器件;②器件的接口方式选择:根据 CPU 引脚的方便程度,可以选择并行或者串行数据接口;③显示数据的译码方式选择:智能仪器需要送显的数据通常为 BCD 码,可以选择软件译码或硬件译码。

图 4.10 所示为硬件译码并行输入静态显示电路,采用锁存译码器 MC14495 将 P1 口低 4 位输出的 BCD 码译成七段字形段码,利用 P1 口高 4 位作为各锁存译码器的锁存信号。CPU 把送显数据写到锁存器后,对应的各位 LED 即可稳定显示。

2. 动态显示接口设计

动态显示时所有的 LED 显示器共用一个显示代码驱动器,LED 显示器中每位的公共端应分别控制。LED 显示器动态显示方式在实际应用中得到了广泛使用。

动态显示应考虑以下几个问题:任何时刻只能有一位 LED 接通;每位 LED 显示的内容要有一定的保留时间;最长 20 ms 内,一个显示端口所驱动的所有 LED 必须分别刷新一次;

图 4.10　硬件译码并行输入静态显示电路

动态显示时每位 LED 断续显示,其点亮电流应比静态显示电量电流大,否则达不到理想的显示亮度;每位 LED 显示内容的停留时间可由软件延时或 CPU 定时来实现。

图 4.11 所示为软件译码串行输入动态显示电路,使用两片串行移位寄存器 SN74LS595 驱动 8 位 LED 显示器,两片移位寄存器的输出分别接至 LED 显示器的字段端和位控制端。单片机串行口工作于方式 0,即同步移位寄存器输入输出方式。当前待显示位数据经软件译码转换为七段字形段码,将七段字形段码和位选控制信号通过串口 0 发送给级联的两片移位寄存器,单片机发出移位寄存器锁存信号以显示实现当前位。重复上述操作,直至扫描显示全部送显数据。

图 4.11　软件译码串行输入动态显示电路

　　动态显示子程序应具有通用性,不因显示内容不同而变化。为此,在 RAM 区设立显示缓冲区,将欲显示的数字(或字符)的序号值送显示缓冲区,再调用显示子程序即可完成一次显示。当需要变更显示内容时,只需修改显示缓冲区相应内容即可。图 4.12 为软件译码动态显示子程序流程图。

图 4.12　软件译码动态显示子程序流程图

　　当 LED 位数较少时,采用前述的 LED 显示处理方法简单易行。当 LED 位数较多时,应采用动态显示方式,可使用通用显示器接口芯片来实现显示处理,如比高公司推出的大规模集成电路芯片 HD7279A,相关内容参见 3.3 节。

4.3　通用键盘/显示器接口芯片 HD7279A

　　HD7279A 是采用动态扫描方式的串行可编程键盘/显示接口芯片,具有使用简便、功能强大、价格低廉的特点,能够管理多达 64 键的键盘矩阵,驱动 8 位共阴极数码管(或 64 只发光二极管)。

　　HD7279A 内含译码器,可直接接收 BCD 码或十六进制码,并同时具有两种译码方式。HD7279A 内含去抖动电路,无需软件去抖。此外,HD7279A 还具有多种控制指令,如消隐、闪烁、移位、段寻址等。它有 DIP 和 SOIC 两种封装方式可供选择。

4.3.1　引脚功能、串行接口及其电特性

1. HD7279A 引脚说明

图 4.13 所示为 HD7279A 引脚示意图。HD7279A 引脚说明见表 4.5。

图 4.13　HD7279A 引脚(DIP/SOIC)

表 4.5　HD7279A 引脚说明

引脚	名称	说　明
1,2	U_{DD}	正电源(+5 V)
3,5	U	无连接,必须悬空
4	U_{SS}	接地
6	$\overline{CS}$	片选信号,低电平有效
7	CLK	同步时钟输入端
8	DATA	串行数据写入/读出端
9	$\overline{KEY}$	按键有效输出端,有键按下时为低电平
10 ~ 16	SG ~ SA	LED 的段 g ~ a 驱动输出
17	dp	小数点驱动输出端
18 ~ 25	$DIG_0 \sim DIG_7$	数字 0 ~ 7(LED 位)驱动输出端
26	CLKO	振荡输出端
27	RC	RC 振荡器连接端
28	$\overline{RESET}$	复位端,低电平有效

2. HD7279A 的串行接口

HD7278A 采用 Serial Peripheral interface(SPI)接口方式。与传统的四线制 SPI 不同的是,HD7279A 的数据线是双向通信线,数据传输方向由主设备控制。由于采用串行同步传输方式,故可方便地进行扩展,以实现更多 LED 的显示及更多键盘的管理。

3. HD7279A 的电特性

表 4.6 列出了 HD7279A 的电特性。

表 4.6　HD7279A 的电特性

符号	参数	测试条件	最小	典型	最大	单位
U_{CC}	电源电压		4.5	5.0	5.5	V
I_{CC}	工作电流	不接 LED		3	5	mA
I_{CC}	工作电流	LED 全亮,ISEG = 10 mA		60	100	mA
U_{IH}	逻辑输入高电平		2.0		5.5	V
U_{IL}	逻辑输入低电平		0		0.8	V
TKEY	按键响应时间	含去抖动时间	10	18	40	ms
IKO	KEY 引脚输出电流				7	mA
IKI	KEY 引脚输入电流				10	mA

注:$U_{CC} = 5.0$ V,$R = 1.5$ kΩ,$C = 15$ pF,$T_A = 25$ ℃

4.3.2　HD7279A 的时序

HD7279A 共有 3 种指令结构,依次为不带数据指令、带数据指令和读键盘指令,上位机通过软件对片选、CLK、DATA 的电平进行控制,以完成各种指令形式。

1. 纯指令

纯指令宽度为 8 位,即微处理器发送 8 个 CLK 脉冲,每个脉冲传递一位数据,下降沿有效并遵循由高位到低位的顺序。图 4.14 所示为纯指令时序图。

图 4.14　纯指令时序图

2. 带有操作数据的指令

带有操作数据的指令宽度为 16 位,即微处理器发送 16 个 CLK 脉冲,前 8 位为指令,后 8 位为操作数据,同样下降沿有效且高位在前;从时序结构上看,相当于中间存在一个短延时的连续两个纯指令。图 4.15 所示为带操作数据指令时序图,编程时应注意高低位的顺序。

图 4.15　带操作数据指令时序图

3. 读键盘指令

读键盘数据指令的宽度同样为 16 位,前 8 位为微处理器发送到 HD7279A 的指令,后 8 位为 HD7279A 返回的键盘代码。故前 8 位与纯指令、带操作数据指令的结构也并无区别,只是指令内容相异。执行此指令时,HD7279A 的 DATA 端在第 9 个 CLK 脉冲的上升沿变为输出状态,并于第 16 个脉冲的下降沿恢复为输入状态,等待接收下一个指令。图 4.16 给出了读键盘指令时序图。

在一般情况下,该指令应由 KEY 引脚的电平变化触发,在有按键情况下才发送该指令,若无按键,上位机发送读键盘指令,则 HD7279A 输出 FFH(输出异常)。

图 4.16　读键盘指令时序图

当 HD7279A 外接振荡电路中的 $R = 1.5$ kΩ,$C = 15$ pF 时,上面时序图中各时间参数的取值范围及典型值见表 4.7。

表 4.7 各时间参数取值表及典型值　　　　　　μs

	最大值	最小值	典型值
T_1	250	25	50
T_2	250	5	8
T_3	250	5	8
T_4	250	15	25
T_5		5	8
T_6	250	5	8
T_7	5		

各时间参数含义如下：

T_1 为 $\overline{CS}$ 下降沿至第一个 CLK 脉冲的延迟时间；

T_2 为传送指令时 CLK 的脉冲宽度；

T_3 为字节传送中 CLK 脉冲时间间隔；

T_4 为读键盘指令和带数据指令中指令与数据时间间隔；

T_5 为输出键盘数据建立时间；

T_6 为读脉冲数据时 CLK 脉冲宽度；

T_7 为读键盘数据完成后 DATA 转为输入状态的时间。

在实际电路中，HD7279A 对时序中时间参数的要求并不苛刻，在较大范围内均可正常稳定地工作，这同时也方便了程序设计。

4.3.3　HD7279A 的控制指令

1. 纯指令

纯指令为一组 8 位二进制码，包括右移、左移、循环右移、循环左移、复位及测试 6 种指令，其代码与功能见表 4.8。

2. 带操作数据的指令

带操作数据指令包括按方式 0 译码显示、按方式 1 译码显示、不译码显示、闪烁控制、消隐控制、段显示及段关闭 7 种指令。

表 4.8　纯指令代码功能表

指令	指令代码 十六进制	操作说明	示例	
			原显示	指令后
右移	A0H	所有 LED 显示右移 1 位,最左位为空(无显示),不改变消隐和闪烁属性	986620LP	＊986620L
左移	A1H	所有 LED 显示左移 1 位,最右位为空(无显示),不改变消隐和闪烁属性	986620LP	86620LP＊
循环右移	A2H	与右移类似,但原最右 1 位移至最左 1 位,不改变消隐和闪烁属性	986620LP	P986620L
循环左移	A3H	与左移类似,但原最左 1 位移至最右 1 位,不改变消隐和闪烁属性	986620LP	86620LP9
复位(消除)	A4H	消除显示、消隐、闪烁等属性	986620LP	＊＊＊＊＊＊＊＊
测试	BFH	点亮全部 LED,并处于闪烁状态,可用于自检		

注:"＊"为空,即无显示,下同

(1)按方式 0 译码显示指令(表 4.9)。

表 4.9　按方式 0 译码显示指令

第 1 字节								第 2 字节							
D_7	D_6	D_5	D_4	D_3	D_2	D_1	D_0	D_7	D_6	D_5	D_4	D_3	D_2	D_1	D_0
1	0	0	0	0	a_2	a_1	a_0	dp	×	×	×	d_3	d_2	d_1	d_0

注:"×"表示无影响,下同

十六进制指令第 1 字节为 80H ~ 87H。其中,第一字节的高 5 位 10000 表示该指令的类别为按方式 0 译码显示;低 3 位表示 LED 显示管的位地址,即在哪一个显示管处显示数据。第二字节的最高位控制小数点位,低 4 位控制数据显示输出。位地址译码方式简单直接,$a_2 \sim a_0$ 三位表示的 0 ~ 7 八个地址码分别代表 $DIG_0 \sim DIG_7$ 所对应的 LED 显示器,如 0 对应 DIG_0,7 对应 DIG_7。表 4.10 给出了方式 0 译码规则。

表 4.10　方式 0 译码规则

$D_3 \sim D_0$	LED 显示	$D_3 \sim D_0$	LED 显示
0H	0	8H	8
1H	1	9H	9
2H	2	AH	–
3H	3	BH	E
4H	4	CH	H
5H	5	DH	L
6H	6	EH	P
7H	7	FH	*

（2）按方式 1 译码显示指令（表 4.11）。

表 4.11　方式 1 译码显示指令

第 1 字节								第 2 字节							
D_7	D_6	D_5	D_4	D_3	D_2	D_1	D_0	D_7	D_6	D_5	D_4	D_3	D_2	D_1	D_0
1	1	0	0	1	a_2	a_1	a_0	dp	×	×	×	d_3	d_2	d_1	d_0

十六进制指令第一字节为 C8H ～ CFH。方式 1 译码显示指令与方式 0 译码在指令结构上无区别，只是译码方式不同。方式 1 译码规则见表 4.12。

表 4.12　方式 1 译码规则

$D_3 \sim D_0$	LED 显示	$D_3 \sim D_0$	LED 显示
0H	0	8H	8
1H	1	9H	9
2H	2	AH	A
3H	3	BH	B
4H	4	CH	C
5H	5	DH	D
6H	6	EH	E
7H	7	FH	F

（3）不译码显示指令（表 4.13）。

表 4.13　不译码显示指令

第 1 字节								第 2 字节							
D_7	D_6	D_5	D_4	D_3	D_2	D_1	D_0	D_7	D_6	D_5	D_4	D_3	D_2	D_1	D_0
1	0	0	1	0	a_2	a_1	a_0	dp	A	B	C	D	E	F	G

十六进制指令第一字节为 90H ~ 97H。该指令与前两种类似，区别在于第二字节，第二字节的 D_6 ~ D_4 三位连同其他 5 位共同控制显示数码管的 8 个字段。每位均为高电平点亮。

（4）闪烁控制指令（表 4.14）。

表 4.14　闪烁控制指令

第一字节								第二字节							
D_7	D_6	D_5	D_4	D_3	D_2	D_1	D_0	D_7	D_6	D_5	D_4	D_3	D_2	D_1	D_0
1	0	0	0	1	0	0	0	d_8	d_7	d_6	d_5	d_4	d_3	d_2	d_1

十六进制指令第一字节为 88H。该命令规定了每个数码管的闪烁属性。d_8 ~ d_1 分别对应 L_8 ~ L_1 位数码管，当值为 1 时，LED 不闪烁；当值为 0 时，LED 闪烁。该命令的缺省状态是所有数码管均不闪烁。

（5）消隐控制指令（表 4.15）。

表 4.15　消隐控制指令

第一字节								第二字节							
D_7	D_6	D_5	D_4	D_3	D_2	D_1	D_0	D_7	D_6	D_5	D_4	D_3	D_2	D_1	D_0
1	0	0	1	1	0	0	0	d_8	d_7	d_6	d_5	d_4	d_3	d_2	d_1

十六进制指令的第一字节为 98H。该命令规定了每个数码管的消隐属性。d_8 ~ d_1 分别对应 L_8 ~ L_1 位数码管，当其值为 1 时，LED 显示；当其值为 0 时，消隐。注意，至少要有一个 LED 数码管保持显示，如果全部消隐，则该命令无效。

（6）段显示指令（表 4.16）。

表 4.16　段显示指令

第一字节								第二字节							
D_7	D_6	D_5	D_4	D_3	D_2	D_1	D_0	D_7	D_6	D_5	D_4	D_3	D_2	D_1	D_0
1	1	1	0	0	0	0	0	×	×	d_5	d_4	d_3	d_2	d_1	d_0

十六进制指令的第一字节为 E0H。该命令的作用是显示某个 LED 数码管中的某一段或独立 64 只 LED 发光二极管中的某一只。命令中 d_4 ~ d_0 取值为 00H ~ 3FH，所对应显示段见表 4.17。

表 4.17　段显示(关闭)对应表

$d_5 \sim d_0$ 取值	00	01	02	03	04	05	06	07	08	09	0A	0B	0C	0D	0E	0F
显示段	G	F	E	D	C	B	A	dp	G	F	E	D	C	B	A	dp
	L_1								L_2							
$d_5 \sim d_0$ 取值	10	11	12	13	14	15	16	17	18	19	1A	1B	1C	1D	1E	1F
显示段	G	F	E	D	C	B	A	dp	G	F	E	D	C	B	A	dp
	L_3								L_4							
$d_5 \sim d_0$ 取值	20	21	22	23	24	25	26	27	28	29	2A	2B	2C	2D	2E	2F
显示段	G	F	E	D	C	B	A	dp	G	F	E	D	C	B	A	dp
	L_5								L_6							
$d_5 \sim d_0$ 取值	30	31	32	33	34	35	36	37	38	39	3A	3B	3C	3D	3E	3F
显示段	G	F	E	D	C	B	A	dp	G	F	E	D	C	B	A	dp
	L_7								L_8							

(7)段关闭指令(表 4.18)。

表 4.18　段关闭指令

第一字节								第二字节							
D_7	D_6	D_5	D_4	D_3	D_2	D_1	D_0	D_7	D_6	D_5	D_4	D_3	D_2	D_1	D_0
1	1	0	0	0	0	0	0	×	×	d_5	d_4	d_3	d_2	d_1	d_0

十六进制指令第一字节为 C0H。该命令的作用是关闭某个数码管中的某一段。指令结构与段显示相同,所对应的关闭段同表 4.7,仅将显示段变为关闭段。

3. 读键盘指令(表 4.19)

表 4.19　读键盘指令

第一字节								第二字节							
D_7	D_6	D_5	D_4	D_3	D_2	D_1	D_0	D_7	D_6	D_5	D_4	D_3	D_2	D_1	D_0
0	0	0	1	0	1	0	1	d_7	d_6	d_5	d_4	d_3	d_2	d_1	d_0

十六进制指令第一字节为 15H。读取键盘指令,从 HD7279A 读出当前的按键值。第二字节 $d_7 \sim d_0$ 为从 HD7279A 中读出的按键值,其范围为 00H ~ 3FH。当按键按下时,KEY 引脚从高电平变为低电平,并保持到按键释放为止。在此期间,若 HD7279A 收到来自单片机的读键盘指令 15H,则 HD7279A 输出当前的按键代码。在没有按键情况下收到读键盘指令,HD7279A 将输出 FFH(255)。表 4.20 为键码取值表。

表 4.20　键码十进制取值表

	SG	SF	SE	SD	SC	SB	SA	DP
DIG_0	00	01	02	03	04	05	06	07
DIG_1	08	09	0A	0B	0C	0D	0E	0F
DIG_2	10	11	12	13	14	15	16	17
DIG_3	18	19	1A	1B	1C	1D	1E	1F
DIG_4	20	21	22	23	24	25	26	27
DIG_5	28	29	2A	2B	2C	2D	2E	2F
DIG_6	30	31	32	33	34	35	36	37
DIG_7	38	39	3A	3B	3C	3D	3E	3F

也就是说,该命令只有在 KEY 引脚为低电平时才发生作用,即在有按键按下时有效,故通常读键盘指令应配合查询或中断程序应用。后面将给出相关示例。

值得注意的是,当有超过一个键按下时,HD7279A 只能给出其中一个按下键的代码。因此,HD7279A 不适合在需要两个或两个以上键同时按下的场合。

4.3.4　HD7279A 的应用

在 HD7279A 中,无需用到的数码管和键盘均可不连接,省去数码管不会影响键盘的使用。如果不接键盘,则在典型应用图中连接键盘的 8 只 10 kΩ 电阻和 100 kΩ 电阻均可省略。如果不接数码管,则串入 DP 及 SA ~ SG 连线的 8 只 200 Ω 电阻可以省略。HD7279A 典型键盘/显示器管理应用电路如图 4.17 所示。

图 4.17　HD7279A 典型键盘/显示器管理应用电路

在设计应用电路时,8 只下拉电阻和 8 只键盘连接位选线 $DIG_0 \sim DIG_7$ 的电阻(以下简称键盘电阻)应遵从一定的比例关系,即下拉电阻应介于键盘电阻的 5 ~ 50 倍,典型值为 10 倍;下拉电阻的取值范围为 10 ~ 100 kΩ;键盘电阻取值范围为 1 ~ 10 kΩ。在正常工作情况下,下拉电阻应尽可能取小值,可以提高键盘部分的稳定性。

因采用动态循环扫描的工作方式,用普通数码管亮度可能不够。在亮度不够的情况下可选择高亮、超高亮的数码管给予弥补。该芯片直接驱动 LED 数码管,电路结构简单,易于操作,但电流较大,且动态扫描,故如果该部分电路电源连线较为细长,则可能引入较大电源噪声干扰。故将 HD7279A 的正负电源端上并入去耦电容。

HD7279A 的复位端在一般应用情况下,可以直接与正电源连接,在上电或 RESET 端由低电平变为高电平后,HD7279A 需要经过 18 ~ 25 ms 的时间才会进入正常工作状态。此处应尤为注意,若在芯片未上电时直接将复位端接入正电源有可能会烧毁芯片,在电路设计时就应考虑到此处的安全设计。HD7279A 应外接 RC 振荡电路,芯片出现故障时应首先检查此部分电路。此外,可在单片机的输出端外接上拉电阻,以提高其驱动能力。

4.3.5　HD7279A 的接口程序设计实例

该实例程序完成了读取键盘代码并显示的功能。

```
#define uint unsigned int
#define uchar unsigned char
#define Set_Bit(BIT) (BIT = 1)          //定义置 1 函数
#define Clear_Bit(BIT) (BIT = 0)        //定义清 0 函数
void   WR_HD7279(uchar,uchar);          //定义 HD7279 写函数
uchar RD_HD7279(uchar);                 //定义 HD7279 读函数
void   Send_uchar(uchar);               //定义 HD7279 发送字节函数
uchar Receive_uchar(void);              //定义 HD7279 接收字节函数
void   Hd7279key(void);                 //定义按键状态判断子程序
void   delayms(uint ms);                //定义 ms 延时子程序

void Delay_8us(void);                   //定义 8 μs 延时子程序
void Delay_25us(void);                  //定义 25 μs 延时子程序
void Delay_30us(void);                  //定义 30 μs 延时子程序

uchar Key_Out;                          //定义键值变量
bit    Key_Flag;                        //定义按键标志
sbit HD7279_CS =P1^0;                   //定义 HD7279 接口
sbit HD7279_CLK =P1^1;
sbit HD7279_DAT =P1^2;
sbit HD7279_KEY =P1^3;
```

```
void main(void)

{
uchar keycode;
uchar keycode_H,keycode_L;
    P1 = 0xF9;
    delayms(25);                        //延时 25 ms
    Send_uchar(0xa4);                   //HD7279 复位
    Set_Bit(HD7279_CS);                 //置 HD7279_CS 为高电平
while(1)
    {
      Hd7279key();                      //检测是否有按键按下,若无则等待进制转换
if(Key_Flag)
      {
Clear_Bit(Key_Flag);
    Clear_Bit(HD7279_CS);
    keycode = RD_HD7279(0x15);          //读键盘
    Set_Bit(HD7279_CS);                 //置 HD7279_CS 为高电平
  keycode_L=keycode%10;                 //进制转换译码显示在第二位显示管上
    keycode_H=keycode/10;
    WR_HD7279(0x80,keycode_L);          //进制转换译码显示在第一位显示管上
    WR_HD7279(0x81,keycode_H);          //进制转换译码显示在第二位显示管上
    Set_Bit(HD7279_CS);
    }
  }
}


void Hd7279key(void)
{
  if(HD7279_KEY==0)                     //检测是否有按键按下
  {
  Key_Out = RD_HD7279(0x15);           //读取键值
    Set_Bit(Key_Flag);                 //设置键标志
  }
}
void delayms(uint ms)                   // ms 延时子函数
```

```
{
uint t;
while(ms--)
    {
      for(t = 0; t < 120; t++);
    }
}
void Delay_8us(void)
{
uchar i;
for(i=0;i<0x04;i++);                    //设定延时时间约为 8 μs
}
void Delay_25us(void)
{
uchar i;
for(i=0;i<0x0C;i++);                    //设定延时时间约为 25 μs
}
void Delay_30us(void)
{
uchar i;
for(i=0;i<0x0E;i++);                    //设定延时时间约为 30 μs
}


void WR_HD7279(uchar Command,uchar Data)
{
    Send_uchar(Command);                //发送写命令
    Send_uchar(Data);                   //发送待写数据 Data
}


uchar RD_HD7279(uchar Command)
{
    Send_uchar(Command);                //发送读命令
return(Receive_uchar());                //返回读取数据
}


void Send_uchar(uchar Data_Out)
{
```

```
    uchar i;                            //设置发送位数为 8 位
Clear_Bit(HD7279_CS);                   //置 HD7279_CS 为低电平
    Delay_30us();                       //延时 30 μs * (T1/T4)
    for(i=0;i<8;i++)                    //待输出数据最高位输出
    {
if(Data_Out&0x80)
    Set_Bit(HD7279_DAT);
else
    Clear_Bit(HD7279_DAT);
      Set_Bit(HD7279_CLK);              //置 HD7279_CLK 为高电平
      Delay_8us();                      //延时 8 μs * (T2)
      Clear_Bit(HD7279_CLK);            //置 HD7279_CLK 为低电平
      Delay_8us();                      //延时 8 μs * (T3)
      Data_Out=Data_Out<<1;             //左移一位
    }
      Clear_Bit(HD7279_DAT);            //恢复 HD7279_DATA 口输出状态
}


uchar Receive_uchar(void)               //读键盘到 Data_In
{
    uchar i,Data_In;                    //设置接收位数为 8 位
    Set_Bit(HD7279_DAT);                //输出锁存器为高,准备输入
    Delay_25us();                       //延时 25 μs(T4)
    for(i=0;i<8;i++)                    //是否收完,否则循环
    {
Set_Bit(HD7279_CLK);                    //给 HD7279_CLK 一个上升沿,接收一位数据
Delay_8us();                            //延时 8 μs(T5 和 T6)
Data_In=Data_In<<1;                     //数据左移一位
if(HD7279_DAT)
    Data_In=Data_In|0x01;               //读出一位数据给接收数据最低位
      Clear_Bit(HD7279_CLK);
      Delay_8us();                      //延时 8 μs(T3)
    }
    Clear_Bit(HD7279_DAT);              //恢复 HD7279_DATA 口输出状态
return(Data_In);
}
```

4.4　LCD 显示处理技术

液晶显示器(Liquid Crystal Display,LCD)本身不发光,而只是调制环境光。它具有低电压、微功耗、质量轻、外形薄等特点,是袖珍式仪表和低功耗仪表的首选显示器件。LCD 显示器的缺点是寿命较短、在黑暗环境中使用时需要开启背光而使功耗增加。随着制造技术的发展,LCD 显示器的性价比不断提高,在智能仪器仪表中的应用日益广泛。LCD 显示器按照结构不同,分为段码式 LCD 显示器、字符点阵式 LCD 显示器和图形点阵式 LCD 显示器。

4.4.1　LCD 显示器的结构及其原理

液晶是一种介于固体和液体之间的一种特殊有机化合物。液晶显示器是利用液晶的扭曲-向列效应原理制成的。液晶显示器有多种结构,图 4.18 所示是常用的反射式液晶显示器结构示意图,此类液晶显示器由偏光片、玻璃基板、配向膜、电极、反射板及填充在上、下配向膜之间的液晶构成。偏光片用于选择某一方向的偏极光,上、下偏光片与偏极方向垂直;配向膜是镀在玻璃基板上的配向剂,它有相互平行的细沟槽,上、下配向膜的沟槽相互垂直;处在配向膜附近的液晶分子按配向膜进行配向,所以处在上、下配向膜间的液晶分子上、下扭曲 90°。当上、下电极不加驱动电压时,外部入射光线通过上偏极片后形成的偏极光进入液晶区后跟着液晶作 90°旋转,光线就会通过下偏光片并经过反射板反射回来,液晶显示器呈现"亮"的透明状态;当上、下电极加有驱动电压时,电极部分对应的液晶分子由于受极化而转成上、下垂直排列,失去旋光性,这样外部入射光线通过上偏极片后形成的偏极光不被旋转,因而无法通过下偏光片并经过反射板反射回来,液晶显示器呈现"暗"的黑色状态。根据需要将电极做成字段、点阵形式,就可以构成段码式、字符点阵式及图形点阵式液晶显示器。

图 4.18　常用的反射式液晶显示器结构示意图

1—液晶;2,3—上、下电极;4—封接剂;5,10—上、下偏光片;6,9—上、下玻璃基板;7,8—配向剂;11—反射板

(1)段码式。

段码式液晶显示器由长条状字段组成,主要用于数字显示,也可用于显示西文字母或某些字符。

（2）字符点阵式。

点阵字符式液晶显示器由若干小点阵块组成,每组点阵对应一个字符,用于显示数字、字母和特定符号,并允许用户自行定义字符。

（3）图形点阵式。

图形点阵式液晶显示器由矩阵式晶格点构成,根据显示清晰度来设计像素点的大小,可显示任意字符和图形。

4.4.2　LCD 显示器驱动方式

LCD 必须采用交流驱动方式,以避免直流电压使液晶发生电化学分解反应而导致液晶损坏,延长 LCD 的使用寿命。使用中应注意交流驱动信号的对称性,严格限制其直流分量在 100 mV 以下。交流电压频率取 30 ~ 200 Hz 为宜:当频率较低时,由于人眼的视觉暂留时间较短而出现显示闪烁现象;当频率较高时,由于 LCD 显示器的容性负载特性而导致功耗增加,且对比度变差。从对比度方面考虑,方波驱动显示效果最好,交流方波电压幅值为 4 ~ 5 V。

LCD 显示器的基本驱动电路及驱动波形如图 4.19 所示。图中 LCD 表示液晶显示器的一个像素(段码显示器的一个字段或点阵显示器的一个点);B 作为公共端连接到像素的公共电极上,外加交变的方波电压信号;A 作为控制信号端与公共信号端一起连接到异或门的输入端;异或门的输出 C 端连接到像素电极上。从驱动波形可以看出,当 A 端为低电平时,像素两电极上的电压相位相同,两电极间的相对电压为零,该像素不显示;当 A 端为高电平时,像素两电极上的电压相位相反,两电极间的相对电压为 2 倍幅值方波电压,该像素呈黑色显示状态。

(a) 基本驱动回路　　　　　　　　　(b) 驱动波形

图 4.19　LCD 显示器基本驱动回路、真值及波形

1. 静态驱动方式

静态驱动法是指液晶显示器每个像素单独控制的驱动方法,即每个像素对应一个单独的控制信号。在静态驱动法中,每个像素的像素电极单独引出,所有像素的公共电极连在一起引出,引出线和驱动电路随像素的增加而增加,因此适用于像素较少的场合。图 4.20 为七段 LCD 的电极配置和静态驱动电路。

2. 动态驱动方式

动态驱动法也称时间分割驱动法或多路驱动法。为了适应多像素显示,将显示器件的

| (a) 电极配置 | (b) 静态驱动电路 |

图 4.20　七段 LCD 的电极配置和静态驱动电路

电极制作成矩阵结构,把水平一组像素的背电极连在一起引出,称之为行电极(或公共电极 COM),把纵向一组像素的像素电极连在一起引出,称之为列电极(或像素电极 PIX),每个显示像素都由其所在的行与列的位置唯一确定。其驱动方法是循环地给每行电极施加选择脉冲,同时所有列电极给出该行像素的选择或非选择驱动脉冲,从而实现所有显示像素的驱动。这种行扫描是逐行进行的,循环周期很短,使得液晶显示屏上呈现稳定的图像效果。

　　动态驱动法既可以驱动点阵式液晶显示器,也可以驱动段码式液晶显示器。如图 4.21 所示,将段码式液晶显示器的字段像素电极分成若干组,并将每组字段像素电极相连作为矩阵的一列(X,Y,Z);同时,将字段的背电极也分成若干组,每组背电极相连作为矩阵的一行(COM1,COM2,COM3)。在任一组像素电极与任一组背电极中,最多只有一个像素电极与背电极为同一像素所有。

| (a) 电极配置 | (b) 行列电极划分 |

图 4.21　段码式 LCD 显示器动态驱动的行列电极划分

4.4.3　段码式 LCD 显示器的静态和动态驱动接口

1. 静态驱动接口

　　图 4.22 为段码式 LCD 显示器的硬件译码方式静态驱动接口电路。图中,4N07 为 4 位段码式 LCD 显示器,工作电压为 3 ~ 6 V,阈值电压为 1.5 V,工作频率为 50 ~ 200 Hz。MC14543 是带锁存器的 CMOS 型译码驱动器,可以将输入的 BCD 码数据转换为七段显示码输出:PH 为驱动方式控制端,在驱动 LCD 时,PH 端输入方波电压信号;当 BI 为消隐控制端,BI 为高电平时消隐,即输出端 a ~ g 信号与 PH 端信号同相;LD 是内部锁存器选通端,LD 为高电平时输入的 BCD 码进入锁存器,LD 跳变为低电平时锁存输入数据。图中每片

MC14543 驱动一位 LCD。P1.0 ~ P1.3 接到 MC14543 的 BCD 码输入端 A ~ D,P1.4 ~ P1.7 提供 4 片 MC14543 的锁存信号 LD。P3.7 提供给 MC14543 驱动方式控制端 PH 及公共电极端 COM 一个供显示用的低频方波信号,方波信号由单片机内部定时器 T₁ 的定时中断产生,频率为 50 Hz。若需显示小数点,则可对接口电路进行扩展。

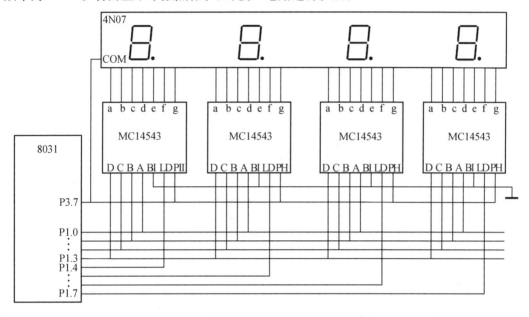

图 4.22　段码式 LCD 显示器静态驱动接口

下面给出给出 LCD 显示器送显程序,待显示数据存放在显示缓冲区中,显示缓冲区的起始地址对应 LCD 显示器的最右端。

```
unsigned char display[12];            //定义显示缓冲区
void main(void)
{
    TMOD=0x10;                        //置定时器 T1 为方式 1
    TH1=0xec;                         //10 ms 定时,fosc=6 MHz
    TL1=0x78;
    TR1=1;                            //启动 T1
    EA=1;                             //开中断
    ET1=1;
    DISPLAY(display);                 //调用显示子程序
}

///显示子程序*/
void DISPLAY(unsigned char *p)
{
    unsigned char buff;
```

```
while( *p! =0)
    {
    buff = *p;                          //指向显示缓冲区首地址取显示数据
    buff& =0x0f;                        //保留 BCD 码
    buff| =0x10;                        //加上锁存控制位
    P1 =buff;                           //送入 MC14543
    P1& =0x0f;                          //置所有 MC14543 为锁存状态
    p++;                                //指向显示缓冲区下一位
    }
}
//定时器 1 中断服务程序
void timer1( void)
{
    P3.7 = ~ P3.7;                      //P3.7 输出电平取反
    TH1 =0xec;                          //置定时器计数初值
    TL1 =0x78;
}
```

2. 静态驱动接口

图 4.21 给出的段码式 LCD 显示器有 3 个列电极和 3 个行电极,又称为三线 LCD 显示器,可利用 6 个驱动信号 X,Y,Z,COM1,COM2,COM3 进行段选。

三线 LCD 译码驱动器 MAX7231/7232/7233/7234 是低功耗 LCD 驱动器,适用于低功耗便携式智能仪器使用。MAX7231 可驱动 8 位七段码 LCD 显示器和每位两个小数点,输入数据为并行 BCD 码,图 4.23 为使用 MAX7231 的 8 位三线 LCD 显示器动态驱动接口电路:8 位 LCD 的列电极 X,Y,Z 各自独立设置,行电极 COM1 ~ COM3 为各位公用;MAX7231 的并行输入数据 BD_3 ~ BD_0 由单片机 P0 口低 4 位提供;由于不使用各位左侧小数点而将小数点控制位 AN1 接地,右侧小数点控制位 AN2 由 P0.4 提供;对应于 8 位 LCD 的地址码 A_2 ~ A_0 由 P0 口经地址锁存器 74LS373 提供。在内部显示时钟发生器提供的时钟信号控制下,MAX7231 依次送出各位 LCD 的驱动信号,实现硬件译码动态显示。MAX7232 可驱动 10 位七段码和每位两个小数点,输入数据为串行 BCD 码;MAX7233 和 MAX7234 用于 18 个液晶字段的米字形 LCD 显示器,MAX7233 可驱动 4 位数字/字符显示的 18 段码,并行输入 6 位数据和 2 位地址,MAX7234 可驱动 5 位数字/字符显示的 18 段码,串行输入 6 位数据和 3 位地址。

4.4.4　字符点阵式 LCD 显示器接口

段码式 LCD 显示器仅能显示数字和少量字符,如需要显示较复杂字符和图形,应选择点阵式 LCD 显示器。点阵式 LCD 显示器按显示原理不同分为字符点阵式和图形点阵式两类。点阵字符式液晶显示器是专门用来显示数字、字母和特定符号的,允许用户自行定义字符。字符点阵式 LCD 显示模块具有编程功能,与单片机接口方便。

图 4.23　三线 LCD 显示器动态驱动接口电路

字符点阵式 LCD 显示模块的种类较多,通常采用 5×7 或 5×10 点阵显示字符,从规格上分为每行 8,16,20,24,32,40 个字符,有 1 行、2 行、4 行 3 类,用户可根据需要选择。下面以大连东显电子有限公司生产的 EDM2004-03 为例,介绍字符点阵式 LCD 显示模块的基本结构、指令功能和接口方法。

1. 字符点阵式 LCD 显示模块结构

EDM2004-03 字符点阵式 LCD 显示模块为 20 个字符×4 行,采用 5×7 点阵(或称 5×8,第 8 行为光标)显示字符。

图 4.24 所示为 EDM2004-03 内部结构及引脚图。表 4.21 为液晶模块引脚说明。模块主要由 LCD 显示屏、控制器 HD44780、列驱动器 MSM5239 和偏压产生电路组成;显示屏、控制器 HD44780 为模块管理单元,具有与微处理器兼容的数据总线接口(8 位或 4 位);控制器内部有字符发生器和显示数据存储器,支持显示 208 个 5×7 点阵字符和 32 个 5×10 点阵字符,并可经过编程自定义 8 个字符(5×7 点阵)以实现简单笔画的中文显示;列驱动器用于扩展显示字符位,当液晶屏字符位较少时可省去。

图 4.24　EDM2004-03 内部结构及引脚

控制器 HD44780 通过数据总线 $DB_0 \sim DB_7$ 以及控制信号 E,$R/\overline{W}$,RS 与 CPU 接口,按照规定的时序相互协调作用(图 4.25),接收 CPU 发送来的指令和数据。CPU 先送出被显示字符在 LCD 显示模块上的地址(位置),存储在指令寄存器中,然后 CPU 送出被显示字符代码,存储在显示数据 RAM 中,控制器据此从字符发生器 ROM 或字符发生器 RAM 中取出对应的字符点阵,送到由指令寄存器中地址指定的显示位置上显示。

表 4.21　液晶模块引脚说明

引脚号	符号	名　称	功　能
1	U_{SS}	电源地	0 V
2	U_{DD}	电源电压	+5 V
3	U_{EE}	液晶驱动电压	可调
4	RS	寄存器选择信号	RS=0,指令寄存器;RS=1,数据寄存器
5	R/$\overline{W}$	读/写信号	R/$\overline{W}$=0,读操作;R/$\overline{W}$=1,写操作
6	E	使能信号	读操作,下降沿有效;写操作,高电平有效
7~14	$DB_0 \sim DB_7$	8 位数据总线	4 位总线或 8 位总线操作,4 位时使用 $DB_4 \sim DB_7$

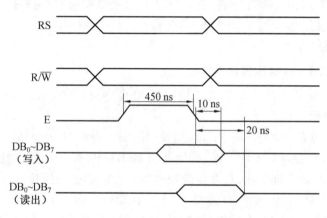

图 4.25　HD44780 的读/写时序

2. 寄存器及存储器

HD44780 内部包含指令寄存器(IR)、数据寄存器(DR)、忙标志位(BF)、地址计数器(AC)、显示数据寄存器(DDRAM)、字符发生器 ROM(CGROM)和字符发生器 RAM(CGROM)。用户可以通过 RS 和 R/$\overline{W}$ 输入信号的组合选择指定的寄存器,进行相应的操作。表 4.22 给出了寄存器的组合选择方式及功能。

表 4.22　寄存器的组合选择方式及功能

RS	R/$\overline{W}$	说　明
0	0	将指令代码写入指令寄存器中
0	1	分别将状态标志 BF 和地址计数器(AC)内容读到 DB_7 和 $DB_6 \sim DB_0$
1	0	将 $DB_0 \sim DB_7$ 的数据写入数据寄存器中,模块的内部操作自动将数据写到 DDRAM 或者 CGRAM 中
1	1	将数据寄存器内的数据读到 $DB_0 \sim DB_7$,模块的内部操作自动将 DDRAM 或者 CGRAM 中的数据送入数据寄存器中

（1）指令寄存器（IR）和数据寄存器（DR）。

HD44780 内部具有两个 8 位指令寄存器 IR 和地址寄存器 DR。指令寄存器 IR 用于存储指令代码，数据寄存器 DR 用于暂时存储 CPU 与控制器内部 DDRAM 和 CGRAM 之间传送的数据。

（2）忙标志位（BF）。

当忙标志 BF=1 时，表明控制器正在进行显示模块内部操作，不接受任何外部指令和数据。当 RS=0，R/$\overline{W}$=1 及 E 为高电平时，BF 输出到 DB$_7$。每次操作之前应进行状态检测，只有在确认 BF=0 之后，CPU 才能访问模块。

（3）地址计数器（AC）。

地址计数器 AC 是 DDRAM 或者 CGRAM 的地址指针。当设置地址指令写入指令寄存器中时，指令代码中携带的地址信息自动送入 AC 中。当 DR 与 DDRAM 或者 CGRAM 之间完成一次数据传送后，AC 自动会加 1 或减 1。当 RS=0，R/$\overline{W}$=1 且 E 为高电平时，AC 的内容送到 DB$_6$ ~ DB$_0$。

（4）显示数据寄存器（DDRAM）。

容量为 80×8 位的 DDRAM 用于存储单字节字符代码，共计 80 个。DDRAM 地址与 LCD 显示屏显示位置具有对应关系，20（字符）×4（行）形式的对应关系见表 4.23。需要注意的是，执行显示移位操作时，对应的 DDRAM 地址也发生移位。

表 4.23　DDRAM 地址与 LCD 显示屏显示位置对应关系

字符列位置		1	2	3	4	5	6	7	8	9	10	11	12	13	14	15	16	17	18	19	20
DDRAM 地址	第1行	00	01	02	03	04	05	06	07	08	09	0A	0B	0C	0D	0E	0F	10	11	12	13
	第2行	40	41	42	43	44	45	46	47	48	49	4A	4B	4C	4D	4E	4F	50	51	52	53
	第3行	14	15	16	17	18	19	1A	1B	1C	1D	1E	1F	20	21	22	23	24	25	26	27
	第4行	54	55	56	57	58	59	5A	5B	5C	5D	5E	5F	60	61	62	63	64	65	66	67

（5）字符发生器 ROM（CGROM）。

CGROM 中固化有 208 组 5×7 点阵的字符字模（字符的点阵位图数据）。字符代码与字符的关系见表 4.24，其中 00H ~ 07H 字符代码与用户在 CGRAM 中生成的自定义字符相对应。

表 4.24　字符代码与字符的关系

高4位 低4位	0000	0001	0010	0011	0100	0101	0110	0111	1000	1001	1010	1011	1100	1101	1110	1111
××××0000	CG RAM(1)			0	@	P	`	p				ー	タ	ミ	α	p
××××0001	(2)		!	1	A	Q	a	q			｡	ア	チ	ム	ä	q
××××0010	(3)		"	2	B	R	b	r			「	イ	ツ	メ	β	θ
××××0011	(4)		#	3	C	S	c	s			」	ウ	テ	モ	ε	∞
××××0100	(5)		$	4	D	T	d	t			、	エ	ト	ヤ	μ	Ω
××××0101	(6)		%	5	E	U	e	u			・	オ	ナ	ユ	σ	Ü
××××0110	(7)		&	6	F	V	f	v			ヲ	カ	ニ	ヨ	ρ	Σ
××××0111	(8)		'	7	G	W	g	w			ア	キ	ヌ	ラ	g	π
××××1000	(1)		(	8	H	X	h	x			ィ	ク	ネ	リ	√	X̄
××××1001	(2)		)	9	I	Y	i	y			ゥ	ケ	ノ	ル	¨	y
××××1010	(3)		*	:	J	Z	j	z			エ	コ	ハ	レ	j	千
××××1011	(4)		+	;	K	[	k	{			オ	サ	ヒ	ロ	×	万
××××1100	(5)		,	<	L	¥	l					ャ	シ	フ	ワ	¢	円
××××1101	(6)		-	=	M	]	m	}			ュ	ス	ヘ	ン	Ł	÷
××××1110	(7)		.	>	N	^	n	→			ョ	セ	ホ	゛	ñ	
××××1111	(8)		/	?	O	_	o	←			ッ	ソ	マ	゜	ö	█

　　CGROM 单元地址(字模字符一行的地址)为 12 位,高 8 位 CGROM 地址信号 $A_{11} \sim A_4$ 由字符代码形成,低 4 位地址信号 $A_3 \sim A_0$ 由内部电路产生;字模数据位 $D_4 \sim D_0$ 用于表示数据, $D_7 \sim D_5$ 位为 0;字符字模组的第 8 行表示光标位置,数据位均为 0;第 9 行以下数据全为 0。表 4.25 为 5×8 点阵字符模组的存储地址与数据格式,对应数据 1 的位置为显示位(带阴影)。

表 4.25　5×8 点阵字符模组的存储地址与数据格式

CGROM 地址												数据				
A_{11}	A_{10}	A_9	A_8	A_7	A_6	A_5	A_4	A_3	A_2	A_1	A_0	D_4	D_3	D_2	D_1	D_0
								0	0	0	0	1	0	0	0	0
								0	0	0	1	1	0	0	0	0
								0	0	1	0	1	0	0	0	0
								0	0	1	1	1	0	1	1	0
								0	1	0	0	1	1	0	0	1
								0	1	0	1	1	0	0	0	1
								0	1	1	0	1	0	0	0	1
								0	1	1	1	1	1	1	1	0
0	1	1	0	0	0	1	0	0	1	1	1	0	0	0	0	0
								1	0	0	0	0	0	0	0	0
								1	0	0	1	0	0	0	0	0
								1	0	1	0	0	0	0	0	0
								1	0	1	1	0	0	0	0	0
								1	1	0	0	0	0	0	0	0
								1	1	0	1	0	0	0	0	0
								1	1	1	0	0	0	0	0	0
								1	1	1	1	0	0	0	0	0
字符代码								行地址								←光标位置

（6）字符发生器 RAM（CGRAM）。

用户可以在 CGRAM 中生成自定义字符的字符模组，CGRAM 可存放 8 组 5×8 点阵的字符模组，相对应的字符代码为 00H ~ 07H 或 08H ~ 0FH。CGRAM 的地址与字符字模、字符代码的关系见表 4.26，该表右列是自定义字符"￥"的字模。CGRAM 的地址共 6 位，高 3 位地址为字符代码的低 3 位，CGRAM 地址低 3 位用于选择字模的不同行。字符字模的第 8 行是光标位置：设置光标显示情况下，应赋值为 0；如果赋值为 1，不论光标显示与否，第 8 行均处于显示状态。

表 4.26　CGRAM 的地址与字符字模、字符代码的关系

字符代码(DDRAM 数据)								CGRAM 地址						字符字模(CGRAM 数据)								
D_7	D_6	D_5	D_4	D_3	D_2	D_1	D_0	A_5	A_4	A_3	A_2	A_1	A_0	D_7	D_6	D_5	D_4	D_3	D_2	D_1	D_0	
											0	0	0	×	×	×	1	0	0	0	1	
											0	0	1	×	×	×	0	1	0	1	0	
											0	1	0	×	×	×	0	0	1	0	0	
0	0	0	0	0	×	0	1	0	0	1	0	1	1	×	×	×	1	1	1	1	1	字模光标
											1	0	0	×	×	×	0	0	1	0	0	
											1	0	1	×	×	×	0	0	1	0	0	
											1	1	0	×	×	×	0	0	1	0	0	
											1	1	1	×	×	×	0	0	0	0	0	

3. 指令说明

HD44780 向用户提供了 11 条指令，大致可以分为 4 类：①模块功能设置，诸如显示格式、数据长度等；②设置内部 RAM 地址；③完成内部 RAM 数据传送；④完成其他功能。

（1）清显示指令。

清显示指令代码见表 4.27。

表 4.27　清显示指令代码

RS	R/$\overline{\text{W}}$	D_7	D_6	D_5	D_4	D_3	D_2	D_1	D_0
0	0	0	0	0	0	0	0	0	1

将空位字符码 20H 送入全部 DDRAM 地址中，使 DDRAM 中的内容全部清除，显示消失；地址计数器 AC＝0，自动增 1 模式；显示归位，光标回到原点（显示屏左上角）；但并不改变移位设置模式。

（2）归位指令。

归位指令代码见表 4.28。

表 4.28　归位指令代码

RS	R/$\overline{\text{W}}$	D_7	D_6	D_5	D_4	D_3	D_2	D_1	D_0
0	0	0	0	0	0	0	0	1	×

把地址计数器 DDRAM 地址清 0；如果显示已经位移，则指令执行后显示回到起始位置；显示数据存储器的内容不变。

（3）输入方式设置指令。

输入方式指令代码见表 4.29。

表 4.29　输入方式设置指令代码

RS	R/$\overline{\text{W}}$	D_7	D_6	D_5	D_4	D_3	D_2	D_1	D_0
0	0	0	0	0	0	0	1	I/D	S

设置读、写 DDRAM 或 CGRAM 后地址计数器 AC 内容的变化方向,并指定整体显示是否移动。I/D=1,读、写 DDBAM 或 CGBAM 的数据后,AC 自动加 1,光标右移一个字符位;I/D=0,AC 自动减 1,光标再左移一个字符位。S=1,整个显示画面向左(I/D=1)或向右(I/D=0)移动;S=0,显示画面不移动。

(4)显示开/关控制指令。

显示开/关控制指令代码见表 4.30。

表 4.30　显示开/关控制指令代码

RS	R/$\overline{\text{W}}$	D_7	D_6	D_5	D_4	D_3	D_2	D_1	D_0
0	0	0	0	0	0	1	D	C	B

D:显示开/关控制标志。D=1,开显示;D=0,关显示。关显示后,显示数据仍保持在 DDRAM 中,开显示后可以立即显示。

C:光标显示控制标志。C=1,光标显示;C=0,光标不显示。不显示光标并不影响其他显示功能;显示 5×8 点阵字符时,光标在第 8 行显示。

B:闪烁显示控制标志。B=1,光标所指位置上,交替显示全黑点阵和显示字符,产生闪烁效果;通过设置,光标可以与其所指位置的字符一起闪烁。

(5)光标或显示移动指令。

光标或显示移动指令代码见表 4.31。

表 4.31　光标或显示移动指令代码

RS	R/$\overline{\text{W}}$	D_7	D_6	D_5	D_4	D_3	D_2	D_1	D_0
0	0	0	0	0	1	S/C	R/L	×	×

光标或显示移位指令可使光标或显示在没有读写显示数据的情况下,向左或向右移动;运用此指令可以实现显示的查找或替换;在双行显示方式下,当移位越过第 1 行第 40 个字符时,光标会从第 1 行跳到第 2 行,但显示数据只在本行内水平移位,第 2 行的显示不会移进第 1 行;若仅执行移位操作,地址计数器 AC 的内容不会发生改变。光标和显示移位方式见表 4.32。

表 4.32　光标和显示移位方式

SC	R/L	说　　明
0	0	光标向左移动,AC 自动减 1
	1	光标向右移动,AC 自动加 1
1	0	光标和显示一起向左移动
	1	光标和显示一起向右移动

（6）功能设置指令。

功能设置指令代码见表 4.33。

表 4.33　功能设置指令代码

RS	R/$\overline{\text{W}}$	D_7	D_6	D_5	D_4	D_3	D_2	D_1	D_0
0	0	0	0	1	DL	N	F	×	×

此命令可以说是 HD44780 的初始化命令。在对模块编程时应首先使用这条命令。该命令设置了接口时的数据总线年度、显示屏的行数及字符的点阵。其中行数和字符点阵设置的组合规定了显示驱动的占空比。

DL：设置接口数据长度。DL＝0，表示数据总线有效位长为 4 位（$DB_7 \sim DB_4$）；DL＝1，表示数据线长度为 8 位（$DB_7 \sim DB_0$）。

N：设置显示屏的行数。N＝0，表示字符行为一行；N＝1，表示字符行为两行。

F：设置字符的点阵格式。F＝0，字符为 5×7 点阵；F＝1，字符为 5×10 点阵。

（7）CGRAM 地址设置指令。

CGRAM 地址设置指令代码见表 4.34。

表 4.34　CGRAM 地址设置指令代码

RS	R/$\overline{\text{W}}$	D_7	D_6	D_5	D_4	D_3	D_2	D_1	D_0
0	0	0	1	A_5	A_4	A_3	A_2	A_1	A_0

将 CGRAM 的 6 位地址码写入 AC 内，随后 CPU 可对 CGRAM 进行数据读、写操作。CGRAM 地址范围为 00H～3FH。

（8）DDRAM 地址设置指令。

DDRAM 地址设置指令代码见表 4.35。

表 4.35　DDRAM 地址设置指令代码

RS	R/$\overline{\text{W}}$	D_7	D_6	D_5	D_4	D_3	D_2	D_1	D_0
0	0	1	A_6	A_5	A_4	A_3	A_2	A_1	A_0

将 DDRAM 的 7 位地址码送入 AC 内，随后 CPU 可对 DDRAM 进行数据读、写操作。DDRAM 地址范围为 00H～4FH。

（9）读忙标志 BF 和地址计数器 AC 指令。

读忙标志 BF 和地址计数器 AC 指令代码见表 4.36。

表 4.36　读忙标志 BF 和地址计数器 AC 指令

RS	R/$\overline{\text{W}}$	D_7	D_6	D_5	D_4	D_3	D_2	D_1	D_0
0	1	BF	AC_6	AC_5	AC_4	AC_3	AC_2	AC_1	AC_0

读出忙标志 BF 的值，当 BF＝1 时，说明系统内部正在进行操作，不能去接收下一条命令；CGRAM 或 DDRAM 所使用的地址计数器 AC 的值也被同时读出。读出的 AC 值到底是哪个 RAM 的地址，取决于最后一次向 AC 写入的是何类地址；AC 的值将与忙标志 BF 位同

时出现在数据总线上。

（10）CGRAM 或 DDRAM 写数据指令。

CGRAM 或 DDRAM 写数据指令代码见表 4.37。

表 4.37 CGRAM 或 DDRAM 写数据指令代码

RS	R/$\overline{\text{W}}$	D_7	D_6	D_5	D_4	D_3	D_2	D_1	D_0
1	0	D	D	D	D	D	D	D	D

将用户自定义字符的字模数据写到已经设置好的 CGRAM 地址中，或者是将要显示的字符的字符码写到 DDRAM 中；欲写入的数据 $D_7 \sim D_0$ 首先暂存在 DR 中，再由内部操作自动写入当前地址指针所指定的 CGRAM 单元或 DDRAM 单元中。

（11）CGRAM 或 DDRAM 读取数据指令。

CGRAM 或 DDRAM 读取数据指令代码见表 4.38。

表 4.38 CGRAM 或 DDRAM 读取数据指令代码

RS	R/$\overline{\text{W}}$	D_7	D_6	D_5	D_4	D_3	D_2	D_1	D_0
1	1	D	D	D	D	D	D	D	D

从地址计数器 AC 指定的 CGRAM 或者 DDRAM 单元中，读出数据 $D_7 \sim D_0$；读出的数据 $D_7 \sim D_0$ 暂存在 DR 中，再由内部操作送到数据总线 $DB_7 \sim DB_0$ 上。需要注意的是，在读数据之前，应先通过地址计数器 AC 正确指定读取单元的地址。

4. 字符型液晶显示模块接口

液晶显示模块已将液晶显示器与控制、驱动器集成在一起，它能直接与微处理器接口，产生液晶控制驱动信号，使液晶显示所需要的内容。字符型液晶显示模块的接口实际上就是 HD44780 与 CPU 的接口，所以接口要满足 HD44780 与 CPU 接口部件的要求，关键在于要满足 HD44780 的时序关系。从时序关系可知，R/$\overline{\text{W}}$ 的作用与 RS 的作用相似，控制信号关键是 E 信号的使用，所以在接口分配及程序驱动时要注意 E 的使用。单片机与液晶显示模块的接口电路如图 4.26 所示。

图 4.26 液晶显示模块与 80C51 单片机的接口原理电路

液晶显示模块的初始化、自定义字符字模数据传送、待显示字符送显等程序如下。

```c
void LCD_busy(void)
{
    unsigned char ac_dat;
    unsigned char busy_flag;
    do
    {
        LCD_EN = 0;
        LCD_RS = 0;                 //指令
        LCD_RW = 1;                 //读出
        LCD_IO = 0xff;              //端口置为输入方式(P0)
        LCD_EN = 1;
        ac_datr = LCD_IO;
        LCD_EN = 0;
        busy_flag = ac_dat & 0x80;
    } while(busy_flag);             //=1 表示忙，=0 表示空闲
}
/* 写数据到指令寄存器 IR,R1 暂存指令码 */
void LCD_cmd(unsigned char cmd)
{
    LCD_busy();                     //检测忙
    LCD_RS = 0;                     //指令
    LCD_RW = 0;                     //写入
    LCD_EN = 1;
    LCD_IO = cmd;                   //传指令
    LCD_EN = 0;                     //下降沿有效
}
/* 写数据到数据寄存器 DR,R2 暂存字符代码或字符字模数据 */
void LCD_dat(unsigned char dat)
{
    LCD_busy();                     //检测忙
    LCD_RS = 1;                     //数据
    LCD_RW = 0;                     //写入
    LCD_EN = 1;
    LCD_IO = dat;                   //传数据
    LCD_EN = 0;                     //下降沿有效
}
/* 初始化模块 */
```

```
void LCD_init( void)
{
  LCD_cmd(0x38);              //功能设置:8 位数据,双行显示,5×7 点阵
  LCD_cmd(0x01);              //清显示
  LCD_cmd(0x06);              //输入方式设置:AC 自动加 1,不移位
  LCD_cmd(0x0C);              //显示开/关控制设置:开显示,光标关,不闪烁
}
```

/ * 写自定义字符字模数据到 CGRAM 中,字模数据存放在 0400H 起始的程序存储器
中,8 个字符计 64 字节数据 */

```
void write_ CGRAM ( unsigned char  * p)
{
  LCD_busy( );
  LCD_cmd(0x40);              //设置 CGRAM 地址
  For(i=0;i<64;i++)           //发送完 8 个字符的 64 字节数据
  {
    LCD_busy( );
    LCD_dat( * p);            //送字模数据到 CGRAM
    p++;                      //字模数据地址指针加 1
  }
}
```

/ * 写显示字符的字符代码到 DDRAM,字符代码存放在 0300H 起始的程序存储器中,
计 40 个字符 */

```
void write_DDRAM( unsigned char  * p)
{unsigned char i;
  LCD_busy( );
    LCD_cmd(0x80);            //屏幕第一行,对应的 DDRAM 起始地址为 00H
    i=0;
  while( * p!  =0)
  {
  LCD_busy( );
    LCD_dat( * p);            //送字符代码到 DDRAM
    p++;                      //字符代码地址指针加 1
    i++;
    if( i>20)
    //第一行显示完? 若没显示完,继续;若显示完,开始第二行显示
    break;
  }
```

```
    While( * p! =0)              //第二行待显示字符数为20
    {
      LCD_busy( );
      LCD_dat( * p);
      p++;
        i++;
        if( i>20)
        break;
    }
  }
```

4.5　触摸屏处理技术

触摸屏是一种新型的智能仪器、仪表输入设备,具有简单、方便、自然的人-机交互方式。工作时,操作者首先用手指或其他工具触摸屏,然后系统根据触摸的图标或菜单定位选择信息输入。触摸屏由检测部件和控制器组成,检测部件安装在显示器前面,用于检测用户触摸位置,并转换为触摸信号;控制器的作用是接收触摸信号,并转换成触摸坐标后送给CPU,它同时能接收 CPU 发来的命令并加以执行。

(1)透明性能。

触摸屏由多层复合薄膜构成,透明性能的好坏直接影响到触摸屏的视觉效果;衡量触摸屏的透明性能不仅要从视觉效果来衡量,还应该包括透明度、色彩失真度、反光性和清晰度。

(2)绝对坐标系统。

传统鼠标是一种相对定位系统,当前位置的确定和前一次鼠标的位置坐标有关;而触摸屏则是一种绝对坐标系统,要选哪就直接点哪,与相对定位系统有着本质上的区别;绝对坐标系统的特点是每次定位坐标与上一次定位坐标没有关系,每次触摸产生的数据通过校准转为屏幕上的坐标,同一位置点的输出数据是固定的。

(3)飘移问题。

由于技术原因,并不能保证同一触摸点每次采样数据相同,这就是触摸屏的漂移;对于性能质量好的触摸屏来说,漂移的情况并不严重。

(4)检测与定位。

触摸屏的绝对定位是依靠传感器来完成的,有的触摸屏本身就是一套传感器系统;各类触摸屏的定位原理和所用传感器决定了触摸屏的反应速度、可靠性、稳定性和使用寿命。

4.5.1　触摸屏的结构及特点

按照触摸屏的工作原理和传输信息介质的不同,触摸屏主要分为 4 类,即电阻式触摸屏、电容式触摸屏、红外式触摸屏及表面声波触摸屏。下面介绍各类触摸屏的结构、原理及特点。

1. 电阻式触摸屏

电阻式触摸屏的屏体部分(检测部件)是一块与显示器表面紧密配合的多层复合薄膜,由一层玻璃或有机玻璃作为基层,表面涂有一层阻性导体层(如铟锡氧化物 ITO),上面再盖有一层外表面被硬化处理、光滑防刮的塑料层,塑料层的内表面也涂有一层阻性导体层。在两层导体之间有一层具有许多细小隔离点的隔离层,把两导体层隔开绝缘,如图 4.27 所示,当手指触摸屏幕时,两导体层在触摸点位置产生了接触,控制器检测到这个接通点后计算出 X,Y 轴坐标,这就是所有电阻式触摸屏的基本原理。

图 4.27   电阻式触摸屏结构

电阻式触摸屏根据引出线数的多少,分为四线、五线、六线、七线、八线等多种电阻式摸屏。下面介绍最基本的四线电阻触摸屏。图 4.28 所示是四线电阻触摸屏的检测原理图。在一个 ITO 层(如外层)的上、下两边各镀上一个狭长电极,引出端为 Y_+,Y_-,在另一个 ITO 层(如内层)的左、右两边也分别镀上狭长电极,引出端为 X_+,X_-,为了获得触摸点在 X 方向的位置信号,在内 ITO 层的两电极 X_+,X_- 上分别加 $U_{REF},0$ V 电压,这样内 ITO 层上形成了 0 V $\sim U_{REF}$ 的电压梯度,触摸点至 X_- 端的电压为该两端的电阻对 U_{REF} 的分压,分压值代表了触摸点在 X 轴方向的位置,然后将外层 ITO 的一个电极(如 Y_-)端悬空,从另一电极(Y_+)就可以取出这一分压,将该分压进行 A/D 转换,并与 U_{REF} 进行比较,便可以得到触摸点的 X 轴坐标。

图 4.28   四线电阻触摸屏检测原理

为了获得触摸点在 Y 轴方向的位置信号,需要在外 ITO 层的两电极 Y_+,Y_- 上分别加 $U_{REF},0$ V 电压,而将内 ITO 层的一个电极(X_-)悬空,从另一电极(X_+)上取出触摸点在 Y 轴方向的分压。

电阻式触摸屏对外需要完全隔离,不怕油污、灰尘、水,而且经济性很好,供电要求简单,非常容易产业化。电阻式触摸屏适用于各种领域,尤其在工控领域内,由于它对环境和条件要求不高,更显示出电阻屏的独特性,其产品在触摸屏产品中占到90%的市场份额。

电阻式触摸屏的缺点:由于复合薄膜的外层采用塑料材料,如果触摸用力过大或使用锐器工具触摸,则可能会划伤整个触摸屏而导致报废。

2. 电容式触摸屏

电容式触控模块一般由触摸屏与控制器构成,触摸屏可以是 ITO 导电材料或是 PCB 板等一类铺有电极的面板,而控制器就是指电容式触控芯片。

根据侦测电容原理的不同,电容式触摸屏分为表面电容式和投射电容式两大类。不同类型的触摸屏应配合相应类型的触控芯片。电容式触控芯片就是通过侦测相应位置的电容量来判断是否有手指或其他导电物体正在碰触屏幕,因而触控芯片在触控模块中属于核心组件。

首先介绍两种不同类型的电容式触控屏的结构和原理,在后面的章节对投射式电容触控芯片进行简要介绍。

(1)表面电容式触摸屏。

其构造主要是在玻璃屏幕上镀一层透明的阻性导体层,再在导体层外加上一层保护玻璃。导体层作为工作面,四边镀有狭长电极,并从 4 个角引出电极引线。如图 4.29 所示,工作时从 4 个电极引线上引入高频信号,当手指触摸外层玻璃时,由于人体电场的存在,手指与导体层间会形成一个耦合电容,4 个电极上的高频电流会经此耦合电容分流一部分,分去的电流与触摸到电极的距离成比例,控制器据此比例就可以计算出触摸点的坐标。

图 4.29　表面电容式触摸屏的工作原理

(2)投射电容式触摸屏。

投射电容式触摸屏是通过测量各电极之间的电容量的变化来确定触控点的位置,如图 4.30 所示。由于人体相当于良导体,所以当手指靠近电极时,手指与电极之间的电容就会增加,此时只要侦测出哪条线的静电容量变大,就知道哪个点被手指触碰。

投射电容式触摸屏的结构如图 4.31 所示。采用 ITO 材料,形成矩阵式的分布,以 X 轴和 Y 轴交叉分布作为电容矩阵,触摸屏控制器控制对 X 轴和 Y 轴的扫描,找到电容变化的位置,进而计算出触点坐标。投射电容式触摸屏按测量方法又分为自电容屏和互电容屏。自电容屏是扫描 X/Y 电极与地构成的电容,而互电容屏是扫描 X/Y 电极之间的电容。

图 4.30　投射电容式触摸屏的工作原理

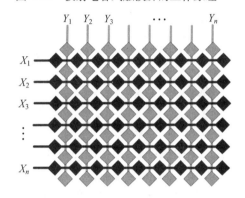

图 4.31　投射电容式触摸屏结构

　　所谓自电容,通常是指扫描电极与地构成的电容,之所以取这个名称,是因为它每次只接通一条电极测量电容,自电容屏只有单电极,当手指靠近某个电极时,人体到地的电容才构成了能被测量的电容。在玻璃表面有用 ITO 制成的横向和纵向的扫描电极,这些电极和地之间就构成了一个电容的两极。当用手触摸时,就会并联一个电容到电路中,从而使在该条扫描线上的总体的电容量有所改变。在扫描时,触控芯片依次扫描纵向和横向电极,并根据扫描前后的电容量变换来确定触摸点的坐标位置。自电容的扫描方式,相当于把触摸屏上的触摸点分别投影到 X 轴和 Y 轴方向,然后分别在 X 轴和 Y 方向计算出坐标,最后组合成触摸点的坐标。自电容屏的优势就是扫描速度快,扫描完一个周期只需要扫描 $X+Y$(X 和 Y 分别是横轴和纵轴的扫描电极数量)根次。但是自电容屏也有其缺点,如图 4.32 所示,当触摸点多于一个时,无法识别鬼点,不能做到真正的多点触摸。

图 4.32　自电容触摸屏产生的鬼点

　　互电容屏与自电容屏的区别在于,两组电极交叉的地方会形成电容,即这两组电极分别构成了电容的两极。其工作原理如图4.33所示。当手指触摸到电容屏时,影响触摸点附近两个电极间的耦合,从而改变这两个电极之间的电容量。检测互电容大小时,横向的电极依次发出激励信号,纵向的所有电极同时接收信号,这样可以得到所有横向和纵向电极交汇点的电容值。当手指接近时,会导致局部电容量减少,根据触摸屏二维电容变化量数据,可以计算出每个触摸点的坐标。因此,屏上即使有多个触摸点,也能计算出多个触摸点的真实坐标。互电容屏与自电容屏的扫描方式相比要长,需要扫描 $X \times Y$ 个数据。

图4.33　互电容屏的工作原理

　　电容式触摸屏是众多触摸屏中最可靠、最精确的一种,但价钱也是众多触摸屏中最昂贵的一种。电容式触摸屏感应度极高,能准确感应轻微且快速(约3 ms)的触碰。电容式触摸屏的双玻璃结构不但能保护导体层及感应器,而且能有效地防止环境因素给触摸屏造成的影响。电容式触摸屏反光严重,而且电容技术的复合触摸屏对各波长的透光率不均匀,存在色彩失真的问题,由于光线在各层间反射,还易造成图像字符的模糊;电容式触摸屏用戴手套的手指或持不导电的工具触摸时没有反应,这是因为增加了更为绝缘的介质。电容式触摸屏最大的缺点是漂移,当温度、湿度改变时,或者环境电场发生改变时,都会引起电容式触摸屏的漂移,造成不准确。

3. 红外线式触摸屏

　　红外线式触摸屏以光束阻断技术为基本原理,不需要在原来的显示器表面覆盖任何材料,而是在显示屏的四周安放一个光点距(Opti-matrix)架框,光点距架框四边排放了红外线发射管及接收管,在屏幕表面形成一个红外线栅格,如图4.34所示。当用手指触摸屏幕的某一点时,便会挡住经过该位置的两条红外线,红外线接收管会产生变化信号,计算机根据 X,Y 方向两个接收管变化的信号,就可以确定触摸点的位置。

图4.34　红外线式触摸屏

红外线式触摸屏的主要优点是价格低廉、安装方便,可以应用在各档次的计算机上。另外,它完全透光,不影响显示器的清晰度。而且由于没有电容的充放电过程,响应速度比电容式触摸屏快。红外线式触摸屏的主要缺点是:由于发射、接收管排列有限,因此分辨率不高;由于发光二极管的寿命比较短,影响了整个触摸屏的寿命;由于依靠感应红外线工作,当外界光线发生变化时,如阳光强弱或室内射灯的开、关,均会影响其准确度;红外线式触摸屏不防水、不防尘,甚至非常细小的外来物也会导致误差。红外线式触摸屏曾经一度淡出过市场。近年来,红外线式触摸屏技术有了较大的发展,克服了不少原来致命的问题。第二代红外线式触摸屏解决了抗光干扰的问题,第三代和第四代产品在提升分辨率和稳定性上也有所改进。

4. 表面声波式触摸屏

表面声波式触摸屏是在显示器屏幕的前面安装一块玻璃平板(玻璃屏),玻璃屏的左上角和右下角各固定垂直和水平方向的超声波发射换能器,右上角则固定两个相应的超声波接收换能器,玻璃屏的四个周边则刻有 45° 由疏到密、间隔非常精密的反射条纹,如图 4.35 所示。

图 4.35　表面声波式触摸屏

表面声波式触摸屏的工作原理以右下角 X 轴发射器为例进行介绍:X 轴发射器发出的超声波经底部反射条纹后,形成向上传递的均匀波面,再由顶部反射条纹聚成向右传递的波束被 X 轴接收器接收,X 轴接收器将返回的声波能量转变为电信号。当发射器发射一个窄脉冲后,就有不同路径的声波能量到达接收器,不同路径的声波能量在 Y 轴经历的路程是相同的,但在 X 轴经历的路程是不同的,反映在接收器的输出端,不同路径的声波能量对应的电信号在时间上有先后。当手指触摸玻璃屏时,某条途径上的声波能量被部分吸收,对应接收器输出的电信号在某一时间产生衰减,根据衰减时间就可以确定触摸点的 X 坐标,用同样的方法可以判定触点的 Y 坐标。表面声波式触摸屏除了能够确定代表触摸位置的 X,Y 坐标外,还能确定代表触摸压力大小的 Z 坐标,Z 坐标根据接收器输出信号的衰减量确定。

表面声波式触摸屏的优点:低辐射,不耀眼,不怕震,抗刮伤性好;不受温度、湿度等环境因素影响,寿命长;透光率高,能保持清晰透亮的图像质量;没有漂移,只需安装时一次校正;有第三轴(即压力轴)效应。

表面声波式触摸屏的不足之处是需要经常维护,因为灰尘、油污甚至饮料的液体玷污在屏表面,会阻塞所触摸式表面的导波槽,使声波不能正常发射,或使波形改变而控制器无法正常识别。另外,表面声波式触摸屏容易受到噪声干扰。

4.5.2　电阻触摸屏控制器 ADS7843

1. ADS7843 功能简介

ADS7843 是一个内置低导通电阻模拟开关、12 位逐次逼近型 A/D 转换器和同步串行接口的四线触摸屏控制器,用于实现触摸屏电极驱动切换及电极电压信号 A/D 转换来获取触摸点位置坐标。

ADS7843 供电电源 U_{CC} 为 2.7 ~ 5 V,参考电压 U_{REF} 为 1 ~ U_{CC},转换电压的输入范围为 0 ~ U_{REF},最高转换速率为 125 kHz,在典型工作状况下(2.7 V/125 kHz)功耗为 150 μW,而在关闭模式下的功耗仅为 0.5 μW。因此,ADS7843 具有低功耗、高速率及高精度的特点。

ADS7843 有 16 个引脚,其引脚配置如图 4.36 所示,引脚功能见表 4.39。

图 4.36　ADS7843 引脚图

表 4.39　ADS7843 引脚功能端

引脚号	引脚名称	功　能
1,10	U_{CC}	供电电源 2.7 ~ 5 V
2,3	X_+ , Y_+	接触摸屏正电极,信号送至内部 A/D 通道
4,5	X_- , Y_-	接触摸屏负电极
6	GND	电源地
7,8	IN3,IN4	两个附属 A/D 通道输入
9	U_{REF}	A/D 参考电压输入,1 ~ U_{CC}
11	$\overline{PENIRQ}$	触摸中断输出,应外接 10 ~ 100 kΩ 上拉电阻
12,14,16	DOUT,DIN,DCLK	串行接口输出、输入、时钟端,在时钟下降沿数据移出,上升沿输入数据锁存
13	BUSY	忙指示信号
15	$\overline{CS}$	片选,控制转换时序,使能串行输入、输出寄存器

2. ADS7843 的控制字

ADS7843 的控制字见表 4.40。

表 4.40　ADS7843 的控制字

D_7	D_6	D_5	D_4	D_3	D_2	D_1	D_0
S	A_2	A_1	A_0	MODE	SER/$\overline{\text{DFR}}$	PD_1	PD_0

表中各参数含义如下：

S：数据传输起始标志位，该位必须为 1。

A_2，A_1，A_0：用来选择采集触摸点的 X 轴信号或 Y 轴信号。$A_2 A_1 A_0 = 001$，采集 Y 轴信号；$A_2 A_1 A_0 = 101$，采集 X 轴信号。

MODE：A/D 转换位数选择位。1 选择 8 位精度；0 选择 12 位精度。

SER/$\overline{\text{DFR}}$：用来选择参考电压的输入模式。1 为参考电压非差动输入模式；0 为参考电压差动输入模式。

PD_1，PD_0：用于选择省电模式，00 省电模式允许，在两次 A/D 转换期间掉电，且中断允许；01 同 00，但不允许中断；11 禁止省电模式。

3. ADS7843 的参考电压输入模式

ADS7843 支持两种参考电压输入模式：一种是参考电压固定为 U_{REF}；另一种采取差动输入模式，参考电压来自驱动电极。两种模式分别称为参考电压非差动输入模式及参考电压差动输入模式，两种模式的内部接法如图 4.37 所示，采用差动模式可以消除开关导通压降带来的影响。表 4.41 和表 4.42 为两种参考电压输入模式所对应的内部开关状态。

图 4.37　参考电压输入模式

表 4.41　参考电压非差动输入模式内部开关状态($SER/\overline{DFR}=1$)

A_2	A_1	A_0	X_+	Y_+	IN3	IN4	$-IN$	X 开关	Y 开关	+REF	−REF
0	0	1	+IN				GND	OFF	ON	$+U_{REF}$	GND
1	0	1		+IN			GND	ON	OFF	$+U_{REF}$	GND
0	1	0			+IN		GND	OFF	OFF	$+U_{REF}$	GND
1	1	0				+IN	GND	OFF	OFF	$+U_{REF}$	GND

表 4.42　参考电压差动输入模式内部开关状态($SER/\overline{DFR}=0$)

A_2	A_1	A_0	X_+	Y_+	IN3	IN4	$-IN$	X 开关	Y 开关	+REF	−REF
0	0	1	+IN				Y_-	OFF	ON	Y_+	Y_-
1	0	1		+IN			X_-	ON	OFF	X_+	X_-
0	1	0			+IN		GND	OFF	OFF	$+U_{REF}$	GND
1	1	0				+IN	GND	OFF	OFF	$+U_{REF}$	GND

4. ADS7843 的 A/D 转换时序

为完成一次电极驱动切换和电极电压 A/D 转换,需要先通过串口往 ADS7843 发送控制字,A/D 转换完成后再通过串口读出电压转换值。标准的一次转换需要 24 个时钟周期,如图 4.38 所示。由于串口支持双向同时进行传送,并且在一次读数与下一次发控制字之间可以重叠,所以转换速率可以提高到每次 16 个时钟周期。如果条件允许,CPU 可以产生 15 个 CLK,转换速率还可以提高到每次 15 个时钟周期。

图 4.38　ADS7843 的 A/D 转换时序(24 个时钟周期,8 位总线接口)

为获得一个触点坐标,ADS7843 与 CPU 之间需要经过 3 次 8 位串行操作。首先经过 DIN 引脚向 ADS7846 传送控制字,当 ADS7843 接收到控制字的前 5 位后,A/D 转换器进入采样阶段。控制字节输入完毕后,在每个 DCLK 的下降沿,A/D 转换的结果从高位到低位逐位从 DOUT 引脚向 CPU 输出。12 位的 A/D 转换结果数据在第 13 个 DCLK 时钟传送完毕,需由 CPU 发出两次 8 位读操作完成数据接收。由于 DCLK 既是串行数据 IO 的同步时钟,也是片内逐次逼近寄存器 SAR 的运行时钟,当 BUSY 为高时,表示 A/D 转换开始后,即可通过串行接口逐位读出转换结果。

5. 触摸点坐标定位原理

ADS7843 芯片内含模拟电子开关和逐次比较型 A/D 转换器。通过片内模拟电子开关的切换,将 X$_+$(或 Y$_+$)端接正电源 U_{REF},X$_-$(或 Y$_-$)端接 0 V,在参考电压非差动输入模式下将 Y$_+$(或 X$_+$)端接到 A/D 转换器的输入端。点击触摸屏的不同位置,则由 Y$_+$(或 X$_+$)端输入到片内 A/D 转换器的电压值不同,输入电压经片内 A/D 转换后就得到触点的 X(或 Y)输出值,而该输出值与触点位置呈近似线性关系。因此,ADS7843 的输出数值 X 和 Y 便能描述触点的坐标。参考电压差动输入模式下的工作原理类同。

6. ADS7843 接口方法

ADS7843 为串行接口芯片,与 80C51 单片机的接口非常简单,如图 4.39 所示。

图 4.39　ADS7843 与 80C51 的接口

在程序设计中,可循环检测 BUSY 信号,当 BUSY 为高电平时,启动串行读操作。控制字发送完毕后,也可在软件中延迟一段时间后启动串行读操作。ADS7843 的坐标获取流程如图 4.40 所示。

7. 实际应用时应注意的问题

在四线电阻触摸屏中,X 轴的位置电压从右向左逐渐增加,Y 轴的位置电压从下向上逐渐增加,因此 X 轴、Y 轴的位置电压对应坐标的原点在触摸屏的右下角。

图 4.40　ADS7843 的坐标获取流程图

触摸屏常和点阵式液晶显示(LCD)屏叠加在一起配套使用,而触摸屏的坐标原点、标度和显示屏的坐标原点、标度不一致,有时还会出现配合扭曲问题。电阻式触摸屏的电阻分布并不是理想的线性关系,通过 ADS7843 片内 A/D 转换器获取的触点坐标与触点的实际位置存在偏差。由于上述问题的存在,触摸屏通常需要校准和坐标变换步骤,才能准确地得到触点在 LCD 屏上的位置坐标。

当触摸屏和点阵式 LCD 屏配合使用时,X 轴、Y 轴位置电压转换值必须与 LCD 屏的点阵($W \times N$ 点阵,原点坐标位置在左下角) 相对应,采用的计算公式为

$$x = \frac{X_{max} - X}{X_{max} - X_{min}} \times W, \quad y = \frac{Y - Y_{min}}{Y_{max} - Y_{min}} \times N$$

式中　X, Y——触点在触摸屏 X 工作面和 Y 工作面上的电压的实际测量值,(X, Y) 反映了触点在触摸屏上的坐标;

$X_{min}, Y_{min}, X_{max}, Y_{max}$——触摸屏最小和最大坐标点在 X 工作面和 Y 工作面上电压的实际测量值,(X_{min}, Y_{min}) 和 (X_{max}, Y_{max}) 反映了触摸屏上最小和最大坐标点的坐标;

x, y——触点映射到 LCD 屏上的像素点坐标。

对于触摸物在按下和释放过程中的抖动问题,可通过软件去抖。简单的方法是进行两次比较。其具体工作原理是连续两次测量 X 和 Y 坐标值,若差值在允许的误差范围,则认为是有效点击。

4.5.3　电容触摸屏控制器 ST1332

1. ST1332 功能简介

ST1332 系列芯片是矽创科技公司(Sitronix)推出的互电容式触摸屏控制芯片,内嵌有 8

位 MCU,最多可支持四点触控。

ST1332 系统架构如图 4.41 所示,由 MCU、触摸屏接口、外部接口、看门狗定时器和稳压器等构成。

图 4.41　ST13326 系统架构图

触摸屏接口的主要功能是实现对触摸屏上电容值的采集,采集到的信息经过电容电压转换器、低通滤波器、A/D 转换器送入 MCU。

MCU 是一款 RISC 结构体系的微处理器,主要用来处理采集到的信息,并存储原始数据和坐标数据。

外部接口是和 HOST 进行数据交换的 I^2C/SPI 接口;通用输入输出接口 GPIO;外部复位信号$\overline{RESET}$。

ST1332 有 QFN 和 TSSOP 两种封装形式,并有 40 和 48 引脚两种。下面以 48 引脚芯片为例给出说明,引脚配置如图 4.42 所示,引脚功能见表 4.43。

图 4.42　ST1332 引脚图

表 4.43　ST1332 引脚的功能

引脚号	引脚名称	功能
1	U_{18_2}	内核电源,需对地接 4.7 μF 电容
2	GND	接地
3	U_{DD}	供电电源
4	IOU_{DD}	I/O 接口电源
5	$\overline{RESET}$	系统复位,低电平有效
6	SS/SCL	SPI:Slave 模式,片选信号,低电平有效 I^2C:时钟引脚
7	SCK/SDA	SPI:时钟引脚 I^2C:数据引脚
8	MISO	SPI:主机输入,从机输出
9	MOSI	SPI:主机输出,从机输入
10	GPIO1	通用 I/O
11	GPIO0	通用 I/O
43 ~ 12	$S_0 \sim S_{31}$	触摸传感器输入
44	GND	接地
45	C_2	接 10 倍于触摸板容值的电容
46	C_1	接 10 倍于触摸板容值的电容
47	VCM	共模电压,需对地接 0.1 μF 电容
48	U_{18_1}	内核电源,需对地接 4.7 μF 电容

2. ST1332 的结构

ST1332 内部 MCU 已经固化了数据处理程序,MCU 控制多路模拟开关依次扫描触摸屏 X/Y 电极之间的电容,然后将电容转换成电压,经低通滤波后进行 A/D 转换,将转换后的数字量送于 MCU 处理。具体的结构框图如图 4.43 所示。

由于 ST1332 内部固化数据处理程序,因此减少了用户的工作量,并且支持主机读取 ST1332 内部 ADC 的原始数据、触点坐标值和当前控制寄存器的状态值。同时,由于互电容式触摸屏的特点,使得触摸屏在使用时不再需要校准。不同于电阻式触摸屏,触点的识别不需要机械动作(如按压),所以可以不考虑消抖问题。用户只需对 ST1332 进行简单的初始化,对其发送相应的命令,即可读出所需数据。

图 4.43　ST1332 结构框图

3. ST1332 与 HOST 之间的通信接口及通信协议

ST1332 和主处理器(HOST)之间的接口如图 4.44 所示。接口包含以下两组信号:串行信号及 ST1332 对 HOST 的中断。

图 4.44　ST1332 和 HOST 之间的通信接口

ST1332 和 HOST 间可通过 I^2C 或 SPI 接口进行通信。下面以 I^2C 接口为例说明 ST1332 与主机通信的过程。I^2C 的 SDA,SCL 时序如图 4.45 所示。

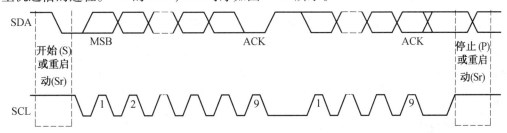

图 4.45　I^2C 的 SDA,SCL 时序

I^2C 总线是由数据线 SDA 和时钟 SCL 构成的串行总线,可发送和接收数据。在 CPU 与被控 IC 之间、IC 与 IC 之间进行双向传送,最高传送速率达 100 kbps。I^2C 总线在传送数据过程中共有 3 种类型信号,即开始信号、结束信号和应答信号。

开始信号:当 SCL 为高电平时,SDA 由高电平向低电平跳变,开始传送数据。

结束信号:当 SCL 为高电平时,SDA 由低电平向高电平跳变,结束传送数据。

应答信号:接收数据的 IC 在接收到 8 bit 数据后,向发送数据的 IC 发出特定的低电平脉冲,表示已收到数据。CPU 向受控单元发出一个信号后,等待受控单元发出一个应答信号,CPU 接收到应答信号后,根据实际情况做出是否继续传递信号的判断。若未收到应答信号,则判断是受控单元出现故障。

特别地,在主控器控制总线期间完成了一次数据通信(发送或接收)之后,如果想继续占用总线再进行一次数据通信(发送或接收),而又不释放总线,可利用重启动 Sr 信号时序。重启动信号 Sr 既作为前一次数据传输的结束,又作为后一次数据传输的开始。利用重启动信号的优点是,在前后两次通信之间主控器不需要释放总线,这样就不会丢失总线的控制权,即不让其他主器件节点抢占总线。

HOST 读取触摸信息可使用查询模式和中断模式,后文应用例程中给出了查询模式两点触控解决方案。

ST1332 的 I^2C 总线从机地址默认为 0x55(7-bits)。主机写操作的包格式,由主机发送从机地址、写操作位、数据地址字及数据字组成,如图 4.46 所示。主机读操作的包格式,由主机发送写指令设定待读取数据的首地址,然后发送读指令依次读取首地址及后续地址的数据,如图 4.47 所示。

图 4.46　主机写操作的包格式

图 4.47　主机读操作的包格式

4. ST1332 常用寄存器

ST1332 常用的操作指令地址及数据位定义见表 4.44,完整表格请查阅数据手册。

表 4.44　ST1332 常用的操作指令地址及数据位定义

地址	名称	Bit7	Bit6	Bit5	Bit4	Bit3	Bit2	Bit1	Bit0	操作权限
00h	版本寄存器				版本					R
01h	状态寄存器		错误代码				设备状态			R
02h	控制寄存器			保留				断电	复位	R/W
03h	空闲寄存器				等待超时进入空闲(s)					R/W
04h	X,Y 轴分辨率(高位)寄存器		X_Res_H				Y_Res_H			R/W
05h	X 轴分辨率(低位)寄存器				X_Res_L					R/W

续表 4.44

地址	名称	Bit7	Bit6	Bit5	Bit4	Bit3	Bit2	Bit1	Bit0	操作权限
06h	Y 轴分辨率（低位）寄存器	Y_Res_L	R/W							
10h	触点数目寄存器	保留				触点数目				R
11h	触摸状态寄存器	触控状态								R
12h	触点 0 坐标 X,Y 轴（高位）寄存器	坐标有效标志位	X0_H			保留	Y0_H			R
13h	触点 0 坐标 X 轴（低位）寄存器	X0_L								R
14h	触点 0 坐标 Y 轴（低位）寄存器	Y0_L								R
15h	触点 1 坐标 X,Y 轴（高位）寄存器	坐标有效标志位	X1_H			保留	Y1_H			R
16h	触点 1 坐标 X 轴（低位）寄存器	X1_L								R
17h	触点 1 坐标 Y 轴（低位）寄存器	Y1_L								R
3fh	多点触控极限值寄存器	最多可支持的多点触控数量								R

（1）状态寄存器（Status Register）。

状态寄存器（01h）记录的是设备与主机通信的实时状态,包含设备状态和错误代码,具体含义见表4.45。

表 4.45　状态寄存器

设备状态		错误代码	
00h	正常	00h	无错误
01h	初始化	01h	无效的地址
02h	错误	02h	无效的数值
03h	保留	03h	无效的触摸屏
04h	空闲	04h	无法找到设备
05h	断电	05h ~ 0fh	保留
06h	启动 ROM		
07h ~ 0fh	保留		

（2）控制寄存器（Device Control Register）。

Device Control Register(02h)用于主机对设备复位或进入低功耗模式。当 Power down =1 时,触摸屏控制器进入低功耗模式,ST1332 内部时钟停止工作,主机可通过对设备复位来唤醒控制器,保留位请确保置 0。

（3）空闲寄存器（Timeout to Idle Register）。

Timeout to Idle Register(03h)可用来设置当屏无触摸时控制器进入空闲模式。此寄存器置 0xff 可以失能空闲模式,置 0 可立即使能空闲模式。寄存器默认值为 0x08,8 s 内触摸屏无操作控制器将进入空闲模式。

（4）X,Y 轴分辨率寄存器（X,Y Resolution Register）

04h～06h 用于设置触摸屏的分辨率。

（5）触点数目寄存器（Finger Register）。

读触点数目寄存器(10h)可得到触摸屏检测到触点的数目或手指的数目。

（6）X,Y 轴触点位置寄存器（X,Y Coordinate Register）。

X,Y 轴触点位置寄存器(12h～17h)用于存储触点坐标。

5. 应用例程

以 STM32F207VCT6 作为主机,扩展电容触摸屏,触摸屏尺寸为 320×240 像素,触摸屏控制器为 ST1332,实现初始化和触点坐标读取。与主机的通信选用 I²C 总线模式,地址选用芯片默认地址 0x55(7-bits)。在程序中,将存储在 ST1332 三个坐标寄存器中的触点 0 (或触点 1)的坐标转换成两个 16 位的无符号数,定义结构体 xyz_data_t 和 TS_Coord_data 分别储存转换前后的坐标值。在例程中,I²C_Init,I²C_Write,I²C_Read,I²C_Delay,I²C_Read-Multiple,DrawTsError 分别表示 I²C 总线的初始化函数、I²C 读寄存器函数、I²C 写寄存器函数、延时函数、I²C 连续读寄存器及触摸屏初始化错误提示函数,由于主机 MCU 不同,相应的底层函数也有差异,故此处没有给出。程序初始化流程图如图 4.48 所示。触点坐标读取流程图如图 4.49 所示。

图 4.48　程序初始化流程图　　　　图 4.49　触点坐标读取流程图

程序初始化和触点坐标读取程序如下:

```
typedef unsigned char uint8_t;
typedef unsigned short int uint16_t;
void ST1332_Init(uint16_t DeviceAddr);        //st1332 初始化,DeviceAddr 表示 I²C 设备
```
地址,下同
```
void get_coordinates(uint16_t DeviceAddr,TS_Coord_data * TS_Coord);        //读取坐标

typedef struct
{
    uint8_t     y_h:3,                        //Y 坐标高 3 位
                reserved:1,                   //保留
                x_h:3,                        //X 坐标高 3 位
                valid:1;                      //坐标有效标志位
    uint8_t     x_l;                          //X 坐标低 8 位
    uint8_t     y_l;                          //Y 坐标低 8 位
}xyz_data_t;

typedef struct
{
    uint8_t     fingers:4,                    //对应地址 10h
                reserved:4;
    uint8_t     keys;                         //对应地址 11h
    xyz_data_txy_data[2];                     //对应地址 12h ~ 17h
}stx_report_data_t;

typedef struct
{
    uint8_tpressed;                           //触摸屏是否操作
    uint16_tx0;                               //触点 1 横坐标
    uint16_ty0;                               //触点 1 纵坐标
    uint16_tx1;                               //触点 2 横坐标
    uint16_ty1;                               //触点 2 纵坐标
}TS_Coord_data;

void ST1332_Init(uint16_t DeviceAddr)
{
    I2C_Init();                               //初始化 I²C 接口
    I2C_Write(DeviceAddr, 0x02, 0);           //唤醒 ST1332
```

```
    I2C_Write ( DeviceAddr, 0x04 , ( uint8 _t ) ( ( ( X _ Resolution&0x0F00 ) > > 4 ) | ( ( Y _
Resolution&0x0F00 ) >>8 ) ) ) ;
    I2C_Write ( DeviceAddr ,0x05 , ( uint8_t ) ( X_Resolution&0x00FF ) ) ;
    I2C_Write ( DeviceAddr ,0x06 , ( uint8_t ) ( Y_Resolution&0x00FF ) ) ;    //设置触摸屏分
辨率 */
    I2C_Write ( DeviceAddr ,0x03 ,0xFF ) ;    //失能空闲模式
    if( I2C_Read( DeviceAddr ,0x01 )! =0 )   //读取状态寄存器
    {
    DrawTsError( ) ;                        //在液晶屏上显示触摸屏初始化失败信息
    }
    }


    void get_coordinates( uint16_t DeviceAddr ,TS_Coord_data  * TS_Coord )
    {
    uint8_t buf[ 8 ] ;
    TS_Coord->pressed =0 ;
    stx_report_data_t    * pdata ;
    I2C_ReadMultiple( DeviceAddr , 0x10 , buf, sizeof( buf ) ) ;
    //连续读出 10h ~17h 寄存器数值
    pdata = ( stx_report_data_t * ) buf ;
    if( pdata->fingers )           //判断是否有触点
    {
      TS_Coord->pressed =1 ;       //标记触摸屏有触摸动作
      if( pdata->xy_data[ 0 ]. valid )    //判断数据是否有效
      {
        TS_Coord->x0 = pdata->xy_data[ 0 ]. x_h << 8 | pdata->xy_data[ 0 ]. x_l ;
    //合成触摸点一坐标
        TS_Coord->y0 = pdata->xy_data[ 0 ]. y_h << 8 | pdata->xy_data[ 0 ]. y_l ;
      }
      if( pdata->xy_data[ 1 ]. valid )
      {
        TS_Coord->x1 = pdata->xy_data[ 1 ]. x_h << 8 | pdata->xy_data[ 0 ]. x_l ;
    //合成触摸点二坐标
        TS_Coord->y1 = pdata->xy_data[ 1 ]. y_h << 8 | pdata->xy_data[ 0 ]. y_l ;
      }
    }
    }
```

思考题与习题

1. 简述键抖动现象及软件去抖处理方法。

2. 如何消除键连击及串键现象？如何合理利用键连击现象实现"长按"和"短按"功能？

3. 简述键盘处理的主要步骤。获取的键盘特征码不适合做散转处理,应采取什么措施?

4. 说明键盘处理技术中的扫描法和线反转法的特点。参照图 4.5 和 4.6 编写 4×4 矩阵键盘的编程扫描法按键处理程序。

5. 简述段码式 LED 显示器的静态显示方式和动态显示方式,并说明其各自的特点。

6. 参考图 3.11,编写显示"HELLO"的软件译码动态显示程序,要求 1 s 钟闪烁一次。

7. 叙述通用键盘/显示器接口芯片 HD7279A 的特点。给出利用 HD7279A 管理 4×4 矩阵键盘和 8 位八段 LED 显示器的原理电路。编写 HD7279A 初始化、显示器更新及键输入中断服务子程序。

8. 简述液晶显示器的静态驱动方法和动态驱动方法的工作原理。

9. 参考图 3.23,编写显示"3.1415926"的显示程序,要求 1 s 钟闪烁一次。

10. 在电量测量应用中,要求显示电压(U,0 ~ 220 V,两位小数)、电流(I,0 ~ 5 A,两位小数)、频率(f,30 ~ 70 Hz,3 位小数)及功率(P,0 ~ 99 999 W,无小数)4 个参数,电压量的显示格式为"U□×××.××□V",其余类推。试编写利用 EDM2004-03 液晶显示模块进行上述显示的程序。

11. 比较鼠标和触摸屏在定位原理上的区别。

12. 简述电阻式触摸屏的工作原理及特点。为获取触点在配套使用的液晶显示屏上的坐标,需要对获取的电压数据进行哪些处理?

13. 简述电容式触摸屏的工作原理及特点。思考如何实现多点触控有效功能并编写程序。

第5章 智能仪器中的通信接口技术

在测量过程中,智能仪器与计算机、智能仪器与智能仪器之间需要对各种信息进行传输和交换。信息的传输和交换是通过仪器的通信接口并按照一定的通信协议实现的。为了方便仪器之间的通信联系,一般采用标准接口,仪器中常用的通信接口有并行通信接口、串行通信接口、USB 通信接口、以太网接口、CAN 总线和蓝牙接口等。多个智能仪器通过接口连接起来可以组成自动测试系统;通过以太网连接,可以实现广域的网络化测量。

5.1 串行通信接口

5.1.1 串行通信的基本概念

串行通信是指将构成字符的每个二进制数据位,依照一定的顺序逐位进行传输的通信方式。计算机或智能仪器处理的数据是并行数据,因此在串行通信的发送端需要把并行数据转换成串行数据后再传输,而在接收端,又需要把串行数据转换成并行数据后再处理。数据的串并转换可以用软件和硬件两种方法来实现,硬件方法主要是使用了移位寄存器,在时钟控制下,移位寄存器中的二进制数据可以顺序地逐位发送出去,同样,在时钟控制下,接收进来的二进制数据也可以在移位寄存器中装配成并行的数据字节。

1. 数据传送速率——波特率

所谓波特率(Baud Rate),是指每秒串行发送或接收的二进制位(bit)的数目,其单位为 bit/s(每秒 bit 数)。它是衡量数据传送速率的指标,也是衡量传送通道频带宽度的指标。

2. 单工、半双工与全双工

按智能设备发送和接收数据的方向以及能否同时进行数据传送,可将数据传输分为单工、半双工与全双工 3 种方式,如图 5.1 所示。

图 5.1 单工、半双工及全双工示意图

(1)单工(Single)方式。单工方式仅允许数据单向传送。

(2)半双工(Half Duplex)方式。半双工方式指发送和接收数据分时使用同一条传输线路,即在某一时刻只能进行一个方向的数据传送。

(3)全双工(Full Duplex)方式。全双工方式采用两根传送线连接两端设备,可同时进行数据的发送和接收。

3. 串行通信方式及规程

在串行传送中,没有专门的信号线可用来指示接收、发送的时刻并辨别字符的起始和结束,为了使接收端能够正确地解释接收到的信号,收发双方需要制定并严格遵守通信规程(协议)。

5.1.2　RS-232C 标准串行接口

RS-232C 是美国电子工业协会(EIA)正式公布的串行接口标准,也是目前最常用的串行接口标准,用来实现计算机之间或计算机与外设之间的数据通信。RS-232C 串行接口总线适合用于设备之间通信距离不大于 15 m,速率不高于 20 kbit/s 的场合中。

1. 总线描述

RS-232C 标准定义了数据通信设备(DCE)与数据终端设备(DTE)之间进行串行数据传输的接口信息,规定了接口的电气信号和接插件的机械要求。RS-232C 对信号开关电平规定如下:

①驱动器的输出检测电平。逻辑"0":+5 ~ +15 V;逻辑"1":-5 ~ -15 V。

②接收器的输入检测电平。逻辑"0":大于+3 V;逻辑"1":小于-3 V。

③RS-232C 采用负逻辑,噪声容限可达 2 V。RS-232C 接口定义了 20 条可以同外界连接的信号线,并对它们的功能做了具体规定。这些信号线并不是在所有的通信过程中都要用到,可以根据通信联络的繁杂程度选用其中的某些信号线。常用的信号线见表 5.1。

表 5.1　RS-232C 标准串行接口总线的常用信号线

引　脚	符　号	方　向	功　能
1			保护地
2	TXD	out	发送数据
3	RXD	in	接收数据
4	RTS	out	请求发送
5	CTS	in	允许发送
6	DSR	in	DCE 就绪
7	GND		信号地
8	DCD	in	载波检测
20	DTR	out	DTE 就绪
22	RI	in	振铃指示

RS-232C 用作计算机与远程通信设备的数据传输接口,如图 5.2 所示,图中信号线分为数据信号线和控制信号线,分别说明如下。

图 5.2　带 RS-232C 接口的通信设备

（1）数据信号线。

发送数据（TXD）和接收数据（RXD）是一对数据传输信号。TXD 用于发送数据，当无数据发送时，TXD 线上的信号为"1"。RXD 用于接收数据，当无数据时或接收数据间隔期间，RXD 线上的信号也为"1"。

（2）控制信号线。

请求发送（RTS）与允许发送（CTS）信号线用于半双工通信方式。在半双工方式下，发送和接收只能分时进行，当 DTE 有数据待发送时，先发 RTS 信号通知 DCE，此时若 DCE 准备好接收，回送 CTS 信号，发送即开始。若 DCE 正在接收数据，则必须等到接收完毕才向 DTE 回送 CTS 信号。在全双工方式下，发送和接收能同时进行，不使用这两条控制信号线。

DCE 就绪（DSR）与 DTE 就绪（DTR）信号线分别表示 DCE 和 DTE 是否处于可供使用的状态。"保护地"信号线一般连接设备的屏蔽地。

2. RS-232C 的常用系统连接

计算机与智能设备通过 RS-232C 标准总线直接互连传输数据是很有实用价值的，一般使用者需要熟悉互连接线的方法。

图 5.3 所示为全双工标准系统连接。TXD 线与 RXD 线交叉连接，总线两端的每个设备均既可发送，又可接收。RTS 线折回与自身的 CTS 线相连，表明无论何时都可以发送。DCE 就绪线与对方的 DTE 就绪线交叉互连，作为总线一端的设备检测另一端的设备是否就绪的握手信号。载波检测（DCD）线与对方的 RTS 线相连，使一端的设备能够检测对方设备是否在发送。这两条连线较少使用。

图 5.3　全双工标准系统连接

如果由 RS-232C 连接两端的设备随时都可以进行全双工数据交换,那么就不需要进行握手联络了。此时,图 5.3 所示的全双工标准系统连接就可以简化为图 5.4 所示的全双工最简系统连接。

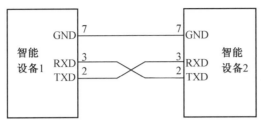

图 5.4　全双工最简系统连接

RS-232C 发送器电容负载的最大驱动能力为 2 500 pF,这就限制了信号线的最大长度,例如,如果采用每米分布电容约为 150 pF 的双绞线通信电缆,则最大传输距离限制在 15 m。如果使用分布电容较小的同轴电缆,则传输距离可以再增加一些。对于长距离传输或无线传输,则需要用调制解调器通过电话线或无线收发设备连接,如图 5.5 所示。

图 5.5　调制解调器通信系统连接图

3. 电平转换

在计算机及智能仪器内,通用的信号是正逻辑的 TTL 电平,而 RS-232C 的逻辑电平为负逻辑的 ±12 V 信号,与 TTL 电平不兼容,必须进行电平转换。用于电平转换的集成电路芯片的种类很多,RS-232C 输出驱动器有 MC1488,SN75188,SN75150 等。RS-232C 总线输出驱动器有 MC1489,SN75199,SN75152 等。为了把 +5 V 的 TTL 电平转换为 ±12 V 的 RS232C 电平,输出驱动器需要 ±12 V 的电源。

近年来问世的一些 RS-232C 接口芯片采用单一 +5 V 电源,其内部已经集成了 DC/DC 电源转换系统,而且输出驱动器与接收驱动器制作在同一芯片中,使用更为方便,例如 MAX232,ICI232 等。MAX232 的应用示意图如图 5.6 所示。

图 5.6　MAX232 的应用示意图

5.1.3　RS-422A 与 RS-423A 标准串行接口

虽然 RS-232C 使用很广泛,但它也存在着一些不足。

(1)数据传输速率低,一般低于 20 kbit/s。

(2)传输距离短,一般局限于 15 m。即使采用较好的器件及优质的同轴电缆,最大传输距离也不能超过 60 m。

(3)有 25 芯 D 型插针和 9 芯 D 型插针等多种连接方式,不利于标准化设计。

(4)信号传输电路为单端电路,共模抑制性能较差,抗干扰能力弱。

针对以上不足,EIA 于 1977 年制定了新标准 RS-449,其目的在于支持较高的传输速率和较远的传输距离。RS-449 标准定义了 RS-232C 所没有的 10 种电路功能,规定了 37 脚的连接器标准。RS-422A 和 RS-423A 实际上只是 RS-449 标准的子集。

RS-423A 与 RS-232C 兼容,单端输出驱动,双端差分接收。正信号逻辑电平为 +200 mV ~ +6 V,负信号逻辑电平为 -200 mV ~ -6 V。差分接收提高了总线的抗干扰能力,从而在传输速率和传输距离上都优于 RS-232C。

RS-422A 与 RS-232C 不兼容,双端平衡输出驱动,双端差分接收,从而使其抑制共模干扰的能力更强,传输速率和传输距离比 RS-423A 更进一步。

RS-423A 与 RS-422A 的大负载能力较强,一个发送器可以带动 10 个接收器同时接收。RS-423A 与 RS-422A 的电路连接分别如图 5.7(a)、(b)所示。

　　(a) RS-423A 电路连接示意图　　　　　　　(b) RS-422A 电路连接示意图

图 5.7　RS-423A 与 RS-422A 的电路连接示意图

5.1.4　RS-485 标准串行接口

1. RS-485 接口标准

RS-485 是一个电气接口标准,它只规定了平衡驱动器和接收器的电特性,而没有规定接插件传输电缆和通信协议。RS-485 标准定义了一个基于单对平衡线的多点、双向、半双工通信链路,是一种极为经济并具有相当高的噪声抑制、传输速率、传输距离和宽共模范围的通信平台。RS-485 接口的主要特点如下:

(1)平衡传输。

(2)多点通信。

(3)驱动器输出电压大于 1.5 V。

(4)接收器输入门限:±200 mV。

(5)-7 ~ +12 V 的总线共模范围。

(6)最大输入电流:1.0 ~ 0.8 mA(12 ~ 7 U_i)。

(7)最大总线负载:32 个单位负载。

(8)最大传输速率:10 Mbit/s。

(9)最大电缆长度:100 m。

RS-485 支持半双工或全双工模式网络拓扑,一般采用终端匹配的总线型结构,不支持环形或星形网络。最好采用一条总线将各个节点串接起来,从总线到每个节点的引出线长度应尽量短,以便使引出线中的反射信号对总线信号的影响最低。

RS-485 接口采用差分方式传输信号,并不需要相对于某个参照点来检测信号系统,只需检测两线之间的电位差即可。但应该注意的是,收发器只有在共模电压不超出一定范围(-7 ~ +12 V)的条件下才能正常工作,当共模电压超出此范围时就会影响通信的可靠性甚至损坏接口。RS-485 的电气特性见表 5.2。

表 5.2 RS-485 的电气特性

项　目	条　件	最小值	最大值
驱动器开路输出电压	逻辑 1	1.5 V	6 V
	逻辑 0	−1.5 V	−6 V
驱动器带载输出电压	$R_L=100\ \Omega$,逻辑 1	1.5 V	5 V
	$R_L=100\ \Omega$,逻辑 0	−1.5 V	−5 V
驱动器输出短路电流	每个输出对公共端		±250 mA
驱动器输出上升时间	$R_L=54\ \Omega,C_L=50$ pF		总周期的 30%
驱动器共模电压	$R_L=54\ \Omega$		±3 V
接收器的灵敏度	-7 V$<U_{CM}<12$ V		±200 mA
接收器共模电压范围		−7 V	+12 V
接收器输入电阻		12 kΩ	

2. RS-485 收发器

MAX481/MAX483/MAX485/MAX487 ~ MAX491 都是用于 RS-485 接口的收发器,它们都含有一个驱动器和一个接收器,满足 RS-485 标准,总线允许 32 个收发器。其中 MAX483,MAX487,MAX488 和 MAX489 是具有减小转换速率的驱动器,可以使电磁干扰减小到最低,并减小因电缆终端不当而产生的影响。

MAX481 的内部结构和引脚封装如图 5.8 所示。

MAX481 的典型应用如图 5.9 所示。

图 5.8 MAX481 的内部结构和引脚封装图

MAX481 等系列芯片是专为在多点总线传输线上实现数据双向通信而设计的,它们也可以作为通信线路的中继器使用。为了减少在线路上的反射,线路两端应接上与之匹配的特性阻抗,并且要使其与主线路支线的连线尽可能短。

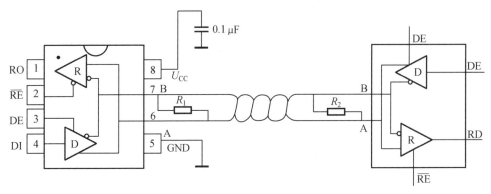

图 5.9　MAX481 的典型应用

5.1.5　智能仪器间串行通信实例

下面以基于 MCS–51 单片机的智能仪器为例,介绍智能仪器间的串行通信技术。

一个典型的双机串行通信的硬件接口如图 5.10 所示。

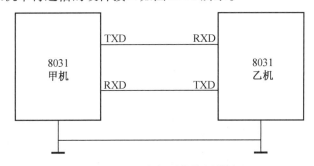

图 5.10　双机串行通信的硬件接口

设甲机为发送机,其任务是把以 78H,77H 内容为首地址,76H,75H 内容为末地址的一段数据块通过串行通信接口向乙机发送。乙机为接收机,其任务是接收甲机发送的数据,并把接收到的数据存入甲机规定的一段存储器单元。

两机通信必须规定相同的数据传输格式和波特率。对于单片机之间的通信,只要设定发送机和接收机处于相同的工作方式,即可保证数据传输格式相同,本例采用方式 1,即 1 位起始位、8 位数据位和 1 位停止位。采用定时器 T_1 作为波特率发生器,初始化 T_1 为方式 2,时间常数为 F3H,若时钟为 $f_0 = 6$ MHz,串行口 SMOD 位置位,则波特率为 2 400 bit/s。由于乙机存放数据的地址是由甲机规定的,所以甲机在发送正式数据之前必须先发送存放数据的首地址和末地址。两机通信的程序框图如图 5.11 和图 5.12 所示。

图 5.11　甲机发送程序流程图

图 5.12　乙机接收程序流程图

5.2　通用串行总线 USB

USB(Universal Serial Bus)即通用串行总线,它不是一种新的总线标准,而是应用于 PC 机领域的新型接口技术。USB 是一种电缆总线,支持主机与各式各样"即插即用"外部设备之间的数据传输,如键盘、鼠标、打印机等。多个设备按协议规定分享 USB 带宽,在主机和总线上的设备运行中,仍允许添加或拆除外部设备,并且不会损失带宽。USB 的工作需要主机硬件、操作系统和外设 3 个方面的支持。

5.2.1　USB 的特点

目前,USB 接口已成为新型计算机接口的主流。USB 总线具有以下主要特征:

(1)用户易用性。

电缆连接和连接头采用单一模型,电气特性与用户无关,并提供动态连接、动态识别等特性。

(2)应用的广泛性。

USB 总线传输速率从几 kbit/s 到几 Mbit/s 甚至上百 Mbit/s,并在同一根电缆线上支持同步、异步两种传输模式。可以对多个 USB 总线设备(最多 127 个)同时进行操作,利用底层协议提高总线利用率,使主机和设备之间可传输多个数据流和报文。

(3)使用的灵活性。

USB 总线允许对设备缓冲区的大小进行选择,并通过设定缓冲区的大小和执行时间,支持各种数据传输速率和不同大小的数据包。

(4)容错性强。

USB 总线在协议中规定了出错处理和差错校正的机制,可以对有缺陷的设备进行认定,对错误的数据进行校正或报告。

(5)"即插即用"的体系结构。USB 总线具有简单而完善的协议,并与现有的操作系统相适应,不会产生任何冲突。

(6)性价比较高。

USB 不仅拥有诸多优秀的特性,而且其价格较低。USB 总线技术将外部设备和主机硬件进行最优化集成,并提供低价的电缆和连接头等。

(7)独立供电。

普遍使用串口、并口的设备都需要单独的供电系统,而 USB 设备则不需要,因为 USB 接口提供了内置电源,并且 USB 电源能向低压设备提供 5 V 的电源。

(8)支持多媒体。

USB 提供了对电话的两路数据支持。USB 可支持异步和等时数据传输,使电话与 PC 机集成,共享语音邮件及其他特性。USB 还具有高保真音频,由于 USB 音频信息生成于计算机外,因而减小了电子噪声干扰声音质量的机会,从而使音频系统具有更高的保真度。

目前 USB 总线技术的应用日益广泛,各种台式计算机和移动式智能设备普遍配备了 USB 总线接口,同时出现了大量的 USB 外设(如 USB 电子盘等),USB 接口芯片也日益普及。在智能仪器中装备 USB 总线接口,既可以使其方便地连入 USB 系统,从而大大提高智能仪器的数据通信能力,又可使智能仪器选用各种 USB 外部设备,增强智能仪器的功能。以下仅对 USB 总线的体系结构做简略介绍。

5.2.2　USB 的系统描述

USB 系统可分为 USB 主机、USB 设备和 USB 连接 3 部分。任何 USB 系统中只有一台主机,USB 系统和主机系统的接口称为主控制器(Host Controller),它是由硬件和软件综合实现的。USB 设备包括集线器(Hub)和功能部件(Function)两种类型,集线器为 USB 提供了更多的连接点,功能部件则为系统提供了具体的功能。USB 的物理连接为分层星形布局,每个集线器处于星形布局的中心,与其他集线器或功能部件点对点连接。根集线器置于主机系统内部,用以提供对外的 USB 连接点。图 5.13 为 USB 系统拓扑结构图。

图 5.13　USB 系统拓扑结构

USB 系统通过一种四线的电缆传送信号和电源,分为 12 Mbit/s 高速信号模式和1.5 Mbit/s低速信号模式两种数据传输模式。两种模式可在同一 USB 总线传输时自动切换。由于过多采用低速模式会降低总线的利用率,因此该模式只支持有限几个低速设备(如鼠标等)。若采用同步传送方式,时钟信号与差分数据将一同发送(时钟信号转换成单极性非归零码),每个数据包中均带有同步信号以保证接收方还原出时钟。

USB 总线由 U_{BUS},D+,D-,GND 4 根线组成,如图 5.14 所示。线缆的最大长度不超过5 m。U_{BUS} 和 GND 两条线用来向 USB 设备提供电源。U_{BUS} 的电压为+5 V,为了保证足够的输入电压和终端阻抗,重要的终端设备应位于电缆尾部,每个端口都可检测终端是否连接或分离,并区分出高速或低速设备。所有设备都有一个上行或下行的连接器,上行连接器和下行连接器不可互换,因而避免了集线器间非法的循环往复的连接。D+和 D-为同一根电缆中一对互相缠绕的数据线。连接器有 4 个方向,并带有屏蔽层,以避免外界的干扰。USB 电源包括电源分配和电源管理两方面内容。电源分配是指 USB 如何分配主机所提供的能源。需要主机提供电源的设备称作总线供电设备(如键盘、输入笔和鼠标等),自带电源设备被称作自供电设备。USB 系统的主机有与 USB 相互独立的电源管理系统,系统软件可以与主机的能源管理系统结合,共同处理各种电源事件,如挂起、唤醒等。

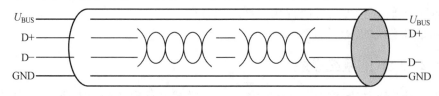

图 5.14　USB 电缆及信号

　　USB 系统软件包括主控制器驱动程序、设备驱动程序和 USB 芯片驱动程序。主控制器驱动程序完成对 USB 交换的调度,并通过根 Hub 与其他的 USB 完成交换的初始化,在主控制器与 USB 设备之间建立通信通道。设备驱动程序是用来驱动 USB 设备的程序,通常由 USB 设备制造商来提供。USB 芯片驱动程序在设备设置时读取描述寄存器以获取 USB 设备的特征,并根据这些特征,在请求发生时组织数据传输。

5.2.3　USB 总线协议

　　USB 是一种轮询方式的总线,主控制器初始化所有的数据传送。USB 协议反映了 USB 主机与 USB 设备进行交互时的语言结构和规则。每次传送开始时,主控制器将发送一个描述传输的操作种类、方向、USB 设备地址和端口号的 USB 数据包,被称为标记包(PID Packet Identifier);USB 设备从解码后的数据包的适当位置取出属于自己的数据。传输开始时,由标记包来设置数据的传输方向,然后发送端发送数据包,接收端则发送一个对应的握手数据包以表明是否发送成功。发送端和接收端之间的 USB 传输有两种类型的信道,即流通道和消息信道。消息数据采用 USB 所定义的数据结构、信道与数据带宽、传送服务类型和端口特性(如方向、缓冲区大小等)有关。多数信道在 USB 设备设置完成后才会存在。而默认控制信道当设备一启动后即存在,从而为设备的设置、状况查询和输入控制信息提供了方便。

　　任务安排可对流通道进行数据控制。发送"不予确认"握手信号即可阻塞数据传输,若总线有空闲,数据传输将重复进行。这种流控制机制允许灵活的任务安排,可使不同性质的流通道同时正常工作,这样多种流通道可在不同间隔进行工作,传送不同大小的数据包。

5.2.4　USB 数据流

　　USB 总线上的数据流就是主机与 USB 设备之间的通信。这种数据流可分为应用层、USB 逻辑设备层和 USB 总线接口层,共有 4 种基本的数据传送类型。

　　(1)控制传送。

　　控制传送采用了严格的差错控制机制,其数据传送是无损的。USB 设备在初次安装时,USB 系统软件使用控制传送来设置参数。

　　(2)批传送。

　　批量数据即大量数据,如打印机和扫描仪中所使用的数据。批量数据是连续传送的,在硬件级上使用错误检测以保证可靠的数据传输,在协议中引入了数据的可重复传送。根据其他一些总线动作,批量数据占用的带宽可做相应的改变。

（3）中断传送。

中断数据是少量的,要求传送延迟时间短。这种数据可由设备在任何时刻发送,并且以不低于设备指定的速度通过 USB 传送。中断数据一般由事件通告、特征及坐标组成,只有一个或几个字节。

（4）同步传送。

在建立、传送和使用同步数据时,需要满足其连续性和实时性,使同步数据以稳定的速率发送和接收。为使接收方保持相同的时间安排,同步信道带宽的确定必须满足对相关功能部件的取样特征。除了传输速率,同步数据对传送延迟非常敏感,因此也需要做相关处理。一个典型的例子是声音传送,如果不能保证数据流的传输速率,则数据丢失将取决于缓冲区和帧的大小。即使数据在硬件上以合适的速率传输,软件造成的传输延迟也会对实时系统造成损害。一般 USB 系统会从 USB 带宽中给同步数据流分配专有部分,以满足所需要的传输速率。

USB 的带宽可容纳多种不同数据流,因此可连接大量设备,而且 USB 支持在同一时刻所连接的不同设备具有不同的传输速率,并可动态地变化。

5.2.5　USB 的容错性能

USB 提供了多种数据传输机制,如使用差分驱动的接收和防护,以保证信号的完整性;使用循环冗余码,以进行外设安装或拆卸的检测和系统资源的设置,对丢失和损坏的数据包暂停传输;利用协议自我恢复,以建立数据控制信道,从而避免功能部件相互影响。上述机制的建立,极大地保证了数据的可靠传输。在错误检测方面,协议中对每个包的控制位都提供了循环冗余码,并提供了一系列的硬件和软件设施来保证数据的正确性。循环冗余码可对 1 位或 2 位的错误进行 100% 的恢复。在错误处理方面,协议在硬件和软件上均有措施。硬件的错误处理包括汇报错误和重新进行一次传输,传输中若再次遇到错误,由 USB 的主控制器按照协议重新进行传输,最多可进行 3 次。若错误依然存在,则对客户端软件报告错误,使之按特定方式处理。

5.2.6　USB 设备

USB 设备包括集线器和功能部件两类。在即插即用 USB 结构体系中,集线器(图5.15)简化了 USB 互连的复杂性,可使更多不同性质的设备连入 USB 系统中。集线器各连接点被称作端口,上行端口向主机方向连接(每个集线器只有 1 个上行端口),下行端口可连接另外的集线器或功能部件。集线器具有检测每个下行端口设备的安装或拆卸的功能,并可对下行端口的设备分配能源,每个下行端口可辨别所连接的设备是高速还是低速。集线器包括两部分,即集线控制器和集线再生器。集线再生器位于上行端口和下行端口之间,可放大衰减的信号和恢复畸变的信号,并且支持复位、挂起、唤醒等功能。集线控制器所带的接口寄存器,可使主机对集线器的状态参数和控制命令进行设置,并监视和控制其端口。

功能部件是通过总线进行发送数据、接收数据或控制信息的 USB 设备,由一根电缆连在集线器某个端口上。功能部件一般相互独立,但也有一种复合设备,其中有多个功能部件和一个内置集线器,并共同利用一根 USB 电缆。每个功能部件都含有描述该设备的性能和

图 5.15　USB 集线器示意图

所需资源的设置信息,主机应在功能部件使用前对其设置,如分配 USB 带宽等。定位设备(鼠标、光笔)、输入设备(键盘)、输出设备(打印机)等都属于功能部件。

当设备被连接并编号后,有唯一的 USB 地址。USB 系统就是通过该地址对设备进行操作的。每一个 USB 设备通过一条或多条信道与主机通信。所有的 USB 设备在零号端口上有一个指定的信道,USB 的控制信道与之相连。通过这条控制信道,所有的 USB 设备都有一个共同的准入机制,以获得控制操作的信息。控制信道中的信息应完整地描述 USB 设备,主要包括标准信息类别和 USB 生产商的信息。

5.2.7　USB 系统设置

USB 设备可随时安装或拆卸,所有 USB 设备连接在 USB 系统的某个端口上。集线器有一个状态指示器,可指明 USB 设备的连接状态。主机将所有集线器排成队列以取回 USB 设备的连接状态信号。在 USB 设备安装后,主机通过设备控制信道来激活该端口,并将默认的地址值赋给 USB 设备(主机对每个设备指定了唯一的 USB 地址),同时检测这种新安装的 USB 设备是下一级的集线器还是功能部件,如果安装的是集线器,并有外部设备连在其端口上,上述过程对每个 USB 设备的安装都要做一遍;如果安装的是功能部件,则主机关于该设备的驱动软件等将被激活。当 USB 设备从集线器的端口拆除后,集线器关闭该端口,并向主机报告设备已不存在,USB 系统软件将准确地进行撤销处理。如果拆除的是集线器,则系统软件将对集线器及连接在其上的所有设备进行撤销处理。

对每个连接在总线上的设备指定地址的操作称为总线标识。由于允许 USB 设备在任何时刻安装或拆卸,所以总线标识是 USB 系统软件随时要进行的操作。

5.2.8　USB 系统中的主机

USB 系统中的主机通过主机控制器与 USB 设备进行交互。其主要功能为:检测 USB 设备的安装或拆卸,管理主机和 USB 设备间的控制数据流,收集状态和操作信息,向各 USB 设备提供电源。USB 系统软件管理 USB 设备驱动程序的运作,包括设备编号和设置、同步数据传输、异步数据传输、电源管理、设备与总线信息管理等。

5.2.9　基于 USB 总线的数据采集设备的设计实例

为便于在临床上采集病人的某些生理信号(如心电信号、脑电信号等),设计了基于

USB 总线的医学数据采集设备,其最多支持 32 个通道的同步数据采集,最高采样率为
1 kHz,采样精度为 16 bit。下面从硬件设计、固件设计及设备驱动程序设计方面简要介绍基
于 USB 的智能仪器设计方法。

1. 硬件设计

USB 数据采集设备的硬件框图如图 5.16 所示,32 路模拟输入信号由多路模拟开关控
制将其中的某一路信号接入串行 A/D(选用 Burr-Brown 公司的 ADS7809),A/D 转换的结
果经光电隔离后串行输出到移位寄存器,移位寄存器将此结果转为并行数据并写入 FIFO
存储器,89C52 系统将数据从 FIFO 存储器中读出并通过 USB 控制器送到主机。

图 5.16　USB 数据采集设备的硬件框图

当前可供选择的 USB 控制器很多,如朗讯公司的 USB820、国家半导体公司的 US-
BN9602。另外,还有将微控制器和 USB 控制器集成在一起的芯片,如 Intel 公司的 8X930HX
和 8X930AX,其中 8X930HX 支持 USB 集线器功能。在实际开发中选择了朗讯公司的
USB820,其主要特点是完全遵循 USB 协议 1.1,支持 12 Mbit/s 的全速传输,支持 4 种传输方
式,提供 8 个端点(Endpoint),且每个端点的传输类型、传输方向均可自由配置。另外,它还
为每个端点提供两套 FIFO 数据缓冲区,总的数据缓冲区大小可达 2 240 B。

2. 固件(Firmwore)设计

固件主要完成两个方面的工作,即控制 A/D 转换过程的采样和通过 USB 控制器与主
机通信。需要注意的是,所有 USB 传输事务均由主机启动,即 USB 总线采取主从式结构
(Master to Slave)。在实际开发中使用了两种传输方式,即控制传输和块传输。控制传输用
来实现位于主机上的 USB 总线驱动程序(USBD. SYS)以及编写的功能驱动程序对设备的各
种控制操作;而块传输用来完成将采集数据从设备传送到主机。

USB 控制器的工作原理可以简单地描述为:当 USB 控制从 USB 总线检测到主机启动的
某一传输请求时,USB 控制器通过中断方式将此请求通知89C52 系统。89C52 系统通过访
问 USB 控制器的状态寄存器和数据寄存器获得与此次传输有关的各种参数,并根据具体传
输参数,对 USB 控制器的控制寄存器和数据寄存器进行相应的操作,以完成主机的传输请
求。

3. 设备驱动程序设计

USB 设备驱动程序设计是基于 WDM（Windows Driver Model，驱动程序模型）的。WDM 采用分层驱动程序模型,对于 USB 设备来说,可分为 USB 总线驱动程序和 USB 功能驱动程序（图 5.17）。USB 总线驱动程序由操作系统提供,它位于 USB 功能驱动程序的下面,负责与实际的硬件打交道,实现烦琐的底层通信。

图 5.17　USB 设备驱动程序调用框图

USB 功能驱动程序由设备开发者编写,位于 USB 总线驱动程序的上面,不与实际的硬件打交道,而是通过向 USB 总线驱动程序发送包含 USB 请求块 URB（USB Request Block）的 I/O 请求包 IRP（I/O Request Packet）,来实现对 USB 设备信息的发送或接收。采用这种分层驱动程序的设备驱动方法有两个优点:①多个 USB 设备可以通过 USB 总线驱动程序来协调它们的工作;②编写分层驱动程序较之编写单一驱动程序相对简单,而且可以节省内存和资源,不易出错。

USB 设备驱动程序的工作原理可以通过图 5.17 简单描述。若应用程序想对设备进行 I/O 操作,它便使用 Windows API 函数对 Win32 子系统进行 Win32 调用。此调用由 I/O 系统服务接收并通知 I/O 管理器,I/O 管理器将此请求构造成一个合适的 I/O 请求包 IRP,并把它传送递给 USB 功能驱动程序。USB 功能驱动程序接收到这个 IRP 以后,根据 IRP 中包含的具体操作代码,构造相应的 USB 请求块 URB,并把此 URB 放到一个新的 IRP 中,然后把此 IRP 传递到 USB 总线驱动程序。USB 总线驱动程序根据 IRP 中所含的 URB 执行相应的操作（如从 USB 设备读取数据）,并把操作结果通过 IRP 返还给 USB 功能驱动程序。USB 功能驱动程序接收到此 IRP 后,将操作结果通过 IRP 返还给 I/O 管理器,最后 I/O 管理器将此 IRP 中的操作结果返还给应用程序。至此,应用程序对 USB 设备的一次 I/O 操作完成。功能驱动程序除负责处理应用程序的 I/O 请求外,还要处理 PnP 管理器发送给它的 PnP 请求（如设备启动请求 IRP_MN_START_DEVICE、设备删除请求 IRP_MN_REMOVE_DEVICE 等）。

5.3　GP-IB 总线

GP-IB 是由美国 HP 公司研制的,因此也称为 HP-IB。1975 年 IEEE 协会将其作为规范化的 IEEE-488 标准总线,通常它又称为通用目的接口总线,或称为仪表总线。

GP-IB 协议又称听者/讲者协议,在工作时,必须有一个控者,每一时刻只能有一个讲者,可有多个听者,其物理层是 24 芯叠式结构插头座,电缆为 24 芯,系统中可以连接的仪器不超过 15 台,互连长度不超过 20 m,传送方式为并行方式,最大速率为 1 Mbit/s,适应于轻微干扰的实验室或现场。

5.3.1　GP-IB 总线结构

GP-IB 总线接口信号如图 5.18 所示,它由一根 24 芯无源电缆组成,包括 8 条双向数据线、3 条数据挂钩联络线及 5 条接口管理线,其余为逻辑地线和屏蔽线。

(1)数据线(8 条)。

$D_0 \sim D_7$,双向,数据、命令及地址都用它。

(2)数据挂钩联络线(3 条)。

①DAV(DATA VALID)数据有效线。低电平表示有效,当数据线上出现有效数据时,讲者置其为低电平,示意听者接收数据。

②NRFD(NOT READY FOR DATA)数据未就绪线。被指定的听者中有一个未准备好接收数据,NRFD 就为低,它示意讲者暂不要发出信息。

③NDAC(NOT DATA ACCEPTED)数据未收到线。被指定的听者中有一个听者未收到数据就为低,它示意讲者保持数据线上的信息。

图 5.18　GP-IB 总线接口信号

(3)接口管理线(5 条)。

ATN(ATTENTION)控制者注意线,用来指明数据线上的数据类型,ATN 为低电平,表示 $D_0 \sim D_7$ 为接口信息。IFC(INTERFACE CLEAR)控者用接口清除线。IFC 为低电平接口复位。REN(REMOTE ENABLE)控者用远程控制线。SRQ(SERVI REQUEST)复务请求线。除控者外所有设备都可以驱动 SRQ 线,设备发出低电平信号使 SRQ=1,即向控者申请服务。EOI(END OR IDENTIFY)结束或识别线。EOI 与 ATN 配合使用,当 EOI 为低、ATN 为高时,表示讲者已传送完一组数据;当 EOI 为低、ATN 为低时,控者要进行识别操作,各设备将其状态放在数据线上。

5.3.2　GP-IB 接口评价

GP-IB 最早是为仪器之间通信设计的,由于采用并行数据连接,在当时技术背景下确实比串行通信要快得多,因此在多个仪器组成的自动测试系统曾发挥巨大的作用。随着串行通信技术的不断提高,GP-IB 也受到了巨大的挑战,这是因为串行接口已经远远超过了GP-IB的通信速度。所以近年来,除仪器行业以外,人们在设计新的测试系统时,基本上不考虑使用 GP-IB 接口,除非用户有特殊要求。仪器行业因历史原因为了仪器之间的配套,即使是新设计的仪器有时也不得不配置 GP-IB 接口,所以 GP-IB 接口同样有自己的用武之地。

5.4　以太网接口技术

计算机网络是计算机技术与通信技术相结合的产物。在计算机网络环境中,计算机是互联起来的,能互相传递信息,在一个区域乃至全球实现资源共享。同时,各计算机又是相互独立的,可以独立自主地进行自己的工作。智能仪器中有微处理器,因此智能仪器若设计了计算机网络总线,挂接到计算机网络上,就构成了网络仪器。

5.4.1　TCP/IP 协议概述

以太网(Ethernet)符合 IEEE802.3 标准,采用总线型网络拓扑结构,介质访问控制方式采用 CSMA/CD(Carrier Sense Multiple Access with Collision Detection)规则,传输介质可以选择铜缆、双绞线、光缆等,数据传输采用基带方式,曼彻斯特编码。由于 Internet 迅速普及,而 TCP/IP 协议的底层是捆绑以太网的,因而现在以太网不仅在局域网,而且在城域网、广域网方面都广泛流行。TCP/IP 协议是现今流行的网际互联协议,是以 TCP/IP 为主构成的一个协议簇。TCP 指传输控制协议(Transmission Control Protocol),IP 指互联网协议(Internet Protocol)。TCP/IP 协议分为 5 层,即物理层、数据链路层、网络层、传输层和应用层。

5.4.2　协议与标准

计算机网络可分为点到点连接的网络和采用广播信道的网络两类。在广播网络中,当信道的使用产生竞争时,如何分配信道的使用权成为关键问题。用来决定广播信道中信道分配的协议属于数据链路层的子层,称为介质访问控制(Medium Access Control,MAC)子层。由于局域网都以多路复用信道为基础,而广域网中除卫星网以外,都采用点到点连接,所以 MAC 子层在局域网中尤其重要。

MAC 子层的关键问题是如何给竞争的用户分配一个单独的广播信道。因传统的信道静态分配方法还不能有效地处理通信的突发性,因此,目前广泛采用信道动态分配方法。在各种多路访问协议中,这里仅介绍与以太网密切相关的几种载波侦听协议。

1. 载波侦听多路访问协议(Carrier Sense Multiple Access Protocol)

在局域网中,每个节点可以检测到其他节点在做什么,从而相应地调整自己的动作。网络节点侦听载波是否存在(即有无传播)并做出相应动作的协议,被称为载波侦听协议(Carrier Sense Protocol)。CSMA/CD 协议是一种带冲突检测的载波侦听多路访问协议。当一个节点要传送数据时,它首先侦听信道,看是否有其他节点正在传送。如果信道正忙,它就持续等待,直到当它侦听到信道空闲时,便将数据送出。若发生冲突,节点就等待一个随机长的时间,然后重新开始。此协议被称为 1-持续 CSMA,因为节点一旦发现信道空闲,其发送数据的概率就为 1。

2. IEEE802.3 标准

IEEE802 标准已被 ISO 作为国际标准,称之为 ISO 8802。这些标准在物理层和 MAC 子层上有所不同,但在数据链路层上是兼容的。这些标准分成几个部分。IEEE802.1 标准对这些标准做了介绍,并且定义了接口原语;IEEE802.2 标准描述了数据链路层的上部,它使用了逻辑链路控制 LLC(Logical Link Control)协议。IEEE802.3 ～ IEEE802.5 分别描述了 CSMA/CD、令牌总线和令牌环 3 个局域网标准,每一标准包括物理层和 MAC 子层协议。

IEEE802.3 标准适用于 1-持续 CSMA/CD 局域网。其工作原理是:当节点希望传送数据时,它就等到线路空闲为止,否则就立即传输。如果两个或多个节点同时在空闲的电缆上开始传输,它们就会发生冲突,于是所有冲突节点终止传送,等待一个随机的时间后,再重复上述过程。已出版的 IEEE802.3 标准与以太网的协议还有细微差别,例如,二者的一个头部字段就有所不同(IEEE802.3 的长度字段用作以太网的分组类型)。

IEEE802.3 的每种版本都有一个区间最大电缆长度。为了使网络范围更大,可以用中继器连接多根电缆,中继器是一个物理层设备,它双向接收、放大并重发信号。对软件而言,由中继器连接起来的一系列电缆段同单根电缆并无区别(除了中继器产生的一些延迟以外)。一个系统中拥有多个电缆段和多个中继器,但两个收发器间的电缆长度不得超过 2.5 km,任意两个收发器间的路径上不得有 4 个以上的中继器。

交换式局域网的心脏是一个交换机,在其高速背板上插有 4 ～ 32 个插板,每个板上有 1 ～ 8 个连接器。在大多数情况下,交换机都是通过一根 10Base-T 双绞线与一台计算机相连。

当一个节点想发送 IEEE802.3 数据帧时,它就向交换机输出一个标准帧。插板检查该帧的目的地是否为连接在同一块插板上的另一节点。如果是,就复制该帧;如果不是,该帧就通过高速背板被送向连有目的节点的插板。通常,背板通过采用适当的协议,速率可高达 1 Gbit/s。

因为交换机制要求每个输入端口接收的是标准 IEEE802.3 帧,所以可将它的端口用作集线器。如果所有端口连接的都是集线器,而不是单个节点,交换机就变成了 IEEE802.3 到 IEEE802.3 的网桥。

5.4.3　以太网接口模块

智能仪器通过以太网接入 Internet 可以通过微处理器与以太网接口模块实现。以太网接口模块主要完成两个功能:①解析来自以太网的数据包,并将解析后的数据传送给单片机;②对本地数据进行分组打包,并按指定的 IP 和端口号向以太网传播。

下面介绍一种基于嵌入式处理器 S3C2410A 的以太网接口模块的设计方案,此模块由嵌入式处理器 S3C2410A 和 16 位以太网控制器 CS8900A 构成。

S3C2410A 是 Samsung 公司推出的 16/32 位 RISC 处理器,它的小尺寸特性为手持设备和其他普通应用提供了低价格、低功耗、高性能的解决方案。S3C2410A 在单芯片处理器中提供了分开的 16 KB 的数据 Cache、用于内存管理的 MMU 和 LCD 控制器(支持 STN&TFT)、Nand Flash 引导程序、系统管理器(用于片选逻辑和 SDRAM 控制器)、3 通道 UART、4 通道 DMA、4 通道具有 PWM 功能的定时器、117 位通用 I/O 端口、8 通道的 10 位 ADC 和触摸屏接口、I^2C 接口、I^2S 接口、USB 主从接口、SD 和 MMC 卡接口、2 通道的 SPI 即用于时钟生成的 PLL。处理器的工作频率可达 203 MHz。

CS8900A 是 Cirrus Logic 公司提供的一款性能优良的 16 位以太网控制器,除了具备其他以太网控制芯片所具有的一些基本功能外,还有其独特的优点:工业级温度范围(-40 ~ +80 ℃);3.3 V 工作电压,功耗低;高度集成的设计,使用 CS8900A 可以将一个完整的以太网电路最小化,适合作为智能嵌入设备网络接口;独特的 Packet Page 结构,可自动适应网络通信模式的改变,占用系统资源少,从而提高系统效率。CS8900A 内部集成了 10BASE-T 收发器,可以使用一个隔离变压器与局域网相连。加隔离变压器的主要目的是将外部线路与 CS8900A 隔开,防止干扰和烧坏元器件,从而可以实现带电的热插拔功能。

在嵌入式系统网络接口设计中,CS8900A 一般用作 I/O 模式,其特点是占用系统资源少,硬件连接方便。图 5.19 所示为系统中的 CS8900A 以太网接口电路,地址线 $SA_0 \sim SA_{19}$、数据线 $SD_0 \sim SD_{15}$、写信号 IOW、读信号 IOR、片选信号 AEN、中断信号、复位信号分别与 S3C2410A 对应端口相连;TXD+,TXD-,RXD+,RXD-通过隔离变压器 E2023 与 RJ-45 标准插座相连。另外,为了系统能够正常工作,还需要外接一个 20 MHz 的晶振。

图 5.19　以太网接口模块原理图

在 I/O 模式下,通过访问 8 个 16 位的寄存器来访问 Packet Page 结构,这 8 个寄存器被映射到 S3C2410A 地址空间的 16 个连续地址,见表 5.3。当 CS8900A 上电后,寄存器默认的基址为 0×300H。

表5.3　I/O 模式地址映射

偏段量	类型	说明
0000H	读/写	数据接收/发送端口 0
0002H	读/写	数据接收/发送端口 1
0004H	只写	TxCMD(发送指令)
0006H	只写	TxLength(发送长度)
0008H	只读	中断状态队列
000AH	读/写	包页指针
000CH	读/写	包页数据端口 0
000EH	读/写	包页数据端口 1

I/O 模式下读写操作流程:在读写操作过程中,AEN 管脚必须设置为低电平。读操作时,IOR 管脚设置为低电平;写操作时,IOW 管脚设置为低电平。

I/O 模式的写操作流程如下:

(1)将发送指令写入 TxCMD 寄存器,将发送数据帧的长度写入 TxLength 寄存器中。

(2)使用 Packet PagePointer 和 Packet PageData Port 寄存器访问 Packet Page 结构中的 BusST 寄存器,判断发送缓冲区是否可用。

(3)使用 Receive/ Transmit Data Port 寄存器,将待发送的数据帧写入发送缓冲区。

I/O 模式的读操作流程如下:

(1)当 CS8900A 收到数据帧时,触发接收中断更新对应状态寄存器。

(2)使用 Interrupt Status Queue 寄存器访问 Packet-Page 结构中对应的状态寄存器判断接收状态。

(3)使用 Receive/ Transmit Data Port 寄存器,读出接收缓冲区的数据。

大多数嵌入式操作系统都支持 TCP/IP 协议栈。Linux,VxWorks,Windows CE 等操作系统都可以在 S3C2410A 上面移植,因此 S3C2410A 可以直接通过以太网控制芯片与以太网进行连接,通过 TCP/IP 协议中 5 个层之间的相互协调完成网络通信:发送方的应用层将数据流传递给传输层;传输层将接收的数据流分解成以若干字节为一组的 TCP 段,并在每段增加一个带序号的控制包头,然后再传递给网络层;网络层在 TCP 段的基础上,再增加一个含有发送方和接收方 IP 地址的数据包头,同时还要明确接收方的物理地址以及到达目的主机的路径,然后将此数据包和物理地址传递给数据链路层;在数据链路层通过 CS8900A 进行组帧,将数据包封装成数据链路层的帧格式,然后通过物理层的 CS8900A 芯片自动完成前同步码,CRC 校验后以 bit 流的形式发送给接收方。在接收方计算机中,数据链路层先把接收到的数据包舍掉数据控制信息,再把它传递给网络层;在网络层,先检查包头的检验和,如果 IP 包头的检验和与网络层算出的检验和相匹配,那么就取消 IP 包头,把剩下的 TCP 段传递给传输层,否则丢弃此包;在传输层,首先检查 TCP 段头和 TCP 数据的检验和,如果与传输层算出的检验和相匹配,那么就取消 TCP 包头,将真正的数据传递给应用层,同时发出

"确认收到"的信息。

通过网络之间的联系及相应软件的配合,局域网可以连接传送到世界的任何地方。只要获取设备的 IP 地址和访问端口,人们就可以在任何有以太网的地方对设备进行访问,达到远程检测和远程控制的目的。

5.5　其他通信接口技术

5.5.1　现场总线 CAN

CAN(Controller Area Network)总线,即控制局域网总线,是国际上应用最广泛的现场总线之一。它是由德国 Bosch 公司最先提出的。Bosch 公司为了实现汽车电子控制装置之间的信息交换,设计了控制局域网 CAN 总线。CAN 总线的主要特点如下:

(1)CAN 总线采用多主竞争式总线结构,即多主机工作方式,网络上任意一个节点可以在任意时刻主动地向网络上其他节点发送信息,不分主从,通信方式灵活。

(2)CAN 网络上的节点可以分为不同的优先级,即具有不同的总线访问优先权。CAN 采用非破坏性仲裁技术,当两个节点同时向网络上传送信息时,优先级低的节点自动停止发送,CAN 协议废除了站地址编码,而代之以对通信数据进行编码,这可使不同的节点同时接收到相同的数据。这些特点使得 CAN 总线构成的网络各节点之间的数据通信实时性强,并且容易构成冗余结构,提高系统的可靠性和灵活性。

(3)CAN 可以以点对点、点对多点、点对网络的方式发送和接收数据,通信距离最远10 km(通信速率为 5 kbit/s 时),节点数目可达 110 个。

(4)CAN 采用的是短帧结构,每一帧的有效字节数为 8 个,具有 CRC 校验和其他检测措施,数据出错概率小。CAN 节点在错误严重的情况下具有自动关闭功能,不会影响总线上其他节点操作。

(5)CAN 能够使用多种物理介质,如双绞线、光纤等,最常用的就是廉价的双绞线。用户接口简单,容易构成用户系统。

CAN 总线的数据通信具有突出的可靠性、实时性和灵活性等特点。由于其良好的性能及独特的设计,CAN 总线越来越受到人们的重视。它不仅在汽车领域得到了广泛应用,而且正向自动控制、仪器仪表、传感器等众多领域发展。CAN 已经形成国际标准,并已被公认为几种最有前途的现场总线之一。

现场总线除了 CAN 外,比较有影响的还有基金会现场总线 FF(Foundation Fieldbus)、过程现场总线 Profibus、用于工厂自动化和楼宇自动化的 LonWorks 等,这里不再赘述。

5.5.2　蓝牙接口技术

蓝牙是由爱立信、Intel、东芝和 IBM 等公司在 1998 年联合推出的一种近距离无线通信技术。蓝牙技术规范是无线数据和语音传输的开放式标准,通过蓝牙技术可将各种通信设备、计算机及其终端设备、各种数据系统采用无线方式连接起来。它的传输距离为 10 cm ~10 m,如果增加功率放大设备便可达到 100 m 的传输距离。蓝牙技术可以应用于各类数据及语音设备,如 PC 机、笔记本计算机、数码相机、移动电话和高品质耳机等;也可用于传感器、仪器间的数据通信。

蓝牙技术的特点如下:

(1)使用频段不受限制。蓝牙标准定义的工作频率是 ISM 频段的 2.4 GHz,用户使用该频段无需向各国的无线电资源管理部门申请许可证。

(2)可以同时传输语音和数据。蓝牙采用电路交换和分组交换技术,支持异步数据通道、三路语音同步话音信道以及异步数据与同步语音同时传输的信道。

(3)采用分时复用多路访问技术。一个蓝牙主设备可以同时与最多 7 个不同的从设备交换信息,主设备给每个从设备分配一定的时隙,以数据包的形式按时隙顺序传送数据。

(4)开放的接口标准。蓝牙的技术标准全部公开,使得全世界范围内的任何单位和个人都可以进行蓝牙产品的开发。

(5)具有很好的抗干扰能力。采用 ISM 频段和调频、跳频技术,使用前向纠错编码、ARQ、TDD 和基带协议,能够很好地抵抗来自工作在 ISM 频段的无线电设备的干扰。

(6)适用范围广泛,使用方便。由于蓝牙采用无线接口来代替有线电缆连接,具有很强的移植性。蓝牙模块体积小、功耗低,而且价格便宜,应用简单,容易实现,易于推广。

思考题与习题

1. 两台智能仪器均以 51 系列单片机为主构成其内部的计算机系统,当两台智能仪器采用 RS-232C 标准,仅用 TXD 和 RXD 信号进行近程通信时,试设计从一个 51 系列单片机串口的 RXD 和 TXD 到另一个 51 系列单片机串口的 TXD 和 RXD 之间的所有电路(及连线)的原理图,并且设计通信程序。

2. 与 RS-232C 标准相比,RS-422/485 标准有何优点? 简述 RS-422/485 标准为何有这样的优点。

3. GP-IB 总线具有哪些特点?

4. USB 总线具有哪些特点?

5. 比较以太网、CAN 总线和蓝牙的特点。

第6章 数据处理及程序设计

智能仪器可以实现对测量过程的控制并进行数据处理。数据处理包括数值运算和非数值运算,通过各种数据处理方法,可以消除测量过程中的系统误差和随机误差。本章介绍一些常用的数据处理方法和智能仪器中程序的基本设计方法。

6.1 测量数据的非数值处理

智能仪器中除了进行数值计算外,还经常对各种数据和符号进行不以数值计算为目的的非数值处理。如对一批无序数据按照一定顺序进行排序;从表中查出某个元素;识别来自接口或键盘的命令等。设计者在进行编程时,要根据设计的目的充分考虑这些数据的特性和数据元素之间的相互关系,然后采用相应的处理方法。

6.1.1 线性表查表技术

查找也称检索,就是从内存的数据表中找出某个元素(或记录)。一个表往往包含若干个记录,根据查表的目的在每个记录中指定一个关键项,表中的 N 个记录都有关键项,N 个关键项的内容互不相同。查表操作就是从表中找出一个关键项与已知的关键字一致的元素,进而找到与此关键项相关联的记录中的部分或全部信息。例如,从成绩单中查找张明的成绩。表中学生的姓名就是关键项,根据各元素的关键项查到张明后,就可以查到他的各科成绩。查表是计算机和智能仪器中经常遇到的操作。下面介绍几种基本的查表方法。

1. 顺序查找

顺序查找就是从头开始,按照顺序把表中的元素的关键项逐一地与给定的关键字进行比较。若比较结果相同,则所比较的元素就是要查找的元素;若表中所有元素的比较结果都不相同,则该元素在表中查找不到。这种查找方法适用排列无序(不按一定的规律排列)的表格或清单,例如,从随机测量记录中查找某个测量值。顺序查找是基本的查表方法,查找速度相对较慢。对于无序表,特别是在表中记录不多的情况下,用顺序查找法是适宜的。

2. 对半查找

有序表的数据排列有一定规律,不必像无序表那样逐个查找,可以采用对半查找(也称二分法查找)。对半查找就是每次截取表的一半,确定查找元素在哪一部分,逐步细分,缩小检索范围,从而大大加快查找速度。

3. 直接查表法

直接查表法是智能仪器中经常使用的快速查表方法,这种方法不用像上述两种方法那样逐个比较表中的关键项来查找表中那个关键项的记录,而是直接由关键项或经过简单计算即可找到该数据。因此,要求关键项与数据记录所在的位置或次序有严格的对应关系。

这种方法仅适宜于有序表格。

例如,为驱动八段数码管显示器(LED),需要查出欲显示数据的段码。0~9 的段码按数字的 ASCII 码顺序排列。这样可以根据显示数字的 ASCII 码直接从段码表中查出数字的段码,送到显示驱动电路中。

程序 6.1　直接查表子程序。

说明:DPTR 为段码存储的首地址,通过直接查询方式将需要显示的数值 i 对应的段码送到 P1 口输出。

```
main( )
{
    inti = 3 ;
    int  * DPTR ;
    int a[10] = {0X3F,0X06,0X5B,0X4F,0X66,0X6D,0X7D,0X07,0X7F,0X6F} ;
/ * 0~9 的段码 * /
    DPTR = a ;                //段码首地址
    P1 = * (DPTR+i) ;         //P1 口输出段码
}
```

6.1.2　链表的插入、删除和查找

链表是一种特殊的数据结构,它与一般的线性表相比,具有插入和删除比较方便的特点。它适用于需经常进行插入和删除的表格操作。

1.链式结构

链表采用链式结构,它与顺序分配的线性表不同。线性表的数据元素在存储器内是任意存放的,既不要求连续,也不要求顺序。链表中,为了确定数据元素在线性表中的位置,需要有一个指针,以指明下一个元素在存储器中的位置。数据元素值和指针两者组成链表的一个节点。一个线性链表由一个起始指针 FIRST 和若干个节点组成,起始指针指向链表的第一个节点,链表的最后一个元素的指针为 0,表示后面没有其他元素。链表一般用图 6.1(a)的结构来表示。

(a) 链表

(b) 自由表

图 6.1　线性链表的表示方法

为了对链表进行插入或删除,还需要留出一定的存储空间,并将这些空间组成一个链表,称为自由表或可利用空间表,如图 6.1(b)所示。指针 FREE 指向自由表的第一个节点。

当链表需要插入一个节点时,取出自由表中 FREE 指针指向的节点插入到链表中;在链表需删除一个节点时,把该节点加入到自由表的第一个节点前,成为 FREE 指向的第一个节点。一般来说,几个链表可合用一个自由表,这样可提高存储空间的利用率。

为了方便链表的查找、插入和删除操作,链表的指针一般都指向下一个元素的指针单元。

2. 链表的初始化

链表的初始化主要是指自由表的初始化,把链表将要使用的存储单元构成一个自由表。

链表的初始化方法,取决于链表的大小、节点的字节数和寻址方法。下面以一种适合于 80C51 单片机的链表结构为例,说明初始化方法。

设链表的每个节点的数据长度为 4 个字节,各链表的全部节点数小于 50,则链表的总长度小于 $4 \times 50 + n \times 50$,这里 n 为指针节数。由于现在链 v 表的总长度小于 256 字节,故可用 1 个字节的指针。这样链表总长度小于 250 字节,可放于一页外部 RAM 中(256 字节为一页)。

链表区的第 0 个单元作为 FREE 指针,第 1 个单元作为 FIRST1 指针,第 2 个单元作为 FIRST2 指针。在初始化时,置 FIRST1 和 FIRST2 等于 0,表示它们均为空链表,然后把链表区所有其他单元都串联到 FREE 指向的自由表中。

程序 6.2　链表的初始化程序。

设链表区在外部 RAM 的一个页面中,该页面的首地址 DPTR,第 0,1,2 号单元分别为 FREE,FIRST1,FIRST2 指针。链表初始化程序功能为清零 FIRST1,FIRST2 指针,把 FREE 指针置为 3,把 03 开始的各个空单元构成一个自由表。表的节点为 5 个字节,第一个字节为指针(指向下一个节点的指针单元),后 4 个字节为数据。根据初始化要求,可画出如图 6.2 所示程序框图,P2 口为表区高 8 位址。在计算下一个节点地址时,如果不大于 256,则把下一个节点指针单元地址写入当前指针;否则把结束标志"0"写入当前指针。

链表的初始化程序如下:

```
void    linkedlist( char  * DPTR)
{
  int i=3;
  * DPTR=0X03;              //FREE=3
  * (DPTR+1)=0;             //FIRST1=0
  * (DPTR+2)=0;             //FIRST2=0

  while(i<256)              //构造自由表
  {
     * (DPTR+i)=i+5;
    i=i+5;
  }
  * (DPTR+i)=0;             //写入结束标志
}
```

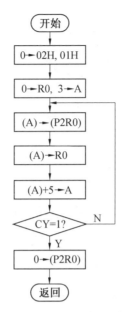

图 6.2 链表初始化程序框图

3. 链表的插入

图 6.3 表示把自由表的节点 A 插入到链表节点 2 与 3 之间的操作。一般来说,如果要在节点 K 和节点 K+1 之间插入新节点(K=0 表示为 FIRST 指针),可按如下步骤进行操作:

(1)先判断 FREE 指针是否为 0,若为 0,表示自由表空,不能进行插入;若不为 0,则可进行下列操作。

(2)将 FREE 指针指向自由表的下一个节点。

(3)确定节点 K 的地址。

(4)在新节点的指针域内存放 K+1 节点的地址。

(5)在节点 K 的指针域内写入新节点的指针。

(6)存储新节点数据。

图 6.3 节点 A 插入链表

图 6.4 为链表插入子程序框图。入口处(R0)指向链表的节点 K,P2 为链表区高位地址,自由表结构同程序 6.3 中结构。执行时,从自由表中取出一个节点 A,插入(R0)指向的节点 K。执行后,(R0)指向插入单元的指针。图中的操作仅把节点 A 插入到节点 K 之后,不包括存储节点 A 的数据。

4. 链表的删除

图 6.5 为从链表中删除节点 K 的操作示意图,从链表中删除节点 K 使之成为自由表的

图 6.4　链表插入子程序框图

第一个节点的操作。一般来说,如果要删除链表的节点 K,删除后放入自由表中,则可按如下步骤进行操作:

①保存节点 K 指针值。

②把 FREE 指针值写入 K 的指针中。

③把节点 K 的地址写入 FREE 指针中。

④把保存的原节点 K 的指针值写入节点 K−1 的指针中。

图 6.5　从链表中删除节点 K 的操作示意图

5. 链表的查找

链表的查找比较方便,一般就是从 FIRST 指向的第一个节点开始向后逐个进行查找。当发现给定的值等于数据项中的关键字时,说明节点找到;否则,再找下一个节点,直至查到或指针值等于 0 为止。

程序 6.3　链表的查找子程序。

入口时(R0)指向链表的 FIRST 指针,P2 为链表区的高位地址。链表节点中指针后的第一个字节为数据的关键字。寄存器 B 存放给定值 x。要求在链表中查找到 x 等于关键字时,把关键字后的两个字节的内容送到 R3R4 中,(R0)指向下一个节点。找不到时,(R0)指向链表末一个节点的指针单元。

链表的查找子程序如下:

```
int lbfind( char  * R0, int X)
{
    char  * p;
    while( ( * (p+1)= =X) | (p= =0) )
    {
        p = * p;
        R0 = p;
    }
    * R3 = * p;
    * R4 = ( * p+1) ;
}
```

6.1.3　排序

排序是使一组记录按照其关键字的大小,有序地排列起来。这是智能仪器中经常遇到的操作。排序的方法很多,下面介绍几种常用的方法。

1. 气泡排序法

气泡排序法是依次比较两个相邻的一对数据,如不符合规定的递增(或递减)顺序,则交换两个数据的位置,第一对(第一个和第二个数据)比较完毕后,接着比较第二对(第二个和第三个数据),直到清单中所有的数据依次比较完毕后,第一轮比较结束,这时最大(或次最小)的数据降到清单中最低的位置。第一轮排序需要进行($N-1$)次比较。同理,第二轮比较需要进行($N-2$)次比较,第二轮结束后,次最大(或最小)的数据排在低部往上第二位置上。重复上述过程,直至全部排完。

2. 希尔排序

希尔排序是一种容易编程而且运行速度较快的一种排序方法。它也是采用一对数据进行比较。若两者顺序符合排序的要求,则保持原状态不变;若两者顺序不符合排序要求,则互相交换位置。首先确定比较数据的间距 h_t,比较所有相距为 h_t 的各对数据,若符合排序要求,则保持原状,继续向前比较;若不符合排序要求,则交换两数的位置,并沿反向逐对比较,直到遇到符合要求的数据对时,再继续向前比较,直至表中所有相距为 h_t 的数据排序正确为止。然后取 $h_{t-1}=h_t/2$,继续以 h_{t-1} 为间距,比较各对数据,进行排序。以此类推,每进行一轮后,减小一次间距,即取 $h_{t-i-1} = h_{t-1}/2$,直至 $h=1$ 时为止,全部数据按规定次序排列完毕。

图 6.6 为希尔排序过程。

图 6.6　希尔排序过程

程序 6.4　希尔排序子程序(降序)。

说明:DPTR 为数据首地址,N 为数据表的长度。表中每个元素占一个字节。

```
void ShellSort( int  * DPTR,int N)
{
    int i,j,t,gap;
    for ( gap=N/2;gap>0;gap=gap/2 )
    {
        for(i=gap;i<N;i++)
        {
            j=i-gap;
            while(j>=0)
            {
                if( *(DPTR+j)> *(DPTR+j+gap))        //交换元素的顺序
                {
                    t= *(DPTR+j);
                    *(DPTR+j)= *(DPTR+j+gap);
                    *(DPTR+j+gap)=t;
                    j=j-gap;
                }
                else break;                          //不需要交换顺序时跳出循环
            }
        }
    }
}
```

6.2　系统误差的数据处理

系统误差是指按一定规律变化的误差,它表现为在相同条件下多次测量同一物理量时,其误差的大小和符号保持不变或按一定规律变化。系统误差是由于测量系统内部的原因造成的,如由仪器内部基准、放大器的零点漂移、增益漂移及非线性等产生的误差。由于系统误差有规律可循,因此可以利用一定的算法进行校准或补偿。智能仪器可以将系统误差模型及校正算式存储在内部的计算机中,对测量数据进行系统误差修正。为此,必须研究误差的规律,建立系统误差的数学模型,确定校正算法和数学表达式。

6.2.1 系统误差模型的建立

校正系统误差的关键在于建立系统误差模型。建立误差模型要根据仪器或系统的具体情况进行分析,找出产生误差的原因。误差模型的数学表达式中含有若干个表示误差的系数,为此,需要通过校准方法确定这些系数。例如,用仪器中的运算放大器测量电压时,引入零位误差和增益误差。设信号测量值 x 和实际值 y 是线性关系,可用 $y = a_1 x + a_0$ 来表示。为了消除这个系统误差的影响,需求出表达式中的系数 a_0, a_1。现用这个电路分别测量标准电源 U_R 和短路电压信号,由此获得两个误差方程为

$$U_R = a_1 x_1 + x_0, \quad 0 = a_1 x_0 + a_0 \tag{6.1}$$

其中,x_1, x_0 为两次的测量值。解方程组可得

$$a_1 = \frac{U_R}{x_1 - x_0} \tag{6.2}$$

$$a_0 = \frac{U_R x_0}{x_0 - x_1} \tag{6.3}$$

从而得到校正算式为

$$y = \frac{U_R(x - x_0)}{x_1 - x_0} \tag{6.4}$$

这样,对于任何测量值 x,可以通过式(6.4)求出实际值 y,从而实时地消除系统误差。但是实际情况要比上述例子复杂得多,对系统中的误差来源往往不能充分了解,常常难以建立适当的系统误差模型。因此,只能通过实验测量获得的一组离散数据,建立一个反映测量值变化的近似数学模型。建模的方法很多,下面介绍常用的代数插值法和最小二乘法。

1. 代数插值法

设有 $n + 1$ 组离散点 $(x_0, y_0), (x_1, y_1), \cdots, (x_n, y_n)$,未知函数 $f(x)$,且有

$$f(x_0) = y_0, f(x_1) = y_1, \cdots, f(x_n) = y_n \tag{6.5}$$

所谓插值法就是设法找到一个函数 $g(x)$,使在 $x_i(i = 0, 1, \cdots, n)$ 处与 $f(x_i)$ 相等。满足这个条件的函数 $g(x)$ 称为 $f(x)$ 的插值函数,称 x_i 为插值节点。在以后的计算中可以用 $g(x)$ 近似代替 $f(x)$。

插值函数 $g(x)$ 可以为各种函数形式,由于多项式容易计算,一般常用 n 次多项式作插值函数,并记 n 次多项式为 $p_n(x)$,这种插值方法称作代数插值,也称作多项式插值。

现要用一个次数不超过 n 的代数多项式

$$p_n(x) = a_n x^n + a_{n-1} x^{n-1} + \cdots + a_1 x^1 + a_0 \tag{6.6}$$

去逼近,使在节点处满足

$$p(x_0) = f(x_i) = x_i, i = 1, 2, \cdots, n \tag{6.7}$$

由于多项式 $p_n(x)$ 中的未定系数有 $n + 1$ 个,由式(6.6)和式(6.7)可得到关于系数

$a_n, \cdots, a_1, a_0$ 的线性方程组

$$\begin{cases} a_n x_0^n + a_{n-1} x_0^{n-1} + \cdots + a_1 x_0^1 + a_0 = y_0 \\ a_n x_1^n + a_{n-1} x_1^{n-1} + \cdots + a_1 x_1^1 + a_0 = y_1 \\ \cdots \\ a_n x_n^n + a_{n-1} x_n^{n-1} + \cdots + a_1 x_n^1 + a_0 = y_n \end{cases} \tag{6.8}$$

可以证明,当 $x_0, x_1, \cdots, x_n$ 互异时,方程组(6.8)有唯一的一组解。因此,一定存在一个唯一的 $p_n(x)$ 满足所要求的插值条件。

这样,我们只要根据已知的 x_i 和 $y_i (i = 0,1,\cdots,n)$ 去求解方程组(6.8),就可以求出 $a_i (i = 0,1,\cdots,n)$,从而得到 $p_n(x)$。这是求出插值多项式最基本的方法。

(1)线性插值。

线性插值是从一组数据 (x_i, y_i) 中选取两个代表性的 (x_0, y_0),(x_1, y_1),然后根据插值原理,求出插值方程

$$p_n(x) = \frac{x - x_1}{x_0 - x_1} y_0 + \frac{x - x_0}{x_0 - x_1} y_1 = a_1 x + a_0 \tag{6.9}$$

中的待定系数 a_1 和 a_0,即

$$a_1 = \frac{y_0 - y_1}{x_0 - x_1}, a_0 = y_0 - a_1 x_0 \tag{6.10}$$

若 (x_0, y_0),(x_1, y_1) 取在非线性特性曲线 $f(x)$ 或数组的两端点 A, B,图6.7中的直线表示插值方程(6.9),这种线性插值就是最常用的直线方程校正法。

图 6.7 非线性特性曲线的直线方程校正

设 A, B 两点的数据分别为 $(a, f(a))$,$(b, f(b))$ 时,则根据式(6.9)就可以建立直线方程的数学模型 $p_1(x) = a_1 x + a_0$,式中 $p_1(x)$ 表示 $f(x)$ 的近似值。当 $x_i \neq x_0$ 时,$p_1(x)$ 与 $f(x)$ 有拟合误差 V_i,其绝对值为

$$V_i = |p_1(x_i) - f(x_i)|, i = 0,1,\cdots,n \tag{6.11}$$

在全部 x 取值区间 $[a,b]$,若始终有 $V_i < \varepsilon$ 存在,ε 为允许的拟合误差,则直线方程 $p_1(x) = a_1 x + a_0$ 就是理想的校正方程。实时测量时,每采样一个值,就用该方程计算 $p_1(x)$,并把 $p_1(x)$ 当作被测量值的校正值。

(2)抛物线插值。

抛物线插值是在数据中选取 (x_0, y_0),(x_1, y_1),(x_2, y_2) 三点,采用抛物线拟合,如图6.8所示。显然,抛物线拟合的精度比直线拟合的精度高。相应的插值方程为

$$p_n(x) = \frac{(x-x_1)(x-x_2)}{(x_0-x_1)(x_0-x_2)}y_0 + \frac{(x-x_0)(x-x_2)}{(x_1-x_0)(x_1-x_2)}y_1 + \frac{(x-x_0)(x-x_1)}{(x_2-x_0)(x_2-x_1)}y_2$$

$$(6.12)$$

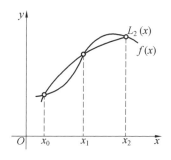

图 6.8　抛物线插值

　　进行多项式插值首先要决定多项式的次数 n。一般应根据测试数据的分布,凭经验或通过凑试来决定。在确定多项式次数后,需要选择自变量 x_i 和函数值 y_i,因为一般得到的离散数组的数目均大于 $n+1$,故应选择适当的插值节点 x_i 和 y_i。插值节点的选择与插值多项式的误差大小有很大关系,在同样的 n 值条件下,选择合适的 (x_i,y_i) 值可以减小误差。在开始时,可先选择等分值的 (x_i,y_i),以后再根据误差的分布情况,改变 (x_i,y_i) 的取值。考虑到对计算实时性的要求,多项式的次数一般不宜选得过高。对于某些非线性特性,即使提高多项式的次数也很难提高拟合精度,反而增加了运算时间。而采用分段插值方法往往可得到更好的效果。

2. 最小二乘法

　　利用 n 次多项式进行拟合,可以保证在 $n+1$ 个节点上校正误差为零,因为拟合曲线折线恰好经过这些节点。但是,如果这些实验数据含有随机误差,得到的校正方程并不一定能反映出实际的函数关系。因此,对于含有随机误差的实验数据的拟合,通常选择"误差平方和最小"这一标准来衡量逼近结果,这样,使逼近模型比较符合实际关系,同时,函数的表达形式也比较简单。这就是下面介绍的最小二乘法原理。

　　设被逼近函数为 $f(x_i)$,逼近函数为 $g(x_i)$,x_i 为 x 上的离散点,逼近误差为

$$V_i(x_i) = |f(x_i) - g(x_i)|$$

$$(6.13)$$

记

$$\varphi = \sum_{i=1}^{n} V^2(x)$$

$$(6.14)$$

　　令 $\varphi \to \min$,即在最小二乘意义上使 $V(x)$ 最小化,这就是最小二乘法原理。为了使逼近函数简单起见,通常选择多项式。下面介绍用最小二乘法实现直线拟合和曲线拟合。

　　(1) 直线拟合。

　　设有一组实验数据如图 6.9 所示,现在要求一条最接近于这些数据点的直线。设这组实验数据的最佳拟合直线方程(回归方程) 为

$$y = a_1 x + a_0$$

$$(6.15)$$

式中，a_1 和 a_0 为回归系数。令

$$\varphi_{a_0,a_1} = \sum_{i=1}^{n} V_i = \sum_{i=1}^{n} \left[y_i - (a_0 + a_1 x) \right]^2 \tag{6.16}$$

图 6.9　最小乘法直线拟合

　　根据最小二乘原理，要使 φ_{a_0,a_1} 为最小，按通常求极值的方法对 a_0, a_1 求偏导数，并令其为 0，得

$$\frac{\partial \varphi}{\partial a_0} = \sum_{i=1}^{n} \left[-2(y_i - a_0 - a_1 x_i) \right] = 0 \tag{6.17}$$

$$\frac{\partial \varphi}{\partial a_1} = \sum_{i=1}^{n} \left[-2x_i(y_i - a_0 - a_1 x_i) \right] = 0 \tag{6.18}$$

又可得到如下方程组（称之为正则方程组）

$$\sum_{i=1}^{n} y_i = a_0 n + a_1 \sum_{i=1}^{n} x_i \tag{6.19}$$

$$\sum_{i=1}^{n} x_i y_i = a_0 \sum_{i=1}^{n} x_i + a_1 \sum_{i=1}^{n} x_i^2 \tag{6.20}$$

解得

$$a_0 = \frac{\left(\sum_{i=1}^{n} y_i \right) \left(\sum_{i=1}^{n} x_i^2 \right) - \left(\sum_{i=1}^{n} x_i y_i \right) \left(\sum_{i=1}^{n} x_i \right)}{n \left(\sum_{i=1}^{n} x_i^2 \right) - \left(\sum_{i=1}^{n} x_i \right)^2} \tag{6.21}$$

$$a_1 = \frac{\left(\sum_{i=1}^{n} x_i y_i \right) - \left(\sum_{i=1}^{n} x_i \right) \left(\sum_{i=1}^{n} y_i \right)}{n \left(\sum_{i=1}^{n} x_i^2 \right) - \left(\sum_{i=1}^{n} x_i \right)^2} \tag{6.22}$$

　　只要将各测量数据（校正点数据）代入正则方程组，即可解得回归方程的回归系数 a_0 和 a_1，从而得到这组测量数据在最小二乘意义上的最佳拟合直线方程。

　　（2）曲线拟合。

　　为了提高拟合精度，通常对 n 个实验数据对 $(x_i, y_i)(i = 1, 2, \cdots, n)$ 选用 m 次多项式

$$y = f(x) = a_0 + a_1 x + a_2 x^2 + \cdots + a_m x^m = \sum_{j=1}^{m} a_j x^j \tag{6.23}$$

来作为描述这些数据的近似函数关系式（回归方程）。如果把 (x_i, y_i) 的数据代入多项式，就

可得 n 个方程

$$\begin{cases} y_1 - (a_0 + a_1 x_1 + \cdots + a_m x_1^m) = V_1 \\ y_2 - (a_0 + a_1 x_2 + \cdots + a_m x_2^m) = V_2 \\ \vdots \\ y_n - (a_0 + a_1 x_n + \cdots + a_m x_n^m) = V_m \end{cases} \qquad (6.24)$$

简记为

$$V_i = y_i - \sum_{j=0}^m a_j x_i^j, i = 1, 2, \cdots, n \qquad (6.25)$$

式中 V_i—— 在 x_i 处由回归方程(6.23)计算得到的值与测量得到的值之间的误差。

根据最小二乘原理,为求取系数 a_j 的最佳估计值,应使误差 V_i 的平方之和最小,即

$$\varphi(a_0, a_1, \cdots, a_m) = \sum_{i=1}^n V_i^2 = \sum_{i=1}^n \left[y_i - \sum_{j=0}^n a_j x_i^j \right]^2 \rightarrow \min \qquad (6.26)$$

由此可得如下正则方程组

$$\frac{\partial \varphi}{\partial a_k} = -2 \sum_{i=1}^n \left[\left(y_i - \sum_{j=0}^m a_j x_i^k \right) x_i^k \right] = 0, i = 1, 2, \cdots, n \qquad (6.27)$$

即计算 $a_0, a_1, \cdots, a_m$ 的线性方程组为

$$\begin{bmatrix} m & \sum x_1 & \cdots & \sum x_i^m \\ \sum x_i & \sum x_i^2 & \cdots & \sum x_i^{m+2} \\ \vdots & \vdots & \vdots & \vdots \\ \sum x_i^m & \sum x_i^{m+1} & \cdots & \sum x_i^{2m} \end{bmatrix} \begin{bmatrix} a_0 \\ a_1 \\ \vdots \\ a_m \end{bmatrix} = \begin{bmatrix} \sum y_i \\ \sum x_i y_i \\ \vdots \\ \sum x_i^m y_i \end{bmatrix} \qquad (6.28)$$

式中,$\sum$ 为 $\sum_{i=1}^m$。

由上式可求得 $m+1$ 个未知数 a_j 的最佳估计值。

拟合多项式的次数越高,拟合的结果就越精确,计算量也就越大。一般在满足精度要求的条件下,尽量降低拟合多项式的次数。除用 m 次多项式来拟合外,也可以用其他函数如指数函数、对数函数及三角函数等进行拟合。

6.2.2　系统误差的标准数据校正法

进行测量时,现场情况往往很复杂,有时难以通过理论分析建立起仪表的误差校正模型。这时可以通过实验,即用实际的校正手段来求得校正曲线,然后,把曲线上的各个校正点的数据以表格形式存入仪器的内存中。一个校正点的数据对应一个(或几个)内存单元,在以后的实时测量中,通过查表来修正测量结果。

例如,如果对一个模拟放大器的系统误差机理一无所知,但总可以在它的输入端逐次加入已知电压 $x_1, x_2, \cdots, x_n$,在它的输出端测出相应的结果 $y_1, y_2, \cdots, y_n$,并做出一条校正曲线。然后,在内存中建立一张校正数据表,把 $y_i(i = 1, 2, \cdots, n)$ 作为 EPROM 的地址,把对应的 $x_i(i = 1, 2, \cdots, n)$ 作为内容存入这些 EPROM 中。实时测量时,若测得一个 y_i,就去查表访问 y_i 这个地址,读出它的内容,这个就是校正后的测量结果。

如果实测值介于两个校正点 y_i 和 y_{i+1} 之间,而且仅是查表,则只能按其最接近的 y_i 或 y_{i+1} 去查,这显然会引入一定的误差。因此,可以利用前面所介绍的线性插值或抛物线插值的方法,求出该点的校正值。通过查表法和插值法相结合,可以减少误差,提高测量精度和数据处理速度。通常采用线性插值法。为了进一步提高测量精度,需要增加校正表中的校正数据,这样会增加表的长度,增大占用的存储空间和查表时间。但是在存储器容量及 CPU 运算速度不断增加的今天,这一矛盾已不像过去那样突出。

6.2.3　非线性校正

许多传感器、元器件及测试系统的输出信号与被测参数间存在明显的非线性。为使智能仪器直接显示各种被测参数并提高测量精度,必须对其非线性进行校正,使之线性化。非线性校正的方法很多,例如上述用查表法进行修正,从所描述非线性的方程中求得校正函数,利用插值法、最小二乘法求得拟合曲线等。这里只介绍仪器中常用的几种校正方法。

1. 校正函数

假设器件的输出 - 输入特性 $x = f(y)$ 存在非线性,引入函数 $g(x)$,即

$$R = g(x) = g[f(y)] \tag{6.29}$$

使量 R 与 y 之间呈线性关系,函数 $g(x)$ 就是校正函数。校正函数 $g(x)$ 往往是被校正函数的反函数。

例如,热电偶的温度与热电势之间关系是一条较为复杂的曲线,它可以用数学表达式描述为

$$R = a + bx_p + cx_p^2 + dx_p^3 \tag{6.30}$$

式中,x_p 是与冷端温度 T_0 有关的函数,即

$$x_p = x + a' + b'T_0 + c'T^2 \tag{6.31}$$

只要知道热电偶的冷端温度 T_0(如用热敏电阻测量),并将其代入相关公式中,就不难得到温度与热电偶之间的数学表达式,即非线性校正算法

$$R = Dx^3 + Cx^2 + Bx + a \tag{6.32}$$

对于不同型号的热电偶,系数 a, b, c, d 和 a', b', c', d' 也不相同,这些系数可从有关手册查到,并作为常数存储在 ROM 内。对于难以用准确的函数式表达的信号,不宜用校正函数进行校正。

2. 用插值法进行校正

用插值法进行非线性校正,是工程上经常使用的方法。式(6.9)就是利用线性插值法得到的校正方程。下面以镍铬 - 镍铝热电偶为例,说明非线性校正的方法。0 ~ 490 ℃ 的镉铬 - 镉铝热电偶分度表见表6.1。

表 6.1 镉铬 – 镉铝热电偶分度表

温度/℃	0	10	20	30	40	50	60	70	80	90
	热电势/mV									
0	0.00	0.40	0.80	1.20	1.61	2.02	2.44	2.85	3.27	3.86
100	4.10	4.51	4.92	5.33	5.73	6.14	6.54	6.94	7.34	7.74
200	8.14	8.54	8.94	9.34	9.75	10.15	10.56	10.97	11.38	11.80
300	12.21	12.62	13.04	13.46	13.87	14.29	14.71	15.13	15.55	15.97
400	16.40	16.82	17.67	17.67	18.09	18.51	18.94	19.36	19.79	20.21

要求用直线方程进行非线性校正,允许误差小于 3 ℃。

现取 0 ℃ 和 490 ℃ 的两个坐标 $A(0,0)$ 和 $B(20.21,490)$,按式(6.10)可求得 $a_1 = 24.245, a_0 = 0$,即 $p_1(x) = 24.245x$,这就是直线的校正方程。可以验证,在两端点拟合误差为 0,而在 $x = 11.38$ mV 时,$p_1(x) = 275.91$ ℃,误差为 4.09 ℃,达到最大值。240 ~ 360 ℃ 范围内拟合误差均大于 3 ℃。

显然,对于非线性程度严重或测量范围较宽的非线性特性,采用上述一个直线方程进行校正,往往很难满足仪表的精度要求。为了提高校正精度,可采用分段直线方程来进行非线性校正,即用折线逼近曲线。分段后的每一段曲线用一个直线方程来校正,即

$$p_{1i}(x) = a_{1i}x + a_{0i}, i = 1,2,\cdots,N \qquad (6.33)$$

折线的节点有等距与非等距两种取法。

(1)等距节点分段直线校正法。

等距节点的方法适用于特性曲线的曲率变化不大的场合。每一段曲线都用一个直线方程代替。分段数 N 取决于非线性程度和对校正精度的要求。非线性越严重或校正精度要求越高,则 N 越大。为了实时计算方便,常取 $N = 2^m$,$m = 0,1,2,\cdots,N$。式(6.33)中的 a_{1i} 和 a_{0i} 可离线求得。采用等分法,每一段折线的拟合误差一般各不相同。拟合结果应保证

$$\max p[V_{\max i}] \leqslant \varepsilon \qquad (6.34)$$

式中 $V_{\max i}$—— 第 i 段的最大拟合误差;

ε—— 要求的非线性校正误差。

求得的 a_{1i} 和 a_{0i} 存入仪表的 ROM 中。实时测量时,先用程序判断输入的被测量位于折线的哪一段,然后取出该段对应的 a_{1i} 和 a_{0i} 进行计算,即可求得到被测量的相应近似值。

下面给出 C51 汇编语言编写的等距节点非线性校正实时计算程序。

程序 6.5 等距节点非线性校正子程序。

说明:X(8 位)为采样子程序 SAMP 的采样结果,校正曲线等分四段,a_{1i},a_{0i} 在 TAB 为首地址的存储单元中,单字节 a_{0i} 为整数,a_{1i} 为小于 0 的小数,校正返回结果。此程序设校正区间为 $[1,4]$,等分成 4 段,每段长度为 1。

```
float adjust(float *TAB,float X)
{
    float a1[4];
```

```
float a0[4];
float y;
a1[0] = * TAB;          a0[0] = * (TAB + 1);        // 读取 a1i, a0i
a1[1] = * (TAB + 2);    a0[1] = * (TAB + 3);
a1[2] = * (TAB + 4);    a0[2] = * (TAB + 5);
a1[3] = * (TAB + 6);    a0[3] = * (TAB + 7);

if((X > = 0)&(X < 1)               // 校正区间比较
   {y = a1[0] * X + a0[0];}        // 方程计算校正
else if((X > = 1)&(X < 2))
   {y = a1[1] * X + a0[1];}
else if((X > = 2)&(X < 3))
   {y = a1[2] * X + a0[2];}
else if((X > = 3)&(X < 4))
   {y = a1[3] * X + a0[3];}
else {y = 0;}

return y;                          // 返回校正结果
}
```

（2）非等距节点分段直线校正法。

有的曲线曲率变化大,若采用等距节点分段直线校正法进行非线性校正,欲使最大误差满足要求,分段数 N 就会变得很大,各段误差大小不均匀。同时,N 增加,使得 a_{1i} 和 a_{0i} 的数目相应增加,占用内存多。为了解决这个问题,可以采用非等距节点分段直线校正法,即在线性较好的部分节点间的距离取得大些,反之取得小些,从而各段误差达到均匀分布。如图 6.10 所示,该曲线用不等分的三段折线校正可达到精度,若采用等距节点方法,可能要用四段、五段。

图 6.10　非等距节点分段直线校正

三段非等距节点直线的数学表达式为

$$P_1(x) = \begin{cases} a_{11}x + a_{01}, 0 \leq x < a_1 \\ a_{12}x + a_{02}, a_1 \leq x < a_2 \\ a_{13}x + a_{03}, a_2 \leq x < a_3 \end{cases} \tag{6.35}$$

现在用两段非等节距校正法校正传感器的非线性,在表 6.1 中所列的数据中取 3 点:$(0,0)$,$(10.15,250)$,$(20.21,490)$,现用经过这 3 点的两个直线方程来代替整个表格,并可求得方程为

$$P_1(x) = \begin{cases} 24.63x, 0 \leq x < 10.15 \\ 23.86x + 7.85, 10.15 \leq x < 20.21 \end{cases} \tag{6.36}$$

可以验证,利用这两个插值方程对表 6.1 所列的数据进行非线性校正,每一点的误差均不大于 2 ℃。最大误差发生在 13010 处,误差值为 1.278 ℃。

可见,非等节距校正法可以大大提高传感器非线性的校正精度。对于非线性严重的特性曲线,必须合理确定分段段数和选择节点,才能保证校正精度,并提高运算速度,减少占用的内存空间。

3. 利用最小二乘法进行非线性校正

利用最小二乘法进行非线性校正在工程中得到了广泛的应用。利用最小二乘法对实验数据进行直线拟合,用拟合直线表示输出和输入之间的线性关系,并满足允许的误差要求。这种方法可以消除实验数据中随机误差的影响。

仍以镉铬 - 镉铝热电偶非线性校正为例,取表 6.1 中的 3 点 $(0,0)$,$(10.15,250)$,$(20.21,490)$,与前面的非等节距校正法的数据相同。设两段直线方程分别为

$$y = a_{01} + a_{11}x, 0 \leq x < 10.15 \tag{6.37}$$

$$y = a_{02} + a_{12}x, 10.15 \leq x < 20.21 \tag{6.38}$$

根据最小二乘法直线拟合的算法,由式(6.20)和式(6.22)求得

$$a_{01} = -0.122, a_{11} = 24.57, a_{02} = 9.05, a_{12} = 23.83 \tag{6.39}$$

可以验证,第一段直线的最大绝对误差发生在 130 ℃ 处,误差为 0.836 ℃,第二段直线的最大绝对误差发生在 250 ℃ 处,误差为 0.925 ℃。与两段非等节距的校正结果相比较可以看出,采用最小二乘法所得到的校正方程的绝对误差较小。

6.2.4 温度误差的补偿

智能仪器中的放大器、模拟开关、A/D 转换器等各种集成电路及传感器,都受温度的影响而产生温度误差,因此温度变化会影响整个仪器的性能指标。在智能仪器出现以前,电子仪器要采用各种硬件方法进行温度补偿,其线路很复杂。由于智能仪器中有计算机,可以充分发挥软件的优势,利用各种算法进行温度补偿。为此,需要建立比较精确的温度误差数学模型,并采用相应的算法。另外,为了实现自动补偿,必须在仪器里安装测温元件,常用的测温元件是 PN 二极管、热敏电阻或 AD590 等,它们接在线路中,可将温度转换成电量,经信号调理电路、A/D 转换器转换成与温度有关的数字量 θ,利用 θ 的变化计算温度的补偿量。

表示仪器温度误差的数学模型,需要通过理论分析或实验来建立。如某些传感器采用如下较简单的数学模型

$$y_c = y(1 + a_0\Delta\theta) + a_1\Delta\theta \tag{6.40}$$

式中　　y—— 未经温度误差校正的测量值;

　　　　y_c—— 经温度误差校正后的测量值;

　　　　$\Delta\theta$—— 实际工作环境温度与标准温度之差;

　　　　a_0, a_1—— 温度变化系数,a_1用于补偿零位漂移,a_0用于补偿传感器灵敏度的变化。

6.3　随机信号的处理与分析

为了克服随机干扰所引入的误差,可以采用硬件进行滤波。由于智能仪器中有微处理器,可以用软件算法来实现数字滤波。数字滤波可以抑制有效信号中的干扰成分,消除随机误差,同时对信号进行必要的平滑处理,以保证仪表及系统的正常运行。

由于计算技术的飞速发展,数字滤波器在通信、雷达、测量、控制等领域中得到了广泛的应用,它具有如下优点:

(1)数字滤波是计算机的运算过程,不需要硬件,因此可靠性高,不存在阻抗匹配问题,而且可以对频率很高或很低的信号进行滤波,这是模拟滤波器所不及的。

(2)数字滤波器是用软件算法实现的,因此可以使多个输入通道共用一个软件滤波器,从而降低仪表的成本。

(3)只要适当改变软件滤波程序或运算参数,就能方便地改变滤波器特性,这对于低频、脉冲干扰及随机噪声特别有效。

尽管数字滤波器具有许多模拟滤波器所不具备的特点,但它并不能代替模拟滤波器。因为输入信号必须转换成数字信号后才能进行数字滤波,有的输入信号很小,而且混有干扰信号,所以必须使用模拟输入滤波器。另外,在采样测量中,为了消除混叠现象,往往在信号输入端加抗混叠滤波器,这也是数字滤波器所不能代替的。可见,模拟滤波器和数字滤波器各有各的作用,都是智能仪器中不可缺少的。

智能仪器中常用的数字滤波算法有限幅滤波、中位值滤波、算术平均滤波、递推平均滤波、加权递推平均滤波和低通滤波等。

6.3.1　限幅滤波

尖脉冲干扰信号随时可能窜入智能仪器中,使得测量信号突然增大,造成严重失真。对于这种随机干扰,限幅滤波是一种十分有效的方法。其基本方法是通过比较相邻(n和$n-1$时刻)的两个采样值y_n和$\bar{y}_{n-1}$,如果它们的差值过大,超出了参数可能的最大变化范围,则认为发生了随机干扰,并视这次采样值y_n为非法值,予以剔除。y_n作废后,可以用$\bar{y}_{n-1}$代替y_n,或采用递推的方法,由$\bar{y}_{n-1}, \bar{y}_{n-2}$($n-1, n-2$时刻的滤波值)来近似推出$y_n$,其相应的算法为

$$\Delta y_n = |y_n - \bar{y}_{n-1}| \begin{cases} \leqslant a, \bar{y}_n = y_n \\ > a, \bar{y}_n = \bar{y}_{n-1} \end{cases} \tag{6.41}$$

式中　　a—— 相邻两个采样值之差的最大可能变化范围。

上述限幅滤波算法很容易用程序判断的方法 go 实现,故也称程序判断法。

在应用这种方法时,关键在于 a 值的选择。过程的动态特性决定其输出参数的变化速度。因此,通常按照参数可能的最大变化速度 V_{max} 及采样周期 T 决定 a 值,即

$$a = V_{max}T \qquad\qquad (6.42)$$

下面用 MCS – 51 程序实现式(6.42)给出的算法。

程序 6.6　限幅滤波子程序。

说明:设 DATA1 和 DATA2 为内部 RAM 单元,分别存放 y_{n-1} 和 y_n,滤波后返回滤波值。

```
float fliter( float  ∗ DATA1 ,float  ∗ DATA2 )
{
  float x,y;
  float a = 0.5;
  x = abs( ∗ DATA2 – ∗ DATA1 );          // 计算 | $y_n$ – $y_{n-1}$ |
  if( x > a)// 差值比较
  {
     ∗ DATA2 = ∗ DATA1 ;
  }
  return y = ∗ DATA2 ;                    // 返回滤波值
}
```

6.3.2　中位值滤波

中位值滤波就是对某一被测参数连续采样 n 次(一般 n 取奇数),然后把 n 次采样值按大小排队,取中间值为本次采样值。中位值滤波能有效地克服因偶然因素引起的波动或因仪器不稳定引起的误码所造成的脉冲干扰。对温度、液位等缓慢变化的被测参数,采用这种方法能收到良好的效果,但对于流量、压力等快速变化的参数,一般不采用此算法。

程序 6.7　中位值滤波子程序。

说明:DPTR 为存放采样值的内存单元首地址,每个采样值占 1 个字节,N 为采样值的个数,滤波后返回滤波值。

```
int fliter( int  ∗ DPTR ,int N)
{
  int i,j,k,temp;
  for( j = 0;j < N – 2;j ++ )              // 冒泡排序
  {
  for ( i = 0;i < N – j – 1;i ++ )
    if ( ∗ ( DPTR + i) > ∗ ( DPTR + i + 1))
    {
      temp = ∗ ( DPTR + i);
       ∗ ( DPTR + i) = ∗ ( DPTR + i + 1);
```

```
    *(DPTR + i + 1) = temp;
    }
  }
  return k = *(DPTR + (N - 1)/2);    // 取中间值返回
}
```

6.3.3　算术平均滤波

算术平均滤波法就是连续取 n 个采样值进行平均。其数学表达式为

$$\bar{y} = \frac{1}{N} \sum_{i=1}^{N} y_i \qquad (6.43)$$

算术平均滤波法用于对一般具有随机干扰的信号进行滤波。这种信号的特点是围绕着一个平均值,在某一范围附近做上下波动。因此仅取一个采样值作为滤波值是不准确的。算术平均滤波法对信号的平滑程度完全取决于 N。从理论上讲,在无系统误差的情况下,当 $N \to \infty$,其平均值趋近于最大期望值,但实际上 N 是有限的。当 N 较大时,平滑度高,但灵敏度低;当 N 较小时,平滑度低,但灵敏度高。应根据具体情况选取 N,既保证滤波效果,又尽量减少计算时间。

6.3.4　滑动平均值滤波

上面介绍的算术平均值滤波,每计算一次数据,需要测量 N 次。对于测量速度较慢或要求计算速度较高的实时系统,该方法是无法使用的。例如,某 ADC 芯片转换速率为 10 次 / 秒,而要求每秒输入 4 次数据时,则 N 不能大于 2。下面介绍一种只需进行一次测量,就能得到一个新的算术平均值的方法 —— 滑动平均值法。

滑动平均值法采用队列作为测量数据存储器,队列的长度固定为 N,每进行一次新的测量,把测量结果放于队尾,而扔掉原来队首的一个数据。这样在队列中始终有 N 个最新的数据。计算平均值时,只要把队列中的 N 个数据进行算术平均,就可得到新的算术平均值。这样每进行一次测量,就可计算得到一个新的算术平均值。

程序 6.8　滑动平均值滤波程序。

采用循环队列来实现滑动平均值滤波,该程序调用子程序 GETdata(根据具体情况自己编制)输入一个 X 值(三字节浮点数),然后把它放入一个长度为 16 的队列中;最后计算队列中 16 个数据的算术平均值,作为滑动平均滤波的结果。初始时,循环队列中各元素均为 0,指针也为队列首地址。插入一个数据 x 后,指针加 1。当指针等于 16 时,重新调整为队列首地址。程序如下:

```
main()
{
  int i,j = 0;
  float *DPTR,X,Y = 0;
  float dat[16] = 0;
  DPTR = &(dat[0]);
```

```
while(1)
{
    Y = 0;
    X = GETdata();                    // 调用子程序输入 X
    if(j < 16)                        // 初始时元素入队列
    {
        *(DPTR + j * 3) = X;
        j = j + 1;
    }
    else                              // 新元素入队列
    {
        for(i = 14;i >= 0;i --)
        {
            *(DPTR + i * 3 + 3) = *(DPTR + i * 3);
        }
        *DPTR = X;
    }

    for(i = 0;i < 16;i ++)            // 队列元素累加
    {
        Y = Y + *(DPTR + i * 3);
    }
    Y = Y/16;                         // 计算新的平均值

    Prosess(Y);                       // 调用滤波值处理程序
}
}
```

6.3.5　低通数字滤波

将描述普通硬件 RC 低通滤波器特性的微分方程用差分方程来表示,便可以用软件算法来模拟硬件滤波器的功能。简单的 RC 低通滤波器的传递函数可以写为

$$G(S) = \frac{Y(s)}{X(s)} = \frac{1}{\tau s + 1} \tag{6.44}$$

式中　τ—— 滤波器的时间常数,$\tau = RC$。

由式(6.44)可以看出,RC 低通滤波器实际上是一个一阶滞后滤波系统。将式(6.44)离散可得其差分方程的表达式为

$$Y(n) = (1 - \alpha)Y(n - 1) + \alpha X(n) \tag{6.45}$$

式中　$X(n)$—— 本次采样值;

$Y(n)$—— 本次滤波的输出值；

$Y(n-1)$—— 上次滤波的输出值；

α—— 滤波平滑系数，$\alpha = 1 - e^{-T/\tau}$；

T—— 采样周期。

由于采样时间 T 远小于 τ，因此 α 远小于 1。结合式(6.45)可以看出，本次滤波的输出值 $Y(n)$ 主要取决于上次滤波的输出值 $Y(n-1)$，注意，不是上次的采样值。本次采样值对滤波的输出值贡献比较小，这就模拟了具有较大惯性的低通滤波功能。低通数字滤波对滤除变化非常缓慢的被测信号中的干扰是很有效的。硬件模拟滤波器在处理低频时，电路实现很困难，而数字滤波器不存在这个问题。实现低通数字滤波的流程图如图 6.11 所示。

图 6.11　RC 低通数字滤波的流程图

式(6.45)所表达的低通滤波的算法与加权平均滤波有一定的相似之处，低通滤波算法中只有两个系数 α 和 $1-\alpha$。并且式(6.45)的基本意图是加重上次滤波器输出的值，因而在输出过程中，任何快速的脉冲干扰都将被滤掉，仅保留缓慢的信号变化，故称之为低通滤波。

假如将式(6.45)变化为

$$Y(K) = \alpha X(K) - (1 - \alpha) Y(K-1) \tag{6.46}$$

则可实现高通数字滤波。

6.4　标度变换

智能仪器在测量过程中，通常首先采用传感器将外界的各种信号变换成模拟电信号，然后将其转换为微处理器能接收的数字信号。由于被测对象的各种数据的量纲与 A/D 转换器的输入值不尽相同，这些参数经传感器和 A/D 转换后得到的二进制数码并不一定等于原来带有量纲的参数值，仅对应于参数值相对量的大小，因此必须将其转换成带有量纲的工程值后才可进行运算和显示,这种转换过程即为标度变换。标度变换具有各种类型,它取决于被测定参数传感器的传输特性,智能仪器设计过程中应根据实际要求来选用适当的标度变换方法。

标度变换通过一个关系式,用测量到的数字量表示出被测物理量的客观值,通常分为线性和非线性参数标度变换。

6.4.1　线性参数标度变换

线性参数标度变换是最常用的标度变换,其变换的前提条件是被测参数与 A/D 转换结果为线性关系。

线性标度变换的公式为

$$A_x = A_0 + (A_m - A_0) \frac{N_x - N_0}{N_m - N_0} \tag{6.47}$$

做变换得

$$\frac{A_x - A_0}{A_m - A_0} = \frac{N_x - N_0}{N_m - N_0} \tag{6.48}$$

式中　　A_0——测量仪表量程的下限;

A_m——测量仪表量程的上限;

A_x——实际测量值(工程量);

N_0——仪表下限所对应的数字量;

N_m——仪表上限所对应的数字量;

N_x——测量值所对应的数字量。

为了使程序设计简单,一般设下限 A_0 所对应的数字量 $N_0 = 0$,则式(6.48)可写成

$$A_x = A_0 + (A_m - A_0) \frac{N_x}{N_m} \tag{6.49}$$

在多数测量系统中,仪表下限值 $A_0 = 0$,对应的 $N_0 = 0$,则式(6.49)可进一步简化为

$$A_x = A_m \frac{N_x}{N_m} \tag{6.50}$$

式(6.41)~(6.50)即为在不同情况下的线性刻度仪表测量参数的标度变换公式。

6.4.2　非线性参数标度变换

在一般情况下,非线性参数的变化规律各不相同,故其标度变换公式也需根据各自的具体情况建立,通常采用下述两种方法:按变化规律直接进行标度变换;先进行非线性校正,然后再按线性标度变换进行。

下面以具体实例介绍通过被测量各个参数间的关系来确定标度变换公式的方法。在流量测量中,流量与压差之间的关系为

$$Q = K\sqrt{\Delta P} \tag{6.51}$$

式中　　Q——流量;

ΔP——节流装置的压差;

K—— 刻度系数,与流体的性质和节流装置的尺寸有关。

可见,流体的流量与被测流体流过节流装置前后产生的压力差的平方根成正比,由此可得到测量流体时的标度变换公式,即

$$Q_x = Q_0 + (Q_m - Q_0) \sqrt{\frac{N_x - N_0}{N_m - N_0}} \tag{6.52}$$

式中　　Q_x—— 被测流体的流量值;

　　　　Q_m—— 流量仪表的上限值;

　　　　Q_0—— 流量仪表的下限值;

　　　　N_x—— 所测得的压差的数字量;

　　　　N_m—— 压差上限所对应的数字量;

　　　　N_0—— 压差下限所对应的数字量。

其中,Q_m, Q_0, N_m, N_0 均为常数,令

$$K_1 = \frac{Q_m - Q_0}{\sqrt{N_m - N_0}} \tag{6.53}$$

则有

$$Q_x = Q_0 + K_1 \sqrt{N_x - N_0} \tag{6.54}$$

若取 $N_0 = 0$,则

$$Q_x = Q_0 + K_1 \sqrt{N_x} \tag{6.55}$$

6.5　智能仪器系统软件的组成与设计

智能仪器的系统软件不仅要处理来自键盘、通信接口的命令,实现人机对话、机机对话,更重要的是,它具有实时处理能力,可以实时处理中断申请,完成各种测量及控制功能。仪表的功能主要由中断服务程序来实现。

智能仪器系统软件由主监控软件、键盘显示器管理模块、外设中断管理处理模块、各种功能模块(子程序块及子程序库)和数据表模块构成。其组成框图如图 6.12 所示。

图 6.12　智能仪器系统软件组成框图

6.5.1　监控主程序

监控主程序是主程序,是整个仪器软件的核心,上电复位后仪器首先进入监控主程序。主监控程序一般都被放在 0 号单元开始的内存中,它的任务是识别命令、解释命令,并获得

完成该命令的相应模块的入口。如果把整个软件比作一棵树,则监控主程序就是树干,其余是树枝和树叶。监控主程序可引导仪器进入正常工作状态,并协调各部分软硬件有条不紊地工作。

监控主程序通常包括对系统中可编程器件输入、输出口参数的初始化、自检、调用键盘显示管理模块以及实时中断管理和处理模块等功能。除初始化和自检外,监控主程序一般总是把其余部分连接起来构成一个无限循环,仪表所有功能都在这一循环中周而复始地有选择地执行。除非掉电或按复位(RESET)键。图 6.13 为监控主程序框图。

图 6.13 监控主程序

上述监控主程序是一种示例,不同的硬件、不同的系统采取的主监控方法也不相同。在这种监控系统中,首先进入初始化,然后再进行自检,自检后即等待键盘/外设中断,若有中断,首先区分是键盘中断还是外设。若是键盘中断,设立键盘服务标志;若是外设中断,需判明是手动还是自动,根据相应的状态转入相应的中断服务子程序中。无论什么中断,执行完之后,都必须返回到主监控程序中,继续执行主监控程序。编制程序时要注意程序可能产生的各种结果,防止出现死循环。

6.5.2 键盘管理

智能仪器的键盘可以采用编码式键盘,也可采用软件扫描方式(非编码键盘)。不论采用哪一种方法,在获得当前按键值后,都要转入相应的键盘服务程序入口,以便完成相应的功能。各键所能完成的具体功能由设计者根据仪表总体要求,兼顾软件、硬件,从合理、方便、经济等因素出发来确定。目前常用两种方法,即一键一义和一键多义。

1. 直接分析法

直接分析法即一个按键代表一个确切的命令或一个数字。编程时,只要根据当前按键的编码,把程序直接分支到相应的处理模块的入口,而无需知道在此以前的情况。其软件框图如图 6.14 所示。

图 6.14　直接分析法键盘管理

微处理器平时周而复始地扫描键盘,当发现按键时,首先判别是命令键还是数字键。若是数字键,则把按键读数存入存储器,通常不进行显示;若是命令键,则根据按键查阅转移表以获得处理程序的入口。处理程序执行完后继续扫描键盘。直接分析法的核心是一键一义的转移表。表内按顺序登记各个处理子程序的入口。

2. 状态矩阵法

在一键多义的情况下,一个命令不是用一次按键,而是由一个按键序列所组成。换句话说,对一个按键含义的解释,除了取决于本次按键之外,还取决于以前按了哪些键。因此对一键多义的监控程序,首先要判断一个按键序列,是否已构成命令。若已构成命令,则执行命令,否则等待重新输入新的值。

当智能仪器按键与复用次数较多时,命令的识别与处理子程序的执行交织在一起,互相牵连,导致程序结构复杂而凌乱无序,不易修改、阅读与调试。此时,采用状态矩阵法对监控程序进行设计,可以有效避免上述问题。“状态”是系统理论中的一个基本概念。系统状态可通过表征系统的最小一组变量,即状态变量进行表示,只要知道了在 $t = t_0$ 时的这组变量和当 $t \geqslant t_0$ 时的输入,那么就完全能确定系统在任何时间 $t \geqslant t_0$ 的行为。

智能仪器的监控程序可以看作一个系统。在 t_0 时刻以前的按键序列 $K_{C-1}, K_{C-2}, \cdots$ 决定了 $t \geqslant t_0$ 时按键 K_C 输入后系统的行为。因此,所谓监控程序的当前状态(简称现态,用PREST 表示)就是按键序列 $K_{C-1}, K_{C-2}, \cdots$ 所带来的影响系统行为的信息总合,即 PRBST = $f(K_{C-1}, K_{C-2}, \cdots)$。

在每个状态,各按键都有确定的含义。在不同的状态,同一个按键具有不同的含义。引入状态概念后,只需在存储器内开辟存储单元“记住”当前状态,而不必记住以前各次按键情况,就能对当前按键的含义做出正确的解释,进而简化程序设计。

在任一状态下,当按下某个按键时,执行某个处理程序并变迁到下一状态(称为下态,用 NEXST 表示),这可用状态矩阵(表 6.2)表示,该矩阵称为状态矩,或称状态表。状态表明确表示了在每个状态下,接收各种按键时所应进行的实际动作,也规定了状态的变迁。

表6.2　状态矩阵

按键 状态	K_1		K_2		…	…	K_n	
ST_0	SUB_{01}	$NEXST_{01}$	SUB_{02}	$NEXST_{02}$	…	…	SUB_{0n}	$NEXST_{0n}$
ST_1	SUB_{11}	$NEXST_{11}$	SUB_{12}	$NEXST_{12}$	…	…	SUB_{1n}	$NEXST_{1n}$
…	…	…	…	…	…	…	…	…
ST_m	SUB_{m1}	$NEXST_{m1}$	SUB_{m2}	$NEXST_{m2}$	…	…	SUB_{mn}	$NEXST_{mn}$

实际上并非所有的按键与状态的组合都有意义。此时的矩阵往往是一个稀疏矩阵。若直接利用稀疏矩阵,则占用内存量大,程序运行速度也慢,这是不合理的。因而必须进行压缩,将那些无效组合集中起来进行处理(表6.3),稍微改变排列。

表6.3　压缩后的状态矩阵

PREST	KEY	SUB	NEXST
ST_0	K_1	SUB_{01}	$NEXST_{01}$
	K_2	SUB_{02}	$NEXST_{02}$
	K_4	SUB_{04}	$NEXST_{04}$
	…	…	…
	*	SUB_{0*}	$NEXST_{0*}$
ST_1	K_1	SUB_{11}	$NEXST_{11}$
	K_2	SUB_{12}	$NEXST_{12}$
	K_5	SUB_{15}	$NEXST_{15}$
	…	…	…
	*	SUB_{1*}	$NEXST_{1*}$

以一电压频率计为例,其面板键盘如图6.15所示。其中,F,T,TA-B 及 V 键规定了仪器的测量功能,SET 键规定了数字键 0~9 及小数点键作输入常数或自诊断用。GATE 键规定数字键作闸门时间或电压量程。若按 OFS 键奇数次,则进入偏移工作方式;若按 OFS 键偶数次,则为正常工作方式。按 CHS 键规定为负偏移方式,把测量结果减去偏移后再显示;否则为正偏移方式。

根据仪器功能整理得到键盘状态,如图6.16所示。图中,用方框表示状态;流线旁的字母表示按键;符号"DIG"表示数字键(包括小数点键);" * "表示该状态内未定义按键。

以按 SET 键为例来说明键盘的状态变迁。仪器初始通电后处于 0 状态。第一次按 SET

图 6.15　电压频率计键盘

图 6.16　键盘状态图

键后进入 1 状态。这时可按数字键置入常数;按 CHS 键改变常数符号;按 RESET 键迁移到 5 状态;第二次按 SET 键后迁移到 3 状态;按其他任意键回到 0 状态。在 3 状态时,数字键用作选择仪器 11 种自诊断模式中的一种;按 RESET 键后,迁移到 4 状态,进行键盘检测。若再一次按 RESET 键,则迁移到 5 状态。由此可见,在 1,3,4 这 3 种不同的状态下,按同一个 RESET 键,能产生不同的功能。

根据状态图可绘制键盘的状态矩阵,见表 6.4。表中 0 状态为无操作、等待;1 状态为测频;2 状态为测周期;3 状态为测时间间隔;4 状态为测电压;5 状态为改变偏移标志,启动测量;6 状态为回到初始状态,启动测量;7 状态为输入常数、等待;8 状态为改变常数符号、等待;9 状态为设置闸门时间或电压量程,启动测量;10 状态为自诊断工作方式;11 状态为键盘检测。

表 6.4 键盘的状态矩阵

状态	按键	下态	子程序
0	F	5	1
	T	5	2
	TA−B	5	3
	V	5	4
	SET	1	0
	GATE	2	0
	OFS	5	5
	*	5	0
1	DIG	1	7
	CHS	1	8
	SET	3	0
	RESET	5	6
	*	0	0
2	DIG	5	9
	RESET	5	6
	*	0	0
3	DIG	3	10
	RESET	4	0
	*	0	0
4	RESET	5	6
	*	4	11
5	*	0	0

为实现监控程序的设计,需要对按键进行编码,见表 6.5。为压缩状态表的长度,将键码分成 FNKY 与 NUMB 两部分。对于数字键,FNKY =1;对于命令键,NUMB=0。

键盘监控程序流程图如图 6.17 所示,相应中断后根据现态 PREST 与 FNKY 去查阅状态表。当发现 PREST 与 FNKY 和状态表中的相应项分别相等时,就取出表中的 NEXST 与 SUB 参数。将 NEXST 送入 PREST 作为现态,同时调用 SUB 子程序。

使用状态矩阵法设计监控程序,主要具有以下优点:应用一张状态表,统一处理任何的按键组合。使按键序列的编译过程简捷、直观,设计的程序容易阅读;翻译、解释按键序列与执行子程序分隔开来,因此键盘监控程序的设计不受其他程序的影响;若仪器键盘功能改变,监控程序无须重写,只需修改状态表;当键盘功能越强,按键复用次数越多时,此法的效率越高。

表 6.5　电压频率计的状态矩阵

键名	键码	FNKY	NUMB
0	00	01	00
1	01	01	01
2	02	01	02
3	03	01	03
4	04	01	04
5	05	01	05
6	06	01	06
7	07	01	07
8	08	01	08
9	09	01	09
•	0A	01	0A
F	0B	02	00
T	0C	03	00
TA−B	0D	04	00
V	0E	05	00
SET	0F	06	00
GATE	10	07	00
OFS	11	08	00
CHS	12	09	00
RESET	13	0A	00

6.5.3　中断管理及处理

为适应实时处理功能,使仪表能及时处理各种可能事件,所有的智能仪器几乎都具有中断功能,即允许被控过程的某一状态或键盘操作来中断仪器正在进行的工作,转而处理该过程的实时问题。当处理完成后,仪器再回去执行原先的任务,即主监控中确认的工作。一般说来,未经事先"同意"(开中断),仪器将不响应各种中断。

在微处理器中有一个允许中断的触发器,该触发器程序控制下置位或清零。当刚接通电源或在一次中断发生后,这个触发器会自动清零。只要"允许中断"触发器被清零,微处理器就拒绝中断请求。此时任何设备企图中断微处理器将都不予以理睬。

刚上电时,微处理器自动封锁中断,因而它可以不受干扰地执行初始化例行程序和自检。在完成各项准备之后,微处理器开始工作,在操作中首先"允许中断"。为了能准确地

图 6.17 键盘监控程序流程图

检测出何时有中断发生,CPU 具有一条 $\overline{\text{INT}}$ 控制线,当存在中断时,$\overline{\text{INT}}=0$ 有效,CPU 就响应中断,进入"中断工作方式"。

中断过程如下:

(1)必须暂时保护程序计数器的内容,以便使 CPU 在需要时能回到它产生中断时所处的状态。

(2)将中断服务程序的地址送入程序计数器。这个服务程序能准确地完成引起中断的设备所要求的操作。

(3)在中断服务程序开始时,必须将服务程序需要使用的 CPU 寄存器(如累加器、标志寄存器、专用的暂存器等)内容暂时保护起来,并在服务程序结束时再恢复其内容。否则,当服务程序由于自身的目的,可能会改变这些寄存器的内容,那 CPU 返回到被中断的程序时就会发生混乱。

（4）对于引起中断而将 INT 设为低电平的设备,微处理器必须进行适当的操作,使 INT 再次变为高电平。

（5）如果允许发生中断,则须将允许中断触发器再次置位。

（6）执行完中断服务程序时,应恢复程序计数器原先保存的内容,以便返回到被中断的程序。

以上仅讨论了只有一个中断源的情况,事实上,在实际系统中往往有两个以上的中断源,因此设计者要根据仪器的功能特点,确定多个中断的优先级,在软件上做出相应的处理。运行时,当各个中断源同时申请时,主 CPU 要识别中断源的优先级别,先响应高级别的中断请求;另外,当 CPU 在处理中断时,还要能响应更高级的中断请求,而屏蔽掉同级或低级的中断请求。

6.5.4　子程序模块

智能仪器的系统软件通常是由模块化设计来构造的,把仪表软件按功能分成一个个功能模块,再把每个功能模块分成一个个模块,最终成为一个个功能十分具体的、不太大的基本模块。微处理器中常用模块如下:

算术逻辑运算	双精度加/减法
	单精度乘/除法
	双精度乘/除法
	BCD↔二进制转换
	比较
	求极值
	搜索
测量算法	数字滤波
	标度变换
	非线性校正
控制算法	PID 算法
	串级,比值,纯滞后算法
	上、下限比较及报警
	输出限幅
过程通道	A/D 采样
	多通道切换
	D/A 输出
	开关量输入输出
人机对话	键盘管理
	参数设置及修改
	显示管理
	打印管理
实时时钟	

　　对于不同的系统,模块的划分与功能可以各不相同,其模块的程序设计可参考典型程序进行。

思考题与习题

　　1. 试述几种线性表查表方法。

　　2. 试述链表的插入、删除和查找原理。

　　3. 简述两种系统误差模型的建立方法。

　　4. 进行非线性特性的校正时,一般有哪几种方法?

　　5. 试述仪器零位误差和增益误差的校正方法。

　　6. 采用数字滤波算法克服随机误差具有哪些优点?

　　7. 常用的数字滤波方法有哪些? 说明各种滤波算法的特点和使用场合。

　　8. 简述标度变换的意义与常用方法。

　　9. 技术软测量技术的应用条件与常用建模方法。

　　10. 智能仪器系统软件由哪几部分构成? 请分别叙述各部分的功能。

　　11. 状态矩阵法编写智能仪器监控程序有何特点?

第7章　智能仪器的自检、自校准和自动测量技术

测量的准确度和可靠性是智能仪器的两项基本技术指标。对仪器的故障进行检测和诊断可及时发现错误、排除故障,使仪器可靠地工作。引入自校准功能,可极大地提高仪器的测量精度。同时,自动测量是智能仪器不可缺少的重要功能,可使仪器操作人员省去大量烦琐的人工调节。本章主要介绍智能仪器的自检、自校准和自动测量中常用的量程自动转换技术。

7.1　智能仪器的自检技术

仪器产生故障的因素很多。从外部因素讲,强电磁场的冲击,电网电压的冲击,机械振动,温度、湿度的变化等对都会对仪器产生影响。或者使用和维护不当,都可引起仪器的接插件、内部元器件和电路板的工作不良、损坏或失效,或者造成短路、击穿、断路、接触不良等。从内部因素看,随着时间的变化,仪器内部元器件和电路板的老化引起其性能下降和参数变化,这种变化超过一定的容限时就会形成仪器故障。此外,与传统仪器不同,智能仪器除硬件故障外,还可能出现软件故障。

对待故障的策略就是测试故障,在故障产生时或产生前及时发现、及时排除,从而使仪器可靠地工作。所谓自检就是利用事先编制好的检测程序对仪器的主要部件进行自动检测,并对故障进行定位。自检功能给智能仪器的使用和维修带来很大的方便。

7.1.1　自检内容

智能仪器的自检,主要是针对以下部件:

(1)仪器的数字电路部件,包括中央处理器(CPU)、存储器(RAM,ROM,EPROM)、输入输出接口、逻辑控制电路及总线等。

(2)仪器的模拟电路部件,包括模拟量输入通道、模拟量输出通道、电源及标准参考源等。

(3)仪器的软件部分。

在自检过程中,如果检测仪器出现某些故障,则利用智能仪器的显示器,以文字或数字的形式显示"出错代码",出错代码通常以"Error X"字样表示,其中"X"为故障代号,操作人员根据"出错代码",查阅仪器手册便可确定故障内容。仪器除了给出故障代号之外,往往还给出指示灯的闪烁或者音响报警信号,以提醒操作人员注意。

7.1.2　自检方式

智能仪器的自检方式有 4 种类型,即开机自检、周期自检、按键自检和连续监控。

（1）开机自检。

开机自检是对仪器正式投入运行之前所进行的全面检查,在仪器电源接通或复位之后进行。在自检过程中,如果没发现问题,就自动进入测量程序,如果发现问题,则及时报警,以避免仪器带病工作。

（2）周期性自检。

周期性自检是在仪器运行过程中,间断插入的自检操作,这种自检方式可以保证仪器在使用过程中一直处于正常状态。周期性自检不影响仪器的正常工作,因而只有当出现故障给予报警时,用户才会觉察。

（3）键盘自检。

键盘自检是通过按动仪器面板上的"自检"按键实现的,当用户对仪器的可信度发生怀疑时,便通过该键来启动一次自检过程。仪器面板上若不设"自检"按键,则不能进行。

（4）连续监控。

连续监控需要在仪器内设有专门电路或者检错码,时刻监视仪器运行状态,一旦出现某种故障,就停止仪器工作,转入出错处理。

7.1.3　自检实例

以下介绍智能仪器中常用部件的自检实例和软件程序设计思想。

1. ROM 或 EPROM 的自检

由于 ROM 中存在着仪器的控制软件,因而对 ROM 的检测是至关重要的。ROM 故障的测量算法常采用"校验和"方法。具体做法是:当程序机器码写入 ROM 时,保留一个单元（一般是最后一个单元）,此单元不写程序机器码,而是写"校验字","校验字"应能满足 ROM 中所有单元的每一列都具有奇数个 1。自检程序的内容是:对每一列数进行异或运算,如果 ROM 无故障,各列的运算结果应都为"1",即校验和等于 FFH。这种算法见表7.1。

表 7.1　测试指针表

测试指针	入口地址	故障代号	偏移量
TSTPT	TST0	0	偏移 = TNUM
	TST1	1	
	TST2	2	
	TST3	3	
	…	…	

理论上,这种方法不能发现同一位上的偶数个错误,但是这种错误的概率很小,一般可以不予考虑。若要考虑,须采用更复杂的校验方法。

2. RAM 的自检

数据存储器 RAM 是否正常地测量算法,是通过检验其"读/写功能"的有效性来体现的。通常选用特征字 55H(01010101B) 和 AAH(10101010B) 分别对 RAM 每个单元进行先写后读的操作,判别读/写内容是否相符的常用方法是"异或法",即把 RAM 单元的内容求反并与原码进行"异或"运算,如果结果为 FFH,则表明该 RAM 单元读/写功能正常,否则说明该单元有故障。最后再恢复原单元内容。上述检验属于破坏性检验,只能用于开机自检。

3. 总线的自检

许多智能仪器中的微处理器总线都是经过缓冲器再与各 I/O 器件和插件等相连接,这样即使缓冲器以外的总线出了故障,也能维持微处理器正常工作。这里所谓总线的自检是指对经过缓冲器的总线进行检测。由于总线没有记忆能力,因此设置了两组锁存触发器,用于分别记忆地址总线和数据总线上的信息。这样,只要执行一条对存储器或 I/O 设备的写操作指令,地址线和数据线上的信息便能分到两组 8D 触发器(地址锁存触发器和数据锁存触发器)中,我们通过对这两组锁存触发器分别进行读操作,便可判知总线是否存在故障。

总线自检程序应该对每一根总线分别进行检测。具体做法是使被检测的每根总线依次为 1 状态,其余总线为 0 状态。如果某总线停留在 0 状态或 1 状态,说明有故障存在。总线故障一般是由于印刷线路板工艺不佳使两线相碰等原因而引起的。需要指出的是,存有自检程序的 ROM 芯片与 CPU 的连线不应通过缓冲器,否则,若总线出现故障,便不能进行自检。

4. 显示与键盘的自检

智能仪器显示器、键盘等 I/O 设备的检测往往采用与操作者合作的方式进行。检测程序的内容如下:先进行一系列预定的 I/O 操作,然后操作者对这些 I/O 操作的结果进行验收,如果结果与预先设定的一致,就认为功能正常,否则,应对有关 I/O 通道进行检修。

键盘检测的方法:CPU 每取得一个按键闭合信号,就反馈一个信息。如果按下某单个按键无反馈信息,往往是该键接触不良;如果按某一排键均无反馈信号,则一定与对应的电路或扫描信号有关。

显示器的检测一般有两种方式:一种是让各显示器全部发亮,即显示出 888······当显示表明显示器各发光段均能正常发光时,操作人员只要按任意键,显示器应全部熄灭片刻,然后脱离自检方式进入其他操作;第二种方式是让显示器显示某些特征字,几秒钟后自动进入其他操作。

5. 自检程序设计

上面介绍的各自检项目一般应该分别编成子程序,以便需要时调用。设各段子程序的入口地址为 TSTi($i=0,1,2,\cdots$),对应的故障代号为 TNUM($0,1,2,\cdots$)。编程时,由序号通过表 7.1 所示的测试指针表(TSTPT)来寻找某一项自检子程序入口,若检测有故障发生,便显示其故障代号 TNUM。对于周期性自检,由于它是在测量间隙进行的,为了不影响仪器的正常工作,有些周期性自检项目不宜安排,如显示器周期性自检、键盘周期性自检、破坏性 RAM 周期性自检等,而对开机自检和键盘自检则不存在这个问题。

一个典型的含有自检的智能仪器操作流程图如图 7.1 所示。其中开机自检被安排在仪器初始化之前进行,检测项目尽量多选。周期性自检 STEST 被安排在两次测量循环之间进行,由于允许两次测量循环之间的时间间隙有限,所以一般每次只插入一项自检内容,多次测量之后才能完成仪器的全部自检项目。图 7.2 给出了能完成上述任务的周期性自检子程序的操作流程图。根据指针 TNUM 进入 TSTPT 表取得子程序 TSTi 并执行之。如果发现有

图 7.1　含自检的仪器操作流程图

图 7.2　周期性自检子程序的操作流程图

故障,就进入故障显示操作。故障显示操作一般首先熄灭全部显示器,然后显示故障代号
TNUM,提醒操作人员仪器已有故障。当操作人员按下任意键后,仪器就退出故障显示(有
些仪器设计在故障显示一定时间之后自动退出)。无论故障发生与否,每进行一项自检,就

使 TNUM 加 1,以便在下一次测量间隙中进行另一项自检。

上述自检软件的编程方法具有一般性,由于各类仪器功能及性能差别很大,一台智能仪器实际自检算法的制订应结合各自的特点来考虑。

7.2　智能仪器的自校准技术

与传统仪器的手动校准不同,由于智能仪器都是可程控的,在控制器的程控命令指挥下,校准完全可以自动进行,它分为内部校准和外部校准两种方式。

7.2.1　仪器的系统误差及其校准

仪器准确度是用测量误差来衡量的,测量误差包括偶然误差和系统误差。偶然误差主要是由于周围环境和仪器内部的偶然因素的作用造成的。为了减小偶然误差,除了要稳定测量环境外,还要在规定条件下对被测量进行多次测量,再利用统计方法对测量数据进行平均和滤波处理。系统误差是由于仪器内部和外部固定不变或按确定规律变化的因素的作用造成的。可利用校准的方法来减小仪器的系统误差。所谓校准可用两种不同的实现方法。

(1)根据系统误差的变化规律,采用一定的测量方法或计算方法,将它从仪器的测量结果中扣除。

(2)准确度等级高的仪器,其系统误差小。因此,可用准确度高的标准仪器去修正准确度低的被测仪器。这里有两种方案可供使用:

①采用同类型的准确度高的标准仪器(图 7.3)。校准时,标准仪器和被校仪器同时测量信号源输出的一个信号,标准仪器的显示值作为被测信号的真值,它与被校仪器显示值的差值即为该仪器的测量误差。由小到大改变信号源的输出,可以获得仪器在所有测量点上的校准值。

图 7.3　用同类型标准仪器进行比对校准

②采用准确度高的可步进调节输出值的标准信号源(图 7.4)。校准时,信号源的示值作为真值,它与被校仪器示值的差值就是该仪器的测量误差。从小到大调节标准源的输出,可以测量出被校仪器在所有测量点上的校准值。

图 7.4　用标准信号源进行校准

7.2.2　仪器内部自动校准

仪器内部自动校准技术利用仪器内部微处理器和内附的校准源消除环境因素对测量准确度的影响,以补偿工作环境的变化。它根据系统误差的变化规律,使用一定的测量方法或计算方法来扣除系统误差。仪器内部自动校准不需要任何外部设备和连线,只需要按要求启动内部自动校准程序即可完成自动校准。下面介绍常用的仪器内部自动校准方法。

1. 输入偏置电流自动校准

输入放大器是高精度智能仪器仪表的常用部件之一,应保证仪器的高输入阻抗、低输入偏置电流和低漂移性能,否则会给测量带来误差。例如,数字多用表为了消除输入偏置电流带来的误差,设计了输入偏置电流的自动补偿和校准电路。如图 7.5 所示,在仪器输入高端和低端连接一个带有屏蔽的 10 MΩ 电阻盒,输入偏置电流 I_b 在该电阻上产生电压降,经A/D 转换后存储于非易失性校准存储器内,作为输入偏置电流的修正值。正常测量时,微处理器根据修正值选出适当的数字量到 D/A 转换器,经输入偏置电流补偿电路产生补偿电流,抵消 I_b,从而消除仪器输入偏置电流带来的测量误差。

图 7.5　输入偏置电流自动校准原理图

2. 零点漂移自动校准

仪器仪表零点漂移是造成零点误差的主要原因之一。智能仪器可自动进行零点偏移校准。校准时需中断正常的测量过程,把输入端短路(使输入为零),这时包括传感器在内整个仪器的输入通道的输出为零位输出。但由于存在零点漂移误差,使仪器的输出值并不为零。根据整个仪器的增益,将仪器的输出值折算成输入通道的零位输入值,并把这一零位输入值存在内存单元中。在正常测量过程中,仪器在每次测量后均从采样值中减去原先存入的零位值,从而实现零点校准。这种零点校准法已经在智能化数字电压表、数字欧姆表等仪器中得到广泛的应用。需要特别注意的是,在使用校准源进行零点偏移校准前,一般应分别执行正零点和负零点偏移的校准,并同时存储于校准存储器中。

3. 增益误差自动校准

在智能仪器的测量输入通道中,除了存在零点漂移外,放大电器的增益误差及器件的不稳定因素也会影响测量数据的准确性,因而必须对这类误差进行校准。增益自动校准的基本思想是:在仪器开机后或每隔一定时间,测量一次基准参数,如数字电压表测量基准电压和接地零电压,然后用前面介绍的建立误差校正模型的方法,确定并存储校正模型的参数。在正式测量时,根据测量结果和校正模型求校准值。增益误差自动校准原理如图 7.6 所示。

图7.6 增益误差自动校准原理图

该电路的输入部分有一个多路开关,由仪器内的微计算机控制。校准时先把开关接地,测出这时的输出 x_o。然后把开关接到基准电压 U_R,测量输出值 x_1,并将 x_o 和 x_i 存入内存中。通过计算可得到式(7.3)所示的校准方程。

校准的关键在于建立系统误差模型。误差模型的数学表达式中含有若干个表示误差的系数,为此需要通过校准方法确定这些系数。例如,设信号测量值和实际值是线性关系,利用上述电路分别测量标准电源 U_R 和接地短路电压信号,由此获得两个误差方程为

$$\begin{aligned} U_R &= a_1 x_1 + a_0 \\ 0 &= a_1 x_0 + a_0 \end{aligned} \tag{7.1}$$

式中　x_1, x_0——两次的测量值。

解方程组可得

$$a_1 = \frac{U_R}{x_1 - x_0}, a_0 = \frac{U_R x_0}{x_0 - x_1} \tag{7.2}$$

从而,得到校准算式为

$$y = \frac{U_R(x - x_0)}{x_1 - x_0} \tag{7.3}$$

这样,对于任何输入电压 U,可以利用校准方程 (7.3) 对测量结果进行校准,从而消除仪器零点漂移和增益误差。

7.2.3 仪器外部自动校准

仪器外部自动校准通常采用高精度的外部标准。在进行外部校准时,仪器校准常数要参照外部标准来调整。例如,一些智能仪器只需要操作者按下自动校准的按键,仪器显示屏便提示操作者应输入的标准电压;操作者按提示要求将相应标准电压加到输入端之后,再按一次键,仪器就进行一次测量,并将标准量(或标准系数)存入到校准存储器;然后显示器提示下一个要求输入的标准电压值,再重复上述测量存储过程。当对预定的校正测量完成之后,校准程序还能自动计算每两个校准点之间的插值公式的系数,并把这些系数也存入校准存储器,这样就在仪器内部固定存储了一张校准表和一张插值公式系数表。在正式测量时,它们将同测量结果一起形成经过修正的准确测量值。校准存储器可以采用 E^2PROM 或 Flash ROM,以确保断电后数据不丢失。

外部校准一旦完成,新的校准常数就被保存在测量仪器存储器的被保护区域内,而且用户无法改变,这样就保护了由于偶然的调整对校准完整性的影响。由制造商提供相应的校准流程和在基于计算机的测量仪器装置上进行外部校准所必需的校准软件。

7.3　智能仪器的自动测量技术

许多智能仪器的输入信号动态范围都很大,为了保证系统的测量精度,需要设计量程的自动转换功能。自动量程转换电路可以采用控制程控增益放大器的方法来实现,也可以通过控制模拟开关的切换来实现。

7.3.1　基本要求

自动量程转换是大多数通用智能测试仪器的基本功能。自动量程能根据被测量的大小自动选择合适量程,以保证测量值有足够的分辨力和准确度。除此之外,自动量程转换还应满足以下基本要求。

1. 尽可能高的测量速度

自动量程转换的测量速度,是指根据被测量的大小自动选择合适量程并完成一次测量的速度。例如,当测量某一量程时,发现被测量已超过该量程的满度(升量程阈值),则立刻回到最高量程进行一次测量,将测量结果与各量程的降量程阈值相比较,寻找合适的量程。因而,在发生超量程时,只需经过一次最高量程的测量即可找到正确的量程。而在降量程(读数小于正在测量的量程的降量程阈值)时,只需将读数直接同较小量程的降量程阈值进行比较,就可找到正确的量程,而无须逐个量程进行测量。此外,在大多数情况下,被测量并不一定会经常发生大幅度变化。所以,一旦选定合适的量程,应该在该量程继续测量下去,直到发现过载或被测量低于降量程阈值。

2. 确定性

自动量程转换的不确定性是指在升、降量程时,不应该发生在两个相邻量程间反复选择的现象。这种情况的出现是由于分挡差的存在所造成的。例如,某一电压表 20 V 量程挡存在负的测量误差,而 2 V 挡又存在正的测量误差,那么在升降量程转换点附近就有可能出现反复选择量程的现象。假设被测电压为 2 V,在 20 V 挡读数可能为 1.999 V,低于满度值的 1/10,理应降量程到 2 V 挡进行测量。但是,2 V 挡读数为 2.002 V,超过满度值,应该升至 20 V 挡进行测量。于是就产生了两个相邻量程间的反复选择,造成被选量程的不确定性。

量程选择的不确定性可以通过给定升降阈值回差的方法来解决。通常可采用减小降量程阈值的方法。例如,降量程阈值选取满度值的 9.5% 而不是 10%,升量程阈值为 100%。这样,只要两个相邻量程的测量误差绝对值之和不超过 0.5%,就不会造成被选量程的不确定性。

3. 安全性

由于每次测量并不都从最高量程开始,而是在选定的量程上进行,因此不可避免地会发生被测量超过选定量程的最大测量范围,甚至达到仪器的最大允许值。这种过载现象必须经过一次测量后才能发觉。因此,量程输入电路必须具有过载保护能力。当过载发生时,至少在一次测量过程中仍应能正常工作,并且不会损坏。

7.3.2　量程自动转换电路举例

　　自动量程转换电路随其用途的不同有多种不同的形式,但就其组成来说可以分成衰减器、放大器、接口及开关驱动3部分。图7.7给出了电压量程自动转换电路图。

图7.7　电压量程自动转换电路

　　该量程自动转换的衰减电路具有1和100两种衰减系数。当K_1被激励时,切向A端,衰减系数为100;当激励撤销时,切向B端,衰减系数为1。K_2控制前置放大器的放大倍数。当K_2被激励时,开关切向C端,放大器增益为1;反之,为10。K_3切换放大器输出,当其被激励时,放大器输出电压被衰减10倍;否则,直接输出。使用这3个开关的不同组合,该电路具有200 mV,2 V,20 V,200 V和2 000 V 5个量程。各量程下的开关动作状态见表7.2。

表7.2　各量程开关动作状态

开关状态　　　　开关 量程	K_1	K_2	K_3
200 mV	B	D	E
2 V	B	C	E
20 V	A	D	E
200 V	A	C	E
2 000 V	A	C	F

　　当运算放大器为理想放大器,且具有±20 V线性增益范围,电阻比值为$R_1/R_3 = 99$和$R_5/R_6 = 9$时,按表7.2的动作状态,无论哪个量程电路都将输出±2 V的满度电压。

　　量程转换电路中的切换开关通常使用继电器作为高压衰减部分的切换开关,而低压部分则通常使用模拟开关。量程自动转换电路接口实质上是一个开关控制接口,无论使用何种开关,其接口电路的方式基本相同,所不同的只是驱动电路。图 7.7 所示的量程电路接口使用 MCS-51 单片机 3 个位输出口,驱动电路采用反向输出形式,当单片机某个位输出口输出为"1"时,该位继电器开关被激励。

7.3.3　量程自动转换电路的控制

以图 7.7 所示的量程电路为例,其后续 A/D 转换电路若具有 4 位半有效读数,且各相邻量程分挡误差的绝对值之和小于 0.5%,则各量程升降阈值见表 7.3。自动转换程序流程如图 7.8 所示。

表 7.3　量程自动转换阈值

n	量程	升量程阈值 UL_n	降量程阈值 DL_n	现行量程激励码
5	2 000 V	2 000.0	195.00	××××000
4	200 V	200.00	19.500	××××001
3	20 V	20.000	1.950 0	××××100
2	2 V	2.000 0	0.195 0	××××101
1	200 mV	0.200 00	0.000 00	××××111

量程自动转换由主程序完成一次测量后调用。该程序被调用时,将根据最新的测量数据与当前量程的阈值进行比较。若当前量程合适,则显示测量读数后返回主程序;反之,则进行量程选择,找到新的合适量程后,返回主程序。下一次测量就在新选择的量程下进行。整个流程分为 3 条支路,分别是降量程、保护现行量程和升量程。

当测量读数小于当前量程降量程阈值,即 $|U_i| < DL_n$ 时,实施降量程操作。降量程操作采用逐挡阈值比较,直到读数大于阈值,即 $|U_i| > DL_n$ 时为止。由于最低量程降量程阈值为零,所以总能找到合适量程。

图 7.8　量程自动转换程序流程

当 $|U_i| \geqslant UL_n$ 时,程序进入升量程支路,升量程采用一次置到最高量程的方法,也就是说,每当发生超载后的第一次测量总在最高量程下进行。如果最高量程并非为合适量程,那么在下一次量程自动转换程序被调用时,会自动实施降量程操作并找到合适量程。这种方法的好处在于能通过一次中间测量即可找到合适量程,而且输入电路的过载时间最短,仅为一次测量时间。

具备自动量程转换的仪器过载是不可避免的,其最大过载可达仪器的最低量程和最高量程满度值之比。图 7.7 所示电路为 10 000 倍,即在 200 mV 量程下,输入达 2 000 V,在这样高的过载情况下,如果没有保护,器件则很快被损坏。因此,量程转换电路中必须采取过压和过流保护措施。

思考题与习题

1. 为什么智能仪器要具备自检功能? 自检方式有哪几种? 常见的自检内容有哪些?

2. 简述 ROM、RAM、总线、键盘及显示器自检的原理。

3. 智能仪器自校准由哪几种方式实现? 简述每种方式的工作原理。

4. 以电压表为例,简述零点漂移自动校准和增益误差自动校准功能的实现过程。

5. 量程自动转换技术的基本要求有哪些?

6. 简述量程自动转换的工作原理。

7. 图 7.9 是一个由输入衰减器和放大器组成的量程转换的原理性电路(K_5 闭合时为自测试状态,本题中的问题是在 K_5 断开时进行的)。S 为继电器开关,控制 100∶1 衰减器是否接入。$K_5 \sim K_{10}$ 是场效应管模拟开关,控制放大器不同的增益。继电器开关 S,$K_5 \sim K_{10}$ 在计算机发出的控制信号的控制下,形成不同的通、断组合,构成 0.1 V,1 V,10 V,100 V 和 1 000 V 个量程以及自动测试状态。请问:

图 7.9 量程转换的原理性电路图

（1）若后续 A/D 转换电路的输入范围为 0 ~ 3.2 V，请分析各种组态（不同量程）时的开关状态，并给出当前状态下的电路放大倍数。

（2）根据量程变换的基本要求设计 5 个量程时的电压输入范围（升、降量程的阈值）。

（3）设计电路，用计算机控制实现量程的自动转换，并编写转换的程序流程及程序。

第 8 章　智能仪器的抗干扰技术

智能仪器在使用中往往面临各种各样的干扰,这些干扰有时会严重损坏仪器的器件或程序,导致仪器不能正常运行。因此,为了保证仪器能在实际应用中可靠地工作,必须要周密考虑和解决抗干扰的问题。本章介绍智能仪器的硬件和软件抗干扰技术。

8.1　常见干扰源分析

8.1.1　干扰的来源

干扰的来源很多,性质也不一样。干扰窜入仪器的渠道主要有以下 3 个:

(1)空间电磁场。通过电磁波辐射窜入仪器,如雷电、无线电波等。

(2)传输通道。各种干扰通过仪器的输入输出通道窜入,特别是长传输线受到的干扰更严重。

(3)配电系统。如来自市电的工频干扰,它可以通过电源变压器分布电容和各种电磁路径对测试系统产生影响。各种开关、可控硅的启闭,元器件的机械振动等都会对测试过程引起不同程度的干扰。

干扰是来自测试系统外部的,因此一般可以通过屏蔽、滤波或电路元器件的合理布局,通过电源线和地线的合理连接,引线的正确走向等措施加以减弱或消除。

8.1.2　串模干扰与共模干扰

串模干扰是指干扰电压与有效信号串联叠加后作用到仪表上的干扰,如图 8.1 所示。串模干扰通常来自于高压输电线、与信号线平行铺设的电源线及大电流控制线所产生的空间电磁场。由传感器传来的信号线有时长达一二百米,干扰源通过电磁感应和静电耦合作用加上如此之长的信号线上的感应电压数值是相当可观的。例如,当一路电线与信号线平行铺设时,信号线上的电磁感应电压和静电感应电压分别都可达到 mV 级,然而来自传感器的有效信号电压的动态范围通常仅有几十 mV,甚至更小。

信号源 U_S

干扰源 U_{CM}

输入通道　智能化测量控制仪表

图 8.1　串模干扰示意图

由此可知:①由于测量控制系统的信号线较长,通过电磁和静电耦合所产生的感应电压有可能大到与被测有效信号相同的数量级,甚至比后者大得多;②对测量控制系统而言,由于采样时间短,工频的感应电压也相当于缓慢变化的干扰电压。这种干扰信号与有效直流信号一起被采样和放大,造成有效信号失真。

除了信号线引入的串模干扰外,信号源本身固有的漂移、纹波、噪声以及电源变压器不良屏蔽或稳压滤波效果不良等也会引入串模干扰。

共模干扰是指输入通道两个输入端上共有的干扰电压。这种干扰可以是直流电压,也可以是交流电压,其幅值可达几伏甚至更高,取决于现场产生干扰的环境条件和仪表的接地情况。在测控系统中,检测元件和传感器是分散在生产现场的各个地方,因此,被测信号 U_S 的参考接地点和仪表输入信号的参考接地点之间往往存在着一定的电位差 U_{CM}(图 8.2)。由图 8.2 可见,对于输入通道的两个输入端来说,分别有 $U_S + U_{CM}$ 和 U_{CM} 两个输入信号。显然,U_{CM} 是转换器输入端上共有的干扰电压,故称共模干扰电压。

图 8.2　共模干扰示意图

在测量电路中,被测信号有单端对地输入和双端不对地输入两种输入方式,如图 8.3 所示。对于存在共模干扰的场合,不能采用单端对地输入方式,因为此时的共模干扰电压将全部成为串模干扰电压,如图 8.3(a) 所示,因此必须采用双端不对地输入方式,如图 8.3(b)所示。

(a) 低频等效电路　　　　　　　　　　　　　(b) 双端不对地输入方式

图 8.3　被测信号的输入方式

Z_S,Z_{S1},Z_{S2} — 信号源内阻;Z_i,Z_{CM1},Z_{CM2} — 输入通道的输入阻抗

由图 8.3(b) 可见,共模干扰电压 U_{CM} 对两个输入端形成两个电流回路(如图 8.2(b)虚线所示),每个输入端 A,B 的共模电压为

$$U_A = \frac{U_{CM}}{Z_{S1} + Z_{CM1}} \times Z_{CM1} \qquad\qquad (8.1)$$

$$U_{\text{B}} = \frac{U_{\text{CM}}}{Z_{\text{S2}} + Z_{\text{CM2}}} \times Z_{\text{CM2}} \tag{8.2}$$

因此,在两个输入端之间呈现的共模电压为

$$U_{\text{AB}} = U_{\text{A}} - U_{\text{B}} = \frac{U_{\text{CM}}}{Z_{\text{S1}} + Z_{\text{CM1}}} \times Z_{\text{CM1}} - \frac{U_{\text{CM}}}{Z_{\text{S2}} + Z_{\text{CM2}}} \times Z_{\text{CM2}} =$$

$$U_{\text{CM}} \left(\frac{Z_{\text{CM1}}}{Z_{\text{S1}} + Z_{\text{CM1}}} - \frac{Z_{\text{CM2}}}{Z_{\text{S2}} + Z_{\text{CM2}}} \right) \tag{8.3}$$

如果此时 $Z_{\text{S1}} = Z_{\text{S2}}$ 和 $Z_{\text{CM1}} = Z_{\text{CM2}}$,则 $U_{\text{AB}} = 0$ 表示不会引入共模干扰;但实际上无法满足上述条件,只能做到 Z_{S1} 接近于 Z_{S2},Z_{CM1} 接近于 Z_{CM2},因此 $U_{\text{AB}} \neq 0$。也就是说,实际上总存在一定的共模干扰电压。显然,Z_{S1},Z_{S2} 越小,Z_{CM1},Z_{CM2} 越大,并且 Z_{CM1} 与 Z_{CM2} 越接近时,共模干扰的影响就越小。在一般情况下,共模干扰电压 U_{CM} 总是转化成一定的串模干扰出现在两个输入端之间。

输入通道的输入阻抗通常由直流绝缘电阻和分布耦合电容产生的容抗决定。差分放大器的直流绝缘电阻可达到 $10^9 \Omega$,工频寄生耦合电容可小到几个 pF(容抗达 10^9 数量级),但共模电压仍有可能造成 1% 的测量误差。

8.1.3　电源干扰

除了串模干扰和共模干扰之外,还有一些干扰是从电源引入的。电源干扰一般有以下几种:

(1)当同一电源系统中的可控硅器件通断时产生的尖峰,通过变压器的初级和次级之间的电容耦合到直流电源中去产生干扰。

(2)附近的断电器动作时产生的浪涌电压,由电源线经变压器级间电容耦合产生的干扰。

(3)共用同一个电源的附近设备接通或断开时产生的干扰。

8.1.4　数字电路的干扰

在数字电路的元件与元件之间、导线与导线之间、导线与元件之间、导线与结构件之间都存在着分布电容。如果某一个导体上的信号电压(或噪声电压)通过分布电容使其他导体上的电位受到影响,这种现象称为电容性耦合。

下面以一个实际例子分析电容耦合的特点。

图 8.4 为平行布线的 A 和 B 之间电容性耦合情况的示意图。图中,C_{AB} 是两导线之间的分布电容;C_{AD} 是 A 导线对地的分布电容;C_{BD} 是 B 导线对地的分布电容,R 是输入电路的对地电阻。

图 8.4(b) 为等效电路,其中 U_{S} 为等效的信号电压。若 C_{BD} 为信号电压的角频率,B 导线为受感线,则不考虑 C_{AD} 时,在 B 导线上由于耦合形成的对地噪声电压(有效值)U_{B} 为

$$U_{\text{B}} = \left| \frac{\mathrm{i}\omega C_{\text{AB}}}{\frac{1}{R} + \mathrm{j}\omega(C_{\text{AB}} + C_{\text{BD}})} \right| U_{\text{S}} \tag{8.4}$$

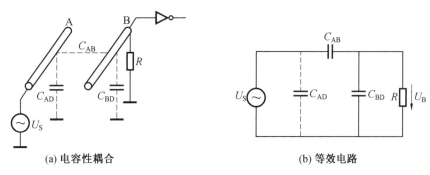

(a) 电容性耦合　　　　　　　　(b) 等效电路

图 8.4　平行导线的电容耦合

在下述两种情况中,可将式(8.2)简化。

(1) 当 R 很大时,即

$$R \gg \frac{1}{\omega(C_{AB} + C_{BD})} \tag{8.5}$$

则

$$U_B \approx \frac{C_{AB}}{C_{AB} + C_{BD}} U_S \tag{8.6}$$

可见,此时 U_B 与信号电压频率基本无关,而正比于 C_{AB} 和 C_{BD} 的电容分压比。显然,只要设法降低 C_{AB},就能减小 U_B 值。因此,在布线时应增大两导线间的距离,并尽量避免两导线平行。

(2) 当 R 很小时,即

$$R \ll \frac{1}{\omega(C_{AB} + C_{BD})} \tag{8.7}$$

则

$$U_B \approx |\mathrm{j}\omega R C_{AB}| U_S \tag{8.8}$$

这时 U_B 正比于 C_{AB},R 和信号幅值 U_S,而且与信号电压频率 ω 有关。

因此,只要设法降低 R 值就能减小耦合受感回路的噪声电压。实际上,R 可看作受感回路的输入等效电阻,从抗干扰考虑,降低输入阻抗是有利的。

现假设 A,B 两导线的两端均接有门电路,如图 8.5 所示。当门 1 输出一个方波脉冲,而受感线(B 线)正处于低电平时,可以从示波器上观察到如图 8.6 所示的波形。

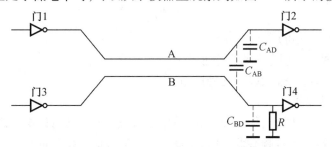

图 8.5　布线干扰

图 8.6 中,U_A 表示信号源;U_B 为感应电压。若耦合电容 C_{AB} 足够大,使得正脉冲的幅值

图 8.6　干扰脉冲

高于门 4 的开门电平 U_T,脉冲宽度也足以维持使门 4 的输出电平从高电平下降到低电平,则门 4 就输出一个负脉冲,即干扰脉冲。

在印刷电路板上,两条平行导线间的分布电容为 0.1 ~ 0.5 pF/cm,与靠在一起的绝缘导线间的分布电容有相同数量级。除以上所介绍的以外,还有其他一些干扰和噪声,例如,由印刷电路板电源线与地线之间的开关电流和阻抗引起的干扰、元器件的热噪声及静电感应噪声等。

8.2　智能仪器硬件抗干扰技术

干扰是仪器仪表的大敌,它混在信号之中,会降低仪器的有效分辨能力和灵敏度,使测量结果产生误差。在数字逻辑电路中,如果干扰信号的电平超过逻辑元件的噪声容限电平,会使逻辑元件产生误动作,导致系统工作紊乱。干扰信号有时还会对程序的正常运行产生破坏性影响。在实际的运行环境中噪声和干扰是不可避免的,随着工业自动化技术的发展,许多仪器仪表需要在干扰很强的现场运行,因此如何提高智能仪器的抗干扰能力,保证仪器在规定条件下正常运行,是智能仪器设计中必须考虑的问题。

8.2.1　串模干扰的抑制

串模干扰的抑制能力用串模抑制比来表示,可以写成 NMR,一般要求大于 40 ~ 80 dB,即

$$NMR = 10\lg \frac{U_{nm}}{U_{nm1}}dB \tag{8.9}$$

式中　U_{nm}——串模干扰电压;

　　　U_{nm1}——串模干扰引起的等效差模电压。

串模干扰的抑制可以采取以下几种措施:

(1)采用输入滤波器。

如果串模干扰频率比被测信号频率高,采用输入低通滤波器可以抑制高频串模干扰;如果串模干扰频率比被测信号频率低,则采用输入高通滤波器来抑制低频串模干扰;如果串模干扰频率落在被测信号频谱的两侧,则用带通滤波器较为适宜。

常用的低通滤波器有 RC 滤波器、LC 滤波器、双 T 滤波器及有源滤波器等,它们的原理

图如图 8.7 所示。

(a) RC 滤波器　　　　　　　　(b) LC 滤波器

(c) ATM 波器　　　　　　　　(d) 有源滤波器

图 8.7　常用低通滤波器原理图

RC 滤波器的结构简单,成本低,也不用调整。但它的串模抑制比较低,一般需要 2～3 级串联使用才能达到规定的串模抑制比指标,而且时间常数 RC 较大。若 RC 过大,将影响放大器的动态特性。

LC 滤波器的串模抑制比较高,但需要绕制电感线圈,体积大、成本高。

双 T 滤波器对某一固定频率的干扰具有很高的抑制比,偏离该频率后抑制比迅速减小。主要用来滤除工频干扰,而对高频干扰无能为力,其结构虽然也简单,但调整比较麻烦。

有源滤波器可以获得较理想的频率特性,但是作为仪器输入级,有源器件(运算放大器)的共模抑制比一般难以满足要求,其本身带来的噪声也较大。

通常,仪表的输入滤波器都采用 RC 滤波器,在选择电阻和电容参数时除了要满足串模抑制比指标外,还要考虑信号源的内部阻抗,兼顾共模抑制比和放大器动态特性的要求,因此常用 2 级阻容低通滤波网络作为输入通道的滤波器。如图 8.8 所示,它可使 50 Hz 的串模干扰信号衰减至 1/600 左右。该滤波器的时间常数小于 200 ms,因此,当被测信号变化较快时,应当相应改变网络参数,以适当减小时间常数。

图 8.8　两级阻容波网络

另外,智能仪器还可以利用数字滤波技术对带有串模干扰的数据进行处理,从而可以较理想地滤掉难以抑制的串模干扰。

(2)选择器件。

双积分式 A/D 转换器是对输入信号的平均值进行转换,对周期性干扰具有很强的抑制能力。一般积分周期等于工频周期的整数倍,可以抑制工频信号产生的串模干扰。另外,可以采用高抗干扰逻辑器件,通过提高阈值电平来抑制低噪声的干扰。在速度允许的情况下,也可以人为地附加电容器,吸收高频干扰信号。

（3）对信号进行预处理。

如果串模干扰主要来自传输线电磁感应,则可以尽早地对被测信号进行前置放大,以提高信号噪声比,从而减小干扰的影响;或者在传感器中完成 A/D 转换,使信号变为传输抗干扰能力较强的数字信号。

（4）电磁屏蔽。

对测量元件或变送器(如热电偶、压力变送器、差压变送器等)进行良好的电磁屏蔽,同时选用带有屏蔽层的双绞线或同轴电缆作为信号线并保证接地良好,这样能很好地抑制干扰。

8.2.2　共模干扰的抑制

共模干扰的抑制能力用共模抑制比表示,可以写成 CMR,即

$$CMR = 10\lg \frac{U_{CM}}{U_{CM1}} dB \qquad (8.10)$$

式中　U_{CM}——共模干扰电压;

　　　U_{CM1}——共模干扰引起的等效电压。

共模干扰是一种常见的干扰源,采用双端输入的差分放大器作为仪表输入通道的前置放大器,是抑制共模干扰的有效方法。设计比较完善的差分放大器,在不平衡电阻为 1 kΩ 的条件下,共模抑制比 CMR 可达 100 ~ 160 dB。

也可以利用变压器或光电耦合器把各种模拟负载与数字信号隔离开,也就是把"模拟地"与"数字地"断开。被测信号通过变压器耦合或光电耦合获得通路,而共模干扰由于不构成回路而得到有效的抑制。输入隔离如图 8.9 所示。

图 8.9　输入隔离

当共模干扰电压很高或要求共模漏电流很小时,常在信号源与仪器的输入通道之间插入隔离放大器。

还可以采用浮地输入双层屏蔽放大器来抑制共模干扰,如图 8.10 所示。这是利用屏蔽方法使输入信号的模拟地浮空,从而达到抑制共模干扰的目的。图中,Z_1 和 Z_2 分别为模拟地与内屏蔽罩之间和内屏蔽罩与外屏蔽罩(机壳)之间的绝缘阻抗,它们由漏电阻和分布电容组成,所以阻抗值很大。图中,用于传递信号的屏蔽线的屏蔽层和 Z_2 为共模电压 U_{CM} 提供

了共模电流 I_{CM1} 的通路。由于屏蔽线的屏蔽层存在电阻 R_c，因此，共模电压 U_{CM} 在 R_c 上会产生较小的共模信号，它将在模拟量输入回路中产生共模电流 I_{CM2}。I_{CM2} 会在模拟量输入回路中产生串模干扰电压。显然，由于 $R_C \leqslant Z_2$，$Z_S \leqslant Z_1$，故由 U_{CM} 引入的串模干扰电压是非常微弱的，所以这是一种十分有效的共模干扰抑制措施。

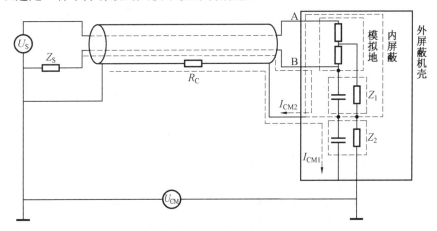

图 8.10　浮地输入双层屏蔽放大器

在采用这种方法时要注意以下几点：

（1）信号线屏蔽层只允许一端接地，并且只在信号源一侧接地，而放大器一侧不得接地。当信号源为浮地方式时，屏蔽只接信号源的低电位端。

（2）模拟信号的输入端要相应地采用三线采样开关。

（3）在设计输入电路时，应使放大器 2 输入端对屏蔽罩的绝缘电阻尽量对称，并且尽可能减小线路的不平衡电阻。

采用浮地输入的仪器输入通道虽然增加了一些器件，例如，每路信号都要用屏蔽线和三线开关，但对放大器本身的抗共模干扰能力的要求大为降低，因此这种方案已获得广泛应用。

8.2.3　输入/输出通道干扰的抑制

开关量输入/输出通道和模拟量输入/输出通道，都是干扰窜入的渠道。要切断这条渠道，就要去掉对象与输入/输出通道之间的公共地线，实现彼此电隔离以抑制干扰脉冲。最常见的隔离器件是光电耦合器，其内部结构如图 8.11（a）所示。

光电耦合器之所以具有很强的抗干扰能力，主要有以下几个原因：

（1）光电耦合器的输入阻抗很低，一般为 $100 \sim 1\ 000\ \Omega$；而干扰源的内阻一般都很大，通常为 $10^5 \sim 10^6\ \Omega$。根据分压原理可知，这时能馈送到光电耦合器输入端的噪声自然会很小。即使有时干扰电压的幅度较大，但所提供的能量却很小，即只能形成很微弱的电流。而光电耦合器输入部分的发光二极管，只有在通过一定强度的电流时才能发光；输出部分的光敏三极管只在一定光强下才能工作（图 8.11（b））。因此电压幅值很高的干扰，由于没有足够的能量而不能使二极管发光，从而被抑制掉了。

（2）输入回路与输出回路之间的分布电容极小，一般仅为 $0.5 \sim 2\ pF$；而绝缘电阻又非常大，通常为 $10^{11} \sim 10^{13}\ \Omega$。因此，回路一边的各种干扰噪声都很难通过光电耦合器馈送到

(a) 光电耦合器内部结构　　　　　　(b) 接入光电耦合器的数字电路

图 8.11　二极管–三极管型的光电耦合器

另一边去。

(3) 光电耦合器的输入回路与输出回路之间是光耦合的,而且是在密封条件下进行的,故不会受到外界光的干扰。

接入光电耦合器的数字电路如图 8.11(b)所示,其中 R_i 为限流电阻,D 为反向保护二极管。可以看出,这时并不要求输入的 U_i 值一定与 TTL 逻辑电平一致,只要经 R_i 限流之后符合发光二极管的要求即可。R_L 是光敏三极管的负载电阻(R_L 也可接在光敏三极管的射极端)。当 U_i 使光敏三极管导通时,U_o 为低电平(即逻辑 0);反之为高电平(即逻辑 1)。

需要强调指出的是,在光电耦合器的输入部分和输出部分必须分别采用独立的电源。如果两端共用一个电源,则光电耦合器的隔离作用将失去意义。顺便提一下,变压器是无源器件,也经常用作隔离器,其性能虽不及光电耦合器,但结构简单。

开关量输入电路接入光电耦合器后,由于光电耦合器的抗干扰作用,使夹杂在输入开关量中的各种干扰脉冲都被挡在输入回路的一边。另外,光电耦合器还起到很好的安全保障作用,即使故障造成 U_i 与电力线相接,也不至于损坏仪表,因为光电耦合器的输入回路与输出回路之间可耐很高的电压,有些光电耦合器可达 1 000 V,甚至更高。

图 8.12 是光电隔离抗干扰开关量输出电路的原理图。三态缓冲门接成直通式,当开关量信号 U_i 为 0 时,电流通过发光二极管,使光敏三极管导通,外接三极管 T 截止,可控硅 EC 导通,直流负载加电;反之,U_i 为 1 时,直流负载断电。LD 是普通发光二极管,用作开关指示。光敏三极管一边的电源值不一定是 +5 V,其他值也可以,只要其值不超过光敏三极管和三极管 T 的容许值即可。若为交流负载,则只要把驱动电器的电源改成交流电源,可控硅换成双向可控硅即可。

模拟量 I/O 电路与外界的电气隔离可用安全栅来实现。安全栅是有源隔离式的四端网络。当与变送器相接时,其输入信号由变送器提供;当与执行部件相接时,其输入信号由电压/电流转换器提供,都是 4~20 mA 的电流信号。它的输出信号是 4~20 mA 的电流信号,或 1~5 V 的电压信号,经过安全栅隔离处理之后,可以防止一些故障性的干扰损害智能仪器。但是,一些强电干扰还会经此或通过其他一些途径,从模拟量输入/输出电路窜入系统。因此在设计时,为保证仪器在任何时候都能工作在既平稳又安全的环境里,要另加隔离措施加以防范。

由于模拟量信号的有效状态有无数个,而数字(开关)量的状态只有两个,所以叠加在

图 8.12　光电隔离开关量输出电路

模拟量信号上的任何干扰都因有实际意义而起到干扰作用。叠加在数字(开关)量信号上的干扰,只有在幅度和宽度都达到一定量时才能起到作用。这表明抗干扰屏障的位置越往外推越好,最好能推到模拟量入、出口处,也就是说,最好把光电耦合器设置在 A/D 电路模拟量输入和 D/A 电路模拟量输出的位置上。要想把光电耦合器设置在这两个位置上,就要求光电耦合器必须具有能够进行线性变换和传输的特性。但限于线性光耦的价格和性能指标等方面原因,国内一般都采用逻辑光电耦合器。此时,抗干扰屏障就应设在最先遇到的开关信号工作的位置上。对 A/D 转换电路来说,光电耦合器设在 A/D 芯片和模拟量多路开关芯片这两类电路的数字量信号线上。对 D/A 转换电路来说,应设在 D/A 芯片和采样保持芯片的数字量信号线上。对具有多个模拟量输入通道的 A/D 转换电路来说,各被测量的接地点之间存在着电位差,从而引入共模干扰,故仪器的输入信号应连接成差分输入的方式。为此,可选用差分输入的 A/D 芯片,并将各被测量的接地点经模拟量多路开关芯片接到差分输入的负端。

图 8.13 是具有 4 个模拟量输入通道的抗干扰电路原理图。这个电路与 80C51 单片机的外围接口电路 8155 相连。8155 的 PA 口作为 8 位数据输入口,PC 口的 PC_0 和 PC_1 作为控制信号输出口。4 路信号的输入由 4052 选通,经 A/D 转换器 14433 转换成 3 位半 BCD 码数字量。因为 14433 为 CMOS 集成电路,驱动能力小,故其输出通过 74LS244 驱动光电耦合器。数字信号经光电耦合器与 8155 的 PA 口相连。4052 的选通信号由 8155 的 PC 口发出。两者之间同样用光耦隔离。14433 的转换结束信号 EOC 通过光耦由 74LS74D 触发器锁存,并向 80C51 的 $\overline{INT1}$ 发出中断请求。

需要注意的是,当用光电耦合器来隔离输入输出通道时,必须对所有的信号(包括数字量信号、控制信号及状态信号)全部隔离,使得被隔离的两边没有任何电气上的联系;否则这种隔离是没有意义的。

8.2.4　总线的抗干扰设计

智能仪器采用的是总线结构,作为实体,数据总线、地址总线及控制总线在数据传输上的抗干扰性值得注意。

(1)线间窜扰。

对于电路板上相邻的线,由于感应或地电流的耦合等因素,某根线上的电压、电流信号

图 8.13　具有 4 个模拟量输入通道的抗干扰 A/D 转换电路(与 8155 接口)

会影响邻近的传输线。当总线平行排列、相距较近时,线间分布电容效应明显,窜扰的问题比较突出。

克服线间窜扰的主要措施是控制线与线之间的距离。同时应注意,不要过长地平行布线;在重要的信号线之间布一条地线,可产生屏蔽效果;电路板正、反面垂直布线也可减少窜扰。

(2)信号反射。

信号反射是当传输线上的负载与传输线特性阻抗不匹配时,传输信号在负载上产生振荡,发生畸变的现象。信号频率越高,反射现象越严重。实验表明,当进行频率为 1 MHz、距离为 0.5 m 以上的信号传输时即应考虑反射的影响。反射是计算机系统总线上主要的噪声干扰。

解决反射问题的方法之一是采用总线驱动器,增加驱动电流,使反射信号不致影响接收方(负载)的逻辑电平;方法之二是采取总线终端负载匹配的措施,消除反射现象。以下是几种总线负载匹配电路。

①图 8.14 所示的是双电阻终端负载匹配器,图示参数可适应总线特性阻抗为 90 ~ 150 Ω的匹配要求。

②图 8.15 所示的是 RC 串联负载匹配器,取匹配电阻的阻值与特性阻抗相等即可,且使 RC 远大于传输信号的最小脉宽。与图 8.14 所示的相比,它对高电平的抗干扰能力要小

一些。

图 8.14　双电阻终端负载匹配器　　　　　图 8.15　RC 串联负载匹配器

③图 8.16 所示的是采用锗二极管进行阻抗匹配的电路。将低电平限制在 0.3 V 以下,对反射引起的低电平过冲和振荡有一定的抑制作用。

图 8.16　钳位锗二极管抑制反射

④在要求不高的场合,也可在总线终端接 5～10 kΩ 的上拉电阻进行匹配,这种方法比较简单,也很常见。

传输线的特性阻抗可参考某些设计手册,实际应用中也可按图 8.17 所示方法通过实验测量。实验时,在 A 门输入端加激励信号,边调节 R 的阻值边观察负载 R 上的输出波形,畸变最小时的 R 值就是特性阻抗。

图 8.17　传输特性阻抗测试

(3)总线负载和总线驱动能力的扩展。

智能仪表的各个功能模块都是通过总线与 CPU 相连接的,可见,总线上挂接的负载通常是很多的,尽管计算机的寻址空间可以允许挂接很多设备,但作为实体的总线,受驱动能力的限制,对总线负载有一定的要求。通常采用降额设计来避免出现总线负载不足的问题。当系统负载过大,CPU 自身总线的驱动能力相对不足时,可使用总线驱动器来提高总线的驱动能力。

在构成系统时,各模块在总线的引线约定、模块的几何尺寸、安装形式等方面都应有明确的规范,以提高系统的抗干扰行、可靠性和可维护性。如果系统模块设计采用标准总线,则更应该严格遵守标准总线的电气及机械规范。

8.2.5　电源系统干扰的抑制

智能仪器系统的供电电源可以是交流或直流,交流占的比重更大。当交流电网供电时,电网电压与频率的波动将直接影响到仪器测量系统的可靠性与稳定性,因此必须采取措施抑制这种干扰。

1. 交流电源系统所致干扰的抑制

理想的交流电应该是 50 Hz 的正弦波。但事实上,由于负载的波动,如电动机、电焊机、鼓风机等电气设备的启/停,甚至日光灯的开关都可能造成电源电压的波动,严重时会使电源正弦波上出现尖峰脉冲。这种尖峰脉冲,幅值可达几十伏甚至几千伏,持续时间也可达几毫秒之久,容易造成计算机的"死机",甚至损坏硬件,对系统威胁极大。在硬件上可以用以下方法加以解决。

(1)选用供电品质好的电源。

系统的电源要选用比较稳定的交流电源,尽量不要接到负载变化大、晶闸管设备多或者有高频设备的电源上。

(2)抑制尖峰干扰。

在仪器交流电源输入端串入按频谱均衡原理设计的干扰控制器,将尖峰电压集中的能量分配到不同的频段上,从而减弱其破坏性;在仪器交流电源输入端加超级隔离变压器,利用铁磁共振原理抑制尖峰脉冲;在仪器交流电源的输入端并联压敏电阻,利用尖峰脉冲到来时电阻值减小以降低仪器从电源分得的电压,从而削弱干扰的影响。

(3)采用交流稳压器稳定电网电压。

要求高的交流供电系统如图 8.18 所示。图中交流稳压器是为了抑制电网电压的波动,提高计算机控制系统的稳定性,交流稳压器能把输出波形畸变控制在 5% 以内,还可以对负载短路起限流保护作用。低通滤波器是为了滤除电网中混杂的高频干扰信号,保证 50 Hz 基波通过。

图 8.18　仪器交流供电系统

(4)利用 UPS 保证不中断供电。

电网瞬间断电或电压突然下降等掉电事件会使计算机系统陷入混乱状态,是可能产生严重事件的恶性干扰。对于要求更高的系统,可以采用不间断电源即 UPS 向系统供电。在正常情况下,由交流电网通过交流稳压器、切换开关、直流稳压器供电至计算机系统;同时交流电网也给电池组充电。所有的 UPS 设备都装有一个或一组电池和传感器,其中也包括交流稳压设备。如果交流供电中断,系统中的断电传感器检测到断电后就会将供电通路在极短的时间内(几毫秒)切换到电池组,从而保证输入系统的电流不因停电而中断。UPS 中逆变器能把电池直流电压逆变到正常电压频率和幅值的交流电压,具有稳压和稳频的双重功能,提高了供电质量。

2. 直流供电系统所致干扰的抑制

在智能仪器系统中,无论是模拟电路还是数字电路,都需要低压直流供电。为了进一步抑制来自电源方面的干扰,一般在直流电源一侧也要采用相应的抗干扰措施。

（1）交流电源变压器的屏蔽。

把高压交流变成低压直流的简单方法是用交流电源变压器。因此，对电源变压器设置合理的静电屏蔽和电磁屏蔽，就是一种十分有效的抗干扰措施，通常将电源变压器的一、二次绕组分别加以屏蔽，一次绕组屏蔽层与铁芯同时接地。

（2）采用直流开关电源。

直流开关电源是一种脉宽调制型电源，具有体积小、质量轻、效率高、输入电压范围大等优点，并且电网电压变化时不会输出过电压和欠电压。开关电源初、次级之间具有较好的隔离，对于交流电网上的高频脉冲干扰有较强的隔离能力。

（3）采用 DC-DC 变换器。

如果供电电网波动较大，或者对直流电源的精度要求较高，可以采用 DC-DC 变换器，它是一种将电压的直流电源变成另一种电压的直流电源。DC-DC 变换器具有体积小、输入电压范围大、输出电压稳定、性价比高等一系列优点。采用 DC-DC 变换器可以方便地实现电池供电，利于制造便携式或手持式智能仪器。

（4）每块电路板的直流电源分立。

当系统有几块功能电路板时，为了防止板与板之间的相互干扰，可以对每块板的直流电源采用分散独立供电。在每块板上装一块或几块三端稳压集成块（如 7805，7809 等）组成稳压电源，每个功能板单独对电压过载进行保护，不会因为某个稳压块出现故障而使整个系统遭到破坏，而且也减少了公共阻抗的相互耦合，大大提高了供电的可靠性，也利于电源散热。

（5）集成电路块的 U_{CC} 加旁路电容。

集成电路的开关高速工作时会产生噪声，因此无论电源装置提供的电源多么稳定，U_{CC}和 GND 端也会产生噪声。为了降低集成电路的开关噪声，在印制线路板的每块 IC 上都接入高频特性好的旁路电容，将开关电流经过的线路局限在板内一个极小的范围内。旁路电容可用 0.01～0.1 μF 的陶瓷电容器，旁路电容器的引线要短而且紧靠在需要旁路的集成器件的 U_{CC} 或 GND 端，否则会毫无意义。

8.2.6　地线干扰的抑制

正确接地是智能仪器抑制干扰所必须注意的重要问题。在设计中若能把接地和屏蔽正确地结合，则可很好地消除外界干扰对其的影响。

接地设计的基本目的是消除各电路电流流经公共地线时所产生的噪声电压，以及免受电磁场和地电位差的影响，即不使其形成地环路。接地设计应注意如下几点。

（1）一点接地和多点接地的使用原则。

一般高频电路应就近多点接地，低频电路应一点接地。在低频电路中，接地电路形成的环路对干扰影响很大，因此应一点接地。在高频时，地线上具有电感，因而增加了地线阻抗，而且地线变成了天线，向外辐射噪声信号，因此要多点就近接地。

单点接地可分为串联单点接地和并联单点接地。两个或两个以上的电路共用一段地线的接地方法称为串联单点接地，其等效电路如图 8.19 所示。因为电流在地线的等效电阻上会产生压降，所以 3 个电路与地线的连接点对地的电位不同，而且其中任何一个连接点的电位都受到任一个电路电流变化的影响,从而使其电路输出改变。这就是由公共地线电阻耦合造成的干扰。离系统地越远的电路,受到的干扰就越大。这种方法布线最简单,常用来连接地电流较小的低频电路。

图 8.19　串联单点接地方式

并联单点接地方式如图 8.20 所示,各个电路的地线只在一点(系统地)汇合,各电路的对地电位只与本电路的地电流及接地电阻有关,没有公共地线电阻的耦合干扰。这种接地方式的缺点是所用地线太多。这两种单点接地方式主要用在低频系统中,接地一般采用串联和并联相结合的单点接地方式。

图 8.20　并联单点接地方式

高频系统中通常采用多点接地(图 8.21),各个电路或元件的地线以最短的距离就近连到地线汇流排(一般是金属底板)上,因底线很短,底板表面镀银,所以地线阻抗很小,各路之间没有由公共地线阻抗所引起的干扰。

图 8.21　多点接地方式

(2)数字地和模拟地。

智能仪器的电路板上既有模拟电路,又有数字电路,它们应该分别接到仪器中的模拟地和数字地上。因为数字信号波形具有陡峭的边缘,数字电路的地电流呈现脉冲变化。如果模拟电路和数字电路共用一根地线,数字电路地电流通过公共地阻抗的耦合将给模拟电路引入瞬态干扰,特别是电流大、频率高的脉冲信号干扰更大。仪器的模拟地和数字地最后汇集到一点上,即与系统地相连。正确的接地方法如图 8.22 所示,模拟地和数字地分开,仅在一点连接。

图 8.22　模拟地和数字地的正确接法

另外,有的智能仪器带有功率接口,以驱动耗电大的功率设备。对于大电流电路的地线,一定要和信号线分开,最好单独走线。

（3）屏蔽层与公共端的连接。

当一个接地的放大器与一个不接地的信号源连接时,连接电缆的屏蔽层应接到放大器公共端;反之,应接到信号源公共端。高增益放大器的屏蔽层应接到放大器的公共端。

（4）交流地、功率地同信号地不能共用。

流过交流地和功率地的电流较大,会造成数 mV,甚至几伏电压,这会严重地干扰低电平信号的电路。因此,信号地应与交流地、功率地分开。

（5）屏蔽地（或机壳地）接法随屏蔽目的不同而异。

电场屏蔽是为了解决分布电容问题,一般接大地;电磁屏蔽主要避免雷达、短波电台等高频电磁场的辐射干扰,地线用低电阻金属材料制成,可接大地,也可不接。屏蔽是防磁铁、电机、变压器等的磁感应和磁耦合的,其方法是用高导磁材料使磁路闭合,一般接大地。

（6）电缆和接插件的屏蔽。

在电缆和接插件的屏蔽中要注意以下几点:

①高电平线和低电平线不要走同一条电缆。不得已时,高电平线应单独组合和屏蔽。同时要仔细选择低电平线的位置。

②高电平线和低电平线不要使用同一接插件。不得已时,要将高低电平端子分立两端,中间留接高低电平引地线的备用端子。

③设备上进出电缆的屏蔽应保持完整。电缆和屏蔽线也要经插件连接。两条以上屏蔽电缆共用一个插件时,每条电缆的屏蔽层都要用一个单独接线端子,以免电流在各屏蔽层流动。

8.3　智能仪器软件抗干扰技术

8.2 节介绍的硬件抗干扰措施的目的是尽可能切断干扰进入智能仪器的通道,因此是十分必要的。但是由于干扰存在随机性,尤其是在一些较恶劣的外部环境下工作的仪器,尽管采用了硬件抗干扰措施,但并不能将各种干扰完全拒之门外。这时就应该充分发挥智能仪器中单片机在软件编程方面的灵活性,采用各种软件抗干扰措施,与硬件措施相结合,提高仪表工作的可靠性。

8.3.1　CPU 抗干扰技术

根据电磁兼容性设计,智能仪器在结构上必须采取足够的硬件抗干扰措施,以保证计算机系统不应再受干扰的影响。但由于计算机系统一旦受干扰,后果将非常严重,所以在设计实际系统时,均应考虑万一出现干扰时计算机系统自身的抵御措施。

(1)程序运行监视系统。

程序运行监视系统(Watch Dog Timer,WDT)被直译为"看门狗",是一种软、硬件结合的抗程序"跑飞"措施。WDT 硬件主体是一个用于产生定时周期 T 的计数器,该计数器基本独立运行,其定时输出端接至 CPU 的复位线,而其定时清零则由 CPU 控制。在正常情况下,程序启动 WDT 后,即以 $\tau<T$ 的间隔将其清零一次,这样 WDT 的定时溢出就不会发生。在受到干扰的异常情况下,CPU 时序逻辑被破坏,程序执行混乱,不可能周期性地将 WDT 清零,这样,当 WDT 定时溢出时,其输出可使系统复位,CPU 摆脱因一时干扰而陷入的瘫痪状态。

图 8.23 所示的是由通用芯片构成的计数器型 WDT,通过分析其结构和工作过程可以帮助理解 WDT。555 接成多谐振荡器,为十六进制计数器 74LS93 提供独立的时钟 t_c,当计到第 8 个 t_0 时,WDT 输出复位信号,微分电路的作用是控制复位信号的宽度,使 CPU 复位后可立即重新开始运行。程序定时清 WDT 的周期应为 $t<8t_c$,清零端在常态是低电平,清零时输出一个正脉冲即可,微分电路可防止 CPU 在受干扰时将清零端固定为高电平,使 WDT 无法工作。

图 8.23　一种计数器型 WDT 电路原理图

WDT 的定时选择要依情况而定,一般从毫秒级到秒级,设计完善的 WDT 电路都分设不同的定时供用户选择。定时时间的选择应该给正常程序运行的周期留下足够的余量,以防止程序在某一分支的执行时间较长,使 WDT 误动作。定时时间选择过长也不好,由于 WDT 响应不灵敏,万一系统受到干扰,损失将比较大。

目前有不少专用的 WDT 芯片可供选用,有些单片机芯片也设置了 WDT。可以说,WDT 是现场智能仪器必备的一项功能。但 WDT 只是一种被动的抗干扰措施,它只能在一定程度上减少干扰造成的损失,实际上,只要 WDT 动作,正常测控进程即被破坏。

(2)掉电保护。

掉电保护也是一种软、硬件结合的抗干扰措施。电网的瞬间断电或电压突然下降,将使计算机系统陷入混乱状态。一方面实时数据丢失;另一方面混乱的系统可能执行混乱的操作。因此,掉电保护的工作也从这两方面入手,即保护现场实时数据和及时关闭计算机系统。

掉电保护系统的硬件组成是电源电压监测、后备电池和低功耗 RAM。电源电压监视电路的输出接到 CPU 的中断线上。当电网电压掉电时,直流电压一旦下降到某一阈值 U_1,电源电压检测电路就发出掉电信息,引起 CPU 的中断响应。在软件设置上,掉电保护中断是最高级的,掉电保护中断程序会立即将现场重要参数送入由后备电池支持的 RAM 中保存,处理一些重要操作的安置,设置意外掉电关机标志,最后主动关闭 CPU,这些工作应在电压降到 CPU 不能正常工作的电压之前完成。

当系统恢复供电后,掉电保护现场的恢复是系统软件的一个重要工作,包括判断是否发生掉电保护、数据是否还有效和恢复现场等工作。

(3)软件陷阱。

软件陷阱是指令冗余的一种应用形式,用于捕捉"跑飞"的程序。干扰信号会使程序脱离正常运行轨道,为了使"跑飞"的程序安定下来,可以设立软件陷阱。所谓软件陷阱就是一条引导指令,强行将捕获的程序引向一个指定的地址,在那里有一段专门对出错程序进行处理的程序。

程序中 LJMP ERROR 将"跑飞"的程序转移到出错处理程序,为增加其捕捉效果,软件陷阱安排在下列 4 个地方。

①程序中未使用的中断向量区。当干扰使未使用的中断开放,并激活这些中断时,就会进一步引起混乱。如果在这些地方设立陷阱,就能及时捕捉到错误中断。

②未使用的大片 EPROM 空间。智能仪器中使用的 EPROM 芯片一般都不会使用完其全部空间,对于剩余未编程的 EPROM 空间,一般都维持其原状,即其内容为 0FFH。0FFH 对于 80C51 单片机的指令系统来说是一条单字节的指令"MOV R7,A"。如果程序"跑飞"到这一区域,则将顺序向后执行,不再跳跃(除非又受到新的干扰)。因此,在这段区域内每隔一段地址设一个陷阱,就一定能捕捉到"跑飞"的程序。

③表格。表格有两种,即数据表格和散转表格。由于表格的内容与检索值有一一对应的关系,在表格中间安排陷阱会破坏其连续性和对应关系,因此只能在表格的最后安排陷阱。如果表格区较长,则安排在最后的陷阱不能保证一定能捕捉到飞来的程序的流向,有可能在中途再次"跑飞"。这时只能依靠别处的陷阱或冗余指令来处理了。

④程序区的"断裂处"。程序区是由一串串的执行指令构成的,不能在这些指令串中间任意安排陷阱,否则会影响正常执行程序。但是,在这些指令串之间常有一些断裂点,正常执行的程序到此便不会继续往下执行了。在此可以设置软件陷阱。

由于软件陷阱都安排在正常程序执行不到的地方,故不影响程序执行效率。在当前 EPROM 容量不成问题的条件下,还是多设置陷阱才有益。在打印程序清单时不加(或删去)所有的软件陷阱和冗余指令,在编译前再加上冗余指令和尽可能多的软件陷阱,生成目标代码后再写入 EPROM 中。

软件陷阱并不是万能的,对陷入死循环的"跑飞"程序则无能为力,这时 WDT 则更可靠;但对于被捕捉的"跑飞"程序,则比 WDT 来得迅速,而且可以进行出错处理,所以将软件陷阱与 WDT 共同使用,效果会更好。

8.3.2　输入/输出的抗干扰技术

当干扰仅作用于系统 I/O 的通道上,CPU 正常工作时,可充分利用软件的优势,通过程序控制和数据处理的方法消除或降低干扰对通道的影响,提高系统的测控精度和可靠性。如果说 CPU 抗干扰技术是被动的,那么输入输出抗干扰技术就比较主动且效果明显。

1. 数字信号的输入

输入的干扰信号多呈毛刺状,作用时间短,利用这一特点,在采集数字信号时,可多次重复采集,直到连续两次或连续两次以上的采集结果完全一致时方为有效。若信号总是变化不定,在达到最高次数的限额时,则可给出报警信号。对于来自各类开关型传感器的信号,如限位开关、操作按钮等,都可采用这种输入方式。

2. 数字信号的输出

CPU 输出的数据在传输、接收和锁定之后,都可能受到干扰的影响而出错,如果输出到执行器上的数据出错,同样可能造成严重的后果。对此需要在设计和输出过程中采取一些措施。

①输出设备是电位控制型还是同步锁存型,对干扰的敏感性相差很大。电位控制型设备抗"毛刺"干扰的能力很强,而且设备的惯性越大,对干扰的滤波效应越强。同步锁存型设备的抗干扰能力则较差,因为传输线长,锁存线上受到干扰的概率就大,一旦受干扰作用,同步锁存型设备就会盲目锁定当前无效的数据。

②重复输出同一数据是软件上最为有效的输出抗干扰措施。在尽可能短的周期内,将数据重复输出,受干扰影响的设备在还没有来得及响应时,正确的信息又来到了,这样就可以及时防止误动作的产生。在程序结构的安排上,可为输出数据建立一个数据缓冲区,在程序的周期性循环体内将数据输出。

对于增量控制型设备,不能这样重复输出,只有通过检测通道,从设备的反馈信息中判断数据传输的正确与否。

③数字滤波。数字滤波是在对模拟信号多次采样的基础上,通过软件算法提取最逼近真值数据的过程。数据滤波的算法灵活,可选择极限参数,其效果往往是硬件滤波电路无法达到的。有关数字滤波的内容可参考本书第 5 章内容。

8.3.3　系统的恢复与复位

前面列举的各项措施只解决了如何发现系统受到干扰和如何捕捉"跑飞"程序,但仅此还不够,还要能够让单片机根据被破坏的残留信息自动恢复到正常工作状态。

硬件复位是使单片机重新恢复正常工作状态的一个简单有效的方法。前面介绍的上电复位、人工复位及硬件看门狗复位都属于硬件复位。硬件复位后 CPU 被重新初始化,所有被激活的中断标志都被清除,程序从 0000H 地址重新开始执行。硬件复位又称为冷启动,它是将系统当时的状态全部作废,重新进行彻底的初始化来使系统的状态得到恢复。而用软件抗干扰措施来使系统恢复到正常状态,是对系统的当前状态进行修复和有选择的部分初始化,这种操作又可称为热启动。热启动时首先要对系统进行软件复位,也就是执行一系列指令来使各专用寄存器达到与硬件复位时同样的状态,这里需要注意的是,还要清除中断激活标志。当用软件看门狗使系统复位时,程序出错有可能发生在中断子程序中,中断激活标志已经置位,它将阻止同级的中断响应;而软件看门狗是高级中断,它将阻止所有的中断响应。由此可见清除中断激活标志的重要性。在所有的指令中,只有 RETI 指令能清除中断激活标志。前面提到的出错处理程序 ERR 主要就是用来完成这一功能的。

如前所述,热启动时应进行部分初始化;但当干扰过于严重而使系统遭受太大的破坏,热启动不能使系统得到正确的恢复时,则只有采取冷启动,对系统进行全面初始化来使之恢复正常。

在进行热启动时,为使启动过程能顺利进行,首先应关中断并重新设置堆栈。因为热启动过程是由软件复位(如软件看门狗等)引起的,这时中断系统未被关闭,有些中断请求也许正在排队等待响应,因此使系统复位的第一条指令应为关中断指令,第二条指令应为重新设置栈底指令。因为在启动过程中要执行各种子程序,而子程序的工作需要堆栈的配合,在系统得到正确恢复之前堆栈指针的值是无法确定的,所以在进行正式恢复工作之前要先设置好栈底。然后应将所有的 I/O 设备都设置成安全状态,封锁 I/O 操作,以免进一步扩大由干扰造成的破坏。接下来即可根据系统中残留的信息进行恢复工作。系统遭受干扰后会使RAM 中的信息受到不同程度的破坏,RAM 中的信息包括:系统的状态信息,如各种软件标志、状态变量等;预先设置的各种参数;临时采集的数据或程序运行中产生的暂时数据。对系统进行恢复实际上就是恢复各种关键的状态信息和重要的数据信息,同时尽可能地纠正由于干扰而造成的错误信息。对于那些临时数据则没有必要进行恢复。在恢复了关键的信息之后,还要对各种外围芯片重新写入它们的命令控制字,必要时还需要补充一些新的信息,才能使系统重新进入工作循环。

系统信息的恢复工作是至关重要的。系统中的信息以代码的形式存放在 RAM 中,为了使这些信息在受到破坏后能得到正确的恢复,在存放系统信息时应该采取代码冗余措施。下面介绍一种三重冗余编码,它是将每个重要的系统信息重复存放在 3 个互不相关的地址单元中,建立双重数据备份。当系统受到干扰后,就可以根据这些备份的数据进行系统信息的恢复。这 3 个地址应当尽可能的独立,如果采用了片外 RAM,则应在片外 RAM 中对重要的系统信息进行双重数据备份。片外 RAM 中的信息只有 MOVX 指令才能对它进行修改,而能够修改片内 RAM 中信息的指令则要多得多,因此在片外 RAM 中进行双重数据备份是十分必要的。通常将片内 RAM 中的数据供程序使用以提高程序的执行效率,当数据需要进行修改时,应将片外 RAM 中的备份数据做同样的修改。在对系统信息进行恢复时,通常采用如图 8.24 所示的三中取二的表决流程。

首先将要恢复的单字节信息及它的两个备份信息分别存放到工作寄存器 R_2, R_3 和 R_4 中,再调用表决子程序。当子程序出口时,若 $F_0 = 0$,则表示表决成功,即 3 个数据中有两个是相同的;若 $F_0 = 1$,表示表决失败,即 3 个数据互不相同。表决结果存放在累加器 A 中。

图 8.24　三中取二的表决流程

　　所有重要的系统信息都要一一进行表决,对于表决成功的信息应将表决结果再写回到原来的地方,以进行统一;对于表决失败的信息要进行登记。全部表决结束后再检查登记。如果全部成功,系统将得到满意的恢复。如果有失败者,则应根据该失败信息的特征采取其他补救措施,如从现场采集数据来帮助判断,或者按该信息的初始值处理,其目的都是为了使系统得到尽可能满意的恢复。

思考题与习题

1. 智能仪器中有哪几种类型的干扰? 它们是通过什么途径进入仪表内部的?
2. 什么是串模干扰和共模干扰? 各有哪些对应的抗干扰措施?
3. 为什么说光电耦合器件具有很强的抗干扰能力?
4. 对于输入/输出的数字量如何实现软件抗干扰?
5. 如何抑制交流电源系统、直流供电系统及总线系统的干扰?
6. 接地设计时应注意什么问题?
7. 软件抗干扰中有哪几种对付程序"跑飞"的措施? 它们各有什么特点?
8. 简述掉电保护的原理和具体实施方法。
9. 软件陷阱一般应设在程序的什么地方?

第9章　智能仪器设计

智能仪器是以微处理器为核心的电子仪器,要求设计者不仅要熟悉电子仪器的工作原理,而且还要掌握微处理器的硬件和软件设计方法,具有数字逻辑电路和模拟电路的设计能力,跟踪计算技术、电子技术以及元器件的发展,这样才能更好地完成智能仪器的设计任务。

9.1　智能仪器设计原则及方法

9.1.1　智能仪器设计的基本要求

1. 满足功能及技术指标的要求

智能仪器设计的主要功能及技术指标包括仪器的量程、准确度、分辨率、测量速度、工作环境及抗干扰能力等。

2. 可靠性

可靠性就是仪器在规定的条件下和规定的时间里完成规定功能的能力。一般用年均无故障时间、故障率、失效率或平均寿命等指标来表示。设计时必须考虑系统的各个环节,保证仪器长期可靠地工作。

3. 可操作性和可维护性

设计时要充分考虑到用户操作方便,尽量减少按键和开关,提供良好的人机界面。仪表结构规范化、模块化,具有良好的可维护性。

4. 工艺结构

工艺结构设计合理,线路板、接插件、连接器等布局合理,便于插拔、更换。面板上的显示器和按键布置应美观、大方,方便操作人员的使用。

5. 开放式设计

产品采用开放式、模块化设计,便于升级和更新换代。

6. 低成本,高质量

在满足设计指标的前提下,提高质量,尽量降低成本,提高性能价格比。

9.1.2　智能仪器的设计思想

1. 采用自顶向下的设计方法,从总体到局部,再到细节

先考虑整体目标,明确任务,把整体分解成一个个子任务,并考虑各子任务之间的关系。这样就把较大的、复杂的、难解决的问题分解成若干个小的、简单的、易解决的问题。仪器的总体由若干子系统构成,分别对子系统进行设计。可以利用现有的电路、模块或器件,构成一个满足要求的子系统。子系统完成后，再进行总体综合，以完成总体设计任务。这样由繁入简，可以提高效率，节省时间。

2. 软硬件折中

微计算机是智能仪器的核心，它既控制管理整个测试过程，又进行各种数据处理。智能仪器中有些功能靠硬件实现，有些功能利用软件或硬件都可以完成。硬件和软件都有各自的特点。软件可完成许多复杂的运算，修改方便，但执行速度比硬件慢。硬件是各种元器件的物理实体，通过物理效应实现测量。硬件的成本高，组装后不易改动。

为了降低硬件成本，可以将硬件的功能用软件实现，即所谓"硬件软化"。例如，计算器、运算器具有运算功能，这种运算功能可以用程序来完成，这样就节省了硬件设备。但是运算速度比硬件低得多。如果系统对速度要求不高，为了降低成本，可以采用这种方法。但这样做增加了程序编制的工作量，同时增加了计算机的负担。

近年来随着半导体技术的发展，各种高性能器件问世，出现了"软件硬化"的趋势，即将软件实现的功能用硬件实现。其中最典型的是数字信号处理芯片（Digital Signal Processor, DSP）。过去进行快速傅里叶变换（FFT）都是用程序实现的，现在利用 DSP 进行 FFT 运算，可以大大减轻软件的工作量，提高信号处理速度。DSP 芯片在信号处理、测量中得到了广泛的应用。

另外，"硬件是不可改变的"这一传统观念已被打破。近年来，可编程逻辑器件飞速发展并得到了广泛应用。这种器件可以通过编程对器件内的门电路或逻辑单元进行组合，实现各种不同功能，而且它还可以反复编程，进行修改及现场调试。

能实现"硬化"的软件毕竟是软件中的一部分，大量运算、控制任务还需要用程序实现。在设计智能仪器时，很重要的问题就是软硬件折中。软件和硬件各有千秋，多使用硬件可以提高仪器的工作速度，减轻软件负担，但结构较复杂；使用软件代替部分硬件会简化仪器结构，降低硬件成本，同时增加软件开发成本。在大批量生产时，软件的易复制性可大大降低成本。但软件运行速度较慢，实时性不如硬件。在工作速度允许的情况下，还是应该尽量充分发挥计算机的功能，多利用软件。在设计时必须根据具体问题来分配软件和硬件的任务，决定系统中哪些功能由硬件实现，哪些功能由软件实现，协调软件和硬件的关系。所以，软硬件的配置应该从仪器的功能、成本、研制周期和费用等多方面综合考虑。

3. 开放式设计思想

仪器设计时要充分考虑到开放性、兼容性及可扩展性。要尽量选用国际通用规范和标准设计仪器及其接口和总线，保证仪器的开放性和兼容性，这样才能方便地与其他仪器相连，组建自动测试系统或接入网络中，实现系统集成，扩大使用范围。另外，这种开放式设计思想在技术上兼顾今天和明天，既从当前实际可能出发，又留下容纳未来新技术机会的余地，便于仪器功能的扩展，实现更新换代。

4. 标准化及模块化原则

加强标准化工作，可以保证和促进产品质量的提高，缩短新产品的研制和生产周期，保证产品的互换性，便于维修，降低成本。智能仪器的设计应该尽量符合国际和国内的相关标准。

　　模块化是从系统观点出发,以模块为主来构成产品。模块化的特点是特征尺寸模数化、结构典型化、部件通用化、参数系列化和装配组合化。智能仪器在总体设计阶段要进行任务分解和模块化分,要遵循标准化和模块化的原则。

9.1.3　智能仪器的研制过程

　　设计、研制一台计算机化仪表大致上可以分为 3 个阶段:确定任务、拟制设计方案阶段;硬件、软件设计研制阶段;仪器总调、性能测试阶段。以下对各阶段的工作内容和设计原则做简要叙述。

1. 确定任务、拟制设计方案

　　(1)根据要求确定仪器的功能、指标及设计任务。

　　明确仪器实现的功能,需要完成的测量任务;考虑被测信号的特点,被测量的数量,输入信号的通道数、被测量、类型及变化范围;测量速度、精度、分辨率及误差;测量结果的输出方式,显示器的类型;输出接口的设置,如通信接口、打印机接口、IEEE-488、RS-232 标准接口等。

　　另外,还要考虑仪器的内部结构、外形尺寸、面板布置、研制成本、仪器的可靠性、可维护性及性能价格比等。在对上述各项综合考虑的基础上,提出仪表设计的初步方案。

　　(2)进行总体设计。

　　通过调查研究对方案进行论证,以完成计算机化仪表总体设计工作。完成总体设计之后,便可将仪表的研制任务分解成若干课题(子任务),再做具体设计。

2. 硬件和软件的研制

　　在开发过程中,硬件和软件应同时进行。在研制功能模板的同时,完成软件和应用程序的编制。软、硬件工作相互配合,缩短研制周期。

　　(1)硬件电路的设计、功能模板的研制和调试。

　　根据总体设计,将整个系统分成若干个功能块,分别设计各个电路,如输入输出通道、信号调理电路、单片机及其外围电路等。要保证技术上可行、逻辑上正确,并注意布局合理、连线方便。绘制原理电路图后要反复核对,确定无差错,才能制成线路图,最后加工成印刷电路板。

　　(2)软件框图的设计、程序的编制和调试。

　　在硬件电路设计完成后,针对各个功能模块电路编制相应的软件子程序,对每一功能模块进行软、硬件调试,对发现的软件缺陷进行及时修改,对硬件故障及缺陷可更换元器件或改进设计方案,进一步完善,直到达到设计指标。

　　将软件总框图中的各个功能模块具体化,逐级画出详细的框图,作为编制程序的依据。在程序设计中还必须进行优化工作,仔细推敲、合理安排,利用各种程序设计技巧使编出的程序占用内存空间较小,运行速度快。

　　(3)整机联调。

　　各功能模块工作正常后,则将各部分组合在一起,构成一个整体,进行整机功能调试。在调试过程中,还会出现软、硬件问题,要进一步进行改进,直至达到整体设计要求及指标。

综上所述,在开发智能仪器过程中,硬、软件工作同时并进,二者相辅相成,联系非常紧密。因此,设计人员不仅要懂得系统的硬件,还要熟悉软件,这样才能设计出理想的智能仪器。

9.2　智能工频电参数测量仪的设计

9.2.1　总体设计及系统工作原理

1. 功能及技术指标

功能:测量三相电流、电压、频率、相位、功率因数、有功、无功功率及电能。

测量准确度:0.2 级(无功功率、电能 2.0 级)。

测量范围:电流为 0 ~ 20 A,电压为 0 ~ 220 V,频率为 45 ~ 55 Hz ,功率因数为 0 ~ 1。

2. 总体设计及仪器组成

采用同步采样法,对周期或非周期的交流待测信号,在 CPU 的控制下由采样保持器进行采样和保持,再送给 A/D 转换器进行 A/D 变换,将模拟量变为数字量,送存储器存储,最后由 CPU 进行一系列运算、处理,得到结果送显示器显示。

仪器的组成框图如图 9.1 所示。

图 9.1　仪器组成框图

仪器主要由信号输入电路、CPU、显示电路、锁相环及 N 分频器电路、电源监控及看门狗电路、485 接口电路等几部分组成。

信号输入电路即电压、电流信号输入处理电路,主要由电压互感器、电流互感器等组成,实现了外部信号与本系统的电气隔离,减小了外部电磁干扰,提高了电气安全性能和可靠性,并对输入信号进行线性变换。

采样保持及 A/D 转换电路由 MAX1262 组成,有 8 路模拟输入通道。它将多路开关、采样保持、12 位 A/D 转换、基准电源及内部时钟等集成于一个芯片内,大大提高了可靠性。此部分电路将信号输入电路传来的信号进行 A/D 变换,将模拟输入量变成数字量,送给 CPU 进行处理。

CPU 是本系统的核心,它将 A/D 变换器送来的数字量进行运算,得出被测信号的电流、电压、频率、相位、功率因数、有功、无功功率及电能值。

显示电路主要将测得的电参数如电流、电压、频率、功率因数、功率、电能等的值进行实时显示。

锁相环及分频器电路是将输入的工频信号进行 N 倍频,并与输入信号严格同步,产生 N 倍频同步触发信号,控制采样及保持电路进行 A/D 转换。

电源监控及看门狗电路对系统的电源进行实时监控,当有电源上电、掉电、瞬时低于门限时,会立即产生复位信号给 CPU;进行现场保护,防止数据丢失,将关键数据写入 E^2PRAM。当系统"跑飞",使系统进入无序工作状态时,看门狗电路在一定时间后也会产生复位信号,引导系统程序重新正常工作。

485 接口电路主要完成本系统与外部抄表系统等的数据传输工作,将系统的测量结果传给外部抄表系统,并接收外部抄表系统的指令和数据。

仪器还包括相应的软件程序,由主程序、数据采集处理子程序、显示子程序、串行通信子程序、看门狗子程序等组成。系统上电后,首先进行初始化,调用数据采集处理子程序,再调用看门狗子程序,将看门狗定时器及时清零,以免系统复位,将测量结果进行处理,送显示子程序显示,当外部计算机发出通信命令时,系统进入串行通信子程序。系统软件程序框图如图 9.2 所示。

图 9.2 系统软件程序框图

3. 工作原理

(1)仪器的工作原理及算法。

对被测量进行采样测量。当对有限带宽的周期信号 $f(t)$ 采样后的截断长度并不正好是信号周期的整数倍,即所采集的 N 个等间隔的时域样本点不正好落在 M 个被测信号的整周期内,这时将有泄漏效应产生。而采用同步采样技术,能有效地控制这种泄漏。即使等间隔的 N 个采样点总是保持落在 M 个被测信号周期之内,从而有效地提高了系统的测试精度。具体方法是采用硬件同步采样法,用锁相环路来控制采样的定时和速率,如图 9.3 所示。锁相环路中的压控振荡器的输出,经分频器分频,变成一种接近输入同步信号基频的参考脉冲,在相位比较器的输入端,直接跟输入同步信号进行相位比较,相位比较器的输出与参考信号和输入同步信号之间的相位差成正比的直流分量,用于控制压控振荡器的振荡频率。当达到锁相状态时,即可实现同步采样。

设被测电压信号 $u(t)$ 为周期信号,被测电流信号 $i(t)$ 也为周期信号,周期为 T,则电压有效值为

图9.3　硬件同步采样原理框图

$$U = \sqrt{\frac{1}{T} \int_0^T u^2(t)\,\mathrm{d}t} \tag{9.1}$$

电流有效值为

$$I = \sqrt{\frac{1}{T} \int_0^T i^2(t)\,\mathrm{d}t} \tag{9.2}$$

平均功率 P 为

$$P = \frac{1}{T} \int_0^T u(t)i(t)\,\mathrm{d}t \tag{9.3}$$

若设 $f(t) = u(t)i(t)P = F_0$，则

$$F_0 = P = \frac{1}{T} \int_0^T f(t)\,\mathrm{d}t \tag{9.4}$$

对电压电流的有效值上式也成立，上式即成为电压、电流有效值及平均功率（有功）的计算依据。

根据式(9.4)，可在一个周期内，对被测电压信号进行 N 等分，采样间隔为 T/N，则电压的有效值将由一个小梯形的面积组成，如图9.4 所示。

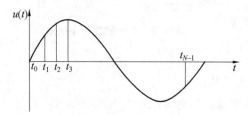

图9.4　电压有效值示意图

$$t_i = i\frac{T}{N},\ i = 0,1,2,\cdots,N-1$$

对电压在 $0 \sim T$ 上积分，分解为 N 个小区间 (t_i, t_{i+1})，则

$$\int_{t_i}^{t_{i+1}} u^2(t)\,\mathrm{d}t = \frac{T}{2N}[u^2(t_i) + u^2(t_i+1)],\ i = 0,1,2,\cdots,N-1 \tag{9.5}$$

若 $f(t) = u^2(t)$，$F_0 = U$，则式(9.5) 可化为

$$F_0 = U = \frac{1}{T} \int_0^t f(t)\,\mathrm{d}t = \frac{1}{T} \sum_{i=0}^{N-1} \int_{t_i}^{t_{i+1}} f(t)\,\mathrm{d}t =$$

$$\frac{1}{T}\sum_{i=0}^{N-1}\left\{\frac{T}{2N}[f(t_i)+f(t_{i+1})]\right\}=$$

$$\frac{1}{2N}\left[f(t_0)+f(t_N)+2N\sum_{i=0}^{N-1}f(t_i)\right] \tag{9.6}$$

式(9.6)即为复化梯形算法公式,它对电流的计算也成立。

4. 算法误差分析

设正弦电路信号为

$$u(t)=\sqrt{2}\,U\sin(\omega t+\varphi_a) \tag{9.7}$$

式中　　U——电压有效值;

　　　　φ_a——初始相位角。

$$f(t)=u^2(t)=U^2-U^2\cos(2\omega t+2\varphi_a) \tag{9.8}$$

函数 $f(t)$ 用傅里叶数级数可以表示为

$$f(t)=F_0+\sum_{k=1}^{M}F_k\cos(k\omega t+\varphi_k) \tag{9.9}$$

式中　　M——最高次谐波。

则此时

$$F_0=U^2,M=2,F_1=0,F_2=-U^2,\varphi_2=2\varphi_a$$

那么

$$F=F(t)=u^2(t)=U^2-U^2\cos(2\omega t+2\varphi_a)=$$

$$U^2-\frac{1}{n}\sum_{i=0}^{N-1}U^2\cos(2\omega t_i+2\varphi_a),n\text{ 为采样点数} \tag{9.10}$$

$$t_i=it_s+t\alpha=i\frac{mT}{n}+t\alpha \tag{9.11}$$

$$2\omega t_i=2\left(2\pi\cdot\frac{1}{T}\right)\left(i\frac{mT}{n}+t\alpha\right)=$$

$$2i\left(2\pi\cdot\frac{m}{n}\right)+2\left(U+\frac{mT}{n}+t\alpha\right)=$$

$$2i\left(2\pi\cdot\frac{m}{n}\right)+2\left(2\pi\cdot\frac{t\alpha}{T}\right) \tag{9.12}$$

令 $\beta=2\pi\cdot\dfrac{m}{n}$,并定义其为采样角为

$$2\omega i+\varphi_a=2i\beta+2\left(2\pi\cdot\frac{t\alpha}{T}+\alpha\right) \tag{9.13}$$

又令 $2\pi\cdot\dfrac{t\alpha}{T}+\varphi_a=\alpha$,则

$$2\omega i+\varphi_a=2i\beta+2\alpha \tag{9.14}$$

所以

$$F=U^2-\frac{1}{n}\sum_{i=0}^{n-1}U^2\cos(2i\beta+2\alpha)=$$

$$U^2 - \frac{1}{n} \sum_{k=0}^{n-1} U^2 R_e (e^{2\alpha j} e^{k\beta j}) =$$

$$U^2 - \frac{U^2}{n} R_e (e^{2\alpha j} \sum_{k=0}^{n-1} e^{2k\beta j}) \tag{9.15}$$

又因为

$$\sum_{k=0}^{n-1} e^{2k\beta j} = \frac{1 - e^{kn\beta j}}{1 - e^{2\beta j}} = e^{(n\beta - \beta)j} \frac{\sin n\beta}{\sin \beta}$$

所以

$$F = U^2 - \frac{U^2}{n} \frac{\sin n\beta}{\sin \beta} R_e (e^{2\alpha + n\beta - \beta j}) =$$

$$U^2 - \frac{U^2}{n} \frac{\sin n\beta}{\sin \beta} \cos (2\alpha + n\beta - \beta) \tag{9.16}$$

误差为

$$\Delta F = F - F_0 = F - U^2 = \frac{U^2}{n} \frac{\sin n\beta}{\sin \beta} \cos (2\alpha + n\beta - \beta) \tag{9.17}$$

因为 $n\beta = n \cdot 2\pi \frac{m}{n} = 2\pi m$，且 m 是整数，所以

$$\sin n\beta = \sin 2\pi m = 0$$

当 $\beta \neq k\pi (k = 1, 2, \cdots)$ 时，$\sin \beta \neq 0$，$\Delta F = 0$。

可见，同步采样法则正弦交流电压信号，理论上误差为零。

同理可推出电流、有功功率的理论误差也为零。

9.2.2 输入电路设计及误差分析

由于本系统所测信号为强电信号，不能直接接入测量电路中，否则会烧毁电路。所以在每一相的电流和电压输入回路中都安装了 CT，PT，以进行电气隔离，减小干扰，并将交流大信号变换成与输入信号呈线性关系的小信号，以进行正常的变换和处理。

1. 电压输入电路设计

电压输入回路如图 9.5 所示，电路由电流型电压互感器、高性能运放及阻容元件组成，电压互感器隔离了电网上的各种干扰，对内部电路起保护作用；高性能的运放保证电压取样信号稳定、低噪声、低漂移；电阻 R_i 用作限流电阻，R 为负载电阻，电容 C 用于补偿电压互感器的角差。图中，U_i 为被测输入电压，U_o 为与输入被测电压呈线性关系的输出电压，作为采样及 A/D 转换电路的输入。

2. 电流输入电路设计

电流输入回路如图 9.6 所示，此电路由电流互感器及高稳定度的电阻和高性能运放组成，将电流信号变为与输入电流信号成正比的电压信号输出。

此电路中的取样电阻 R 非常重要，要求选用固有噪声小、温度系数低的精密金属膜电阻。设电流互感器次级电流为 I，则运放的输出电压为 $U_o = IR$，若温度变化了 $\Delta T\,℃$，取样电阻 R 的湿度系数为 $\alpha \times 10^{-6}/℃$，此时的输出电压为

图 9.5 电压输入回路

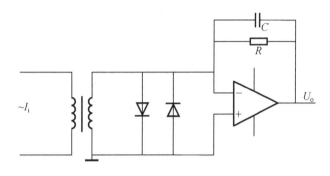

图 9.6 电流输入回路

$$U_o' = I(R + \Delta T\alpha R)$$

电压的变化量为

$$\Delta U_o = U_o' - U_o = I(R + \Delta T\alpha R) - IR = \Delta T\alpha RI = \Delta\alpha U_o$$

可见,由温度变化引起的输出电压的变化量与取样电阻的温度系数成正比例关系。

此电路中的运放也应运用低失调电压、低噪声的精密运算放大器,如 OP27 等。

3. 误差分析

由于 CT,PT 的引入,使测量回路增加了一个环节,且对被测信号进行线性变换,必然产生误差,此误差又可分为比差和角差。

(1)比差。

设在测量范围内,任一相 CT 比差的最大值为 X_P,其他影响量均为理想状态,那么此时功率的测量值为 P_1,即

$$P_1 = K(1 + X_P)UI\cos\varphi \tag{9.18}$$

理想值为

$$P = KUI\cos\varphi$$

X_P 引起的误差 γ_P 为

$$\gamma_P = \frac{P_1 - P}{P} \times 100\% = X_P \times 100\% \tag{9.19}$$

可见,CT 的比差即为功率的测量误差。同理,PT 的比差也称为功率的测量误差。为保证本系统的测量准确度为 0.2 级,要求互感器的比差不能大于 0.1%。

（2）角差。

设任一相 PT 的角差最大值为 θ_V，同相 CT 的角差最大值为 θ_I，在其他影响量为理想状态时，PT 和 CT 的角差对测量结果产生的影响为

$$P_1 = KUI\cos\left(\varphi + \theta_V - \theta_I\right) \tag{9.20}$$

理想值为

$$P = UI\cos\varphi$$

由角差引起的误差为

$$\gamma_\varphi = \frac{P_1 - P}{P} \times 100\% \tag{9.21}$$

$$\gamma_\varphi = \frac{KUI\cos\left(\varphi + \theta_V - \theta_I\right) - KUI\cos\varphi}{KUI\cos\varphi} \times 100\% =$$

$$\frac{\cos\left(\varphi + \theta_V - \theta_I\right) - \cos\varphi}{\cos\varphi} \times 100\% =$$

$$\frac{\cos\varphi\cos\left(\theta_V - \theta_I\right) - \sin\varphi\sin\left(\theta_V - \theta_I\right) - \cos\varphi}{\cos\varphi} \times 100\% \tag{9.22}$$

当 $(\theta_V - \theta_I)$ 较小时，$\cos\left(\theta_V - \theta_I\right) = 1$，所以

$$\gamma_\varphi = \frac{\cos\varphi - \sin\varphi(\theta_V - \theta_I)\sin\varphi}{\cos\varphi} \times 100\% = -\tan\varphi\sin\left(\theta_V - \theta_I\right) \times 100\% \tag{9.23}$$

根据经验，当 $\theta_V - \theta_I < 0.07°$ 时，可保证由角差引起的测量误差小于 0.1%。

当测三相电路时，CT 和 PT 的比差和角差的总误差即为各相比差、角差的合成，为保证系统总的误差小于 0.2%，要求电流、电压互感器的误差小于 0.1%。

9.2.3　CPU 的选择及采样保持、A/D 转换电路设计

1. CPU 的选择

CPU 选用宏晶科技的 STC10F10，是运行速度较快的 8 位单片机，具有如下特点：1 个时钟/机器周期，增强型 8051 内核，速度比普通 8051 快 6 倍以上；宽电压：5.5 ~ 3.7 V，低功耗设计；256 字节片内 RAM，片内 10 KB Flash 程序存储器可擦写 10 万次以上；在系统或在应用可编程；硬件看门狗，内置掉电检测电路；全双工异步串行口；兼容普通 8051 指令集，有硬件乘法、除法指令；价格低廉。

2. 采样保持及 A/D 转换电路设计

采样保持及 A/D 转换电路由 A/D 变换器 MAX1262、微处理器等组成，它将输入的电压、电流信号进行处理，得到被测电压、电流的有效值及其他电参量。采样保持及 A/D 转换电路图如图 9.7 所示。

MAX1262 是美国 MAXIM 公司近几年推出的集多路开关、采样保持、12 位 A/D 转换、基准电源、内部时钟等为一体的 12 位并行接口 A/D 转换器，该芯片由 +5 V 电源单独供电，共有 8 个模拟输入通道。由软件编程可得到多种模拟输入范围：$0 \sim U_{REF}$，$-U_{REF/2} \sim +U_{REF/2}$ 等。此芯片还可由软件选择内部或外部时钟及采集控制。可选择内置 2.5 V 或外部提供基准电源，8+4 并行数据接口，A/D 变换时间为 3 μs，采样速度高达 400 KPS。

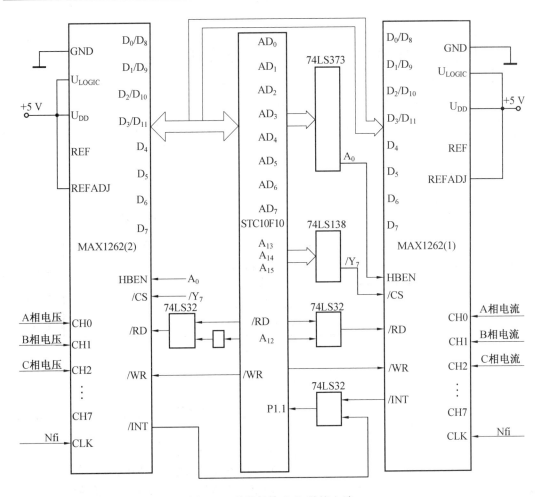

图 9.7　采样保持 A/D 转换电路

MAX1262 使用标准的微处理器(μP)接口,三态数据 I/O 口配置成与 8 位数据总线一起工作。数据存取和总线释放的定时性能指标与大多数通用的微处理器兼容,所有逻辑输入与输出均与 TTL/CMOS 兼容。其核心部分是一个采用逐次逼近型 DAC,前端包括一个用来切换模拟输入通道的多路复用器以及输入信号调理和过压保护电路。其内部还设有一个 1.22 V 的带隙基准电压源。MAX1262 既可以使用内部参考电压源,也可以使用外部参考电压源。当使用内部参考源时,芯片内部的 1.22 V 基准源经放大后向 REF 提供 2.5 V 参考电平。当使用外部参考源时,接至 REF 的外部参考源必须能够提供 300 μA 的直流工作电流,且输出电阻小于 10 Ω。如果参考源噪声较大,应在 REF 端与模拟信号地之间接一个 4.7 μF 电容。MAX1262 原理框图如图 9.8 所示。

MAX1262 的数据采集由写操作启动,通过写入控制字节可选择多路转换器的通道(CH0 ~ CH7)、单极性或双极性的模拟输入范围、内部或外部时钟、内部或外部控制采集、备份掉电或完全掉电方式等。在变换周期内写一个新的控制字节将使变换中止,并开始一次新的采集期。MAX1262 内部的控制寄存器的 $D_7 \sim D_0$ 位决定了 A/D 工作方式。MAX1262 控制寄存器各位的功能见表 9.1。

图 9.8　MAX1262 原理框图

表 9.1　MAX1262 控制寄存器各位的功能

位	名　称	功　能
D_7, D_6	PD1, PD0	选择时钟和掉电方式; 00 为完全掉电方式,时钟方式不受影响; 01 为备份掉电方式,时钟方式不受影响; 10 为正常运用,内部时钟方式; 11 为正常运用,外部时钟方式
D_5	ACQMOD	0 为内部控制采集; 1 为外部控制采集
D_4	SGL/$\overline{\text{DIF}}$	0 为差分输入模式; 1 为单端输入模式
D_3	UNI/$\overline{\text{BIP}}$	0 为双极性输入; 1 为单极性输入
D_2, D_1, D_0	A_2, A_1, A_0	用于选择"接通"通道的输入多路转换的地址位

　　MAX1262 的数据采集由写操作启动,通过写入控制字节可选择多路转换器的通道(CH0 ~ CH7)、单极性或双极性的模拟输入范围、内部或外部时钟、内部或外部控制采集、备份掉电或完全掉电方式等。在变换周期内写一个新的控制字节将使变换中止,并开始一次新的采集期。

　　时钟模式分为内部时钟模式和外部时钟模式两种。时钟模式一旦选定,除非芯片断电(不包括电源关断模式),否则,所选时钟模式不可以再改变。在时钟模式下,外部采集和内部采集控制模式都可选用。当芯片上电时,初始状态为外部时钟模式。

电源关断模式分为两种:①当 PD1 = 1,PD0 = 0 时,为软件控制的省电模式,也称为芯片处于"睡眠"状态。一旦选定了此模式,A/D 转换器在每次转换结束后自动进入省电模式,下次接到转换命令时自动启用,进行转换。②PD1 = 1,PD0 = 1 时,为硬件控制的省电模式,这时当引脚 SHDN 接为低电平时,进入"睡眠"状态,芯片立即停止工作。

采集信号的模式分为内部自动转换模式和外部控制转换模式,由 ACQMOD(D_5)决定。

3. 电压及电流采样过程

转换过程由一个写操作对转换初始化,选择各通道的输入为单极性或双极性。一个写脉冲($\overline{WR+CS}$)或者启动内部采集或者获取数据,内部采集结束时一个采样周期也结束。ACQMOD 位指出是内部或外部采集。无论用内部时钟或外部时钟,转换时间持续 12 个时钟周期;在转换周期内写一个新的控制字节将中止转换并开始新的内部采集。

对电压、电流信号每周期采样 64 点,采样间隔脉冲由锁相倍频电路提供,此脉冲送 CPU 的一个外部中断源,由 CPU 产生写信号启动 A/D 转换器。

根据复化梯形计算公式,电压及电流信号必须为同一时刻的采样值,才能通过计算得出此时的功率瞬时值,所以设计用两片 MAX1262 同时对同相的电压及电流信号采样并进行 A/D 转换,电压及电流信号分别加到两片 MAX1262 的对应通道上,用一条写操作指令同时启动两片 ADC,同时采样对应的三相电压和电流,每组电压及电流数据均为同一时刻的采样值。因为 MAX1262 为 12 位 A/D 转换,其数据输出采用 8+4 并行接口,所以低 4 位 D_0 ~ D_3 与高 4 位 D_8 ~ D_{11} 数据线分时复用,A/D 的 $\overline{WR}$ 控制线直接与 CPU 的 $\overline{WR}$ 相连,片选 $\overline{CS}$ 均由译码器 74LS138 的 $\overline{Y_7}$ 产生,则两片 MAX1262 的控制口均为 E000H,只需写入相应的控制字节即可同时启动两片 MAX1262,同时开始对电压和电流进行数据采集。

用于转接 12 位变换结果的控制线 HBEN 接 A_0 ,而 CPU 的 $\overline{RD}$ 与 A_{12} 相或后连到 MAX1262(1)的 $\overline{RD}$,所以 MAX1262(1)的数据口为 E000H(读低 8 位)和 E001H(读 D_8 ~ D_{11} 高 4 位),那么 MAX1262(2)的数据口为 F000H 和 F001H(高 4 位)。

当两片 MAX1262 的 $\overline{INT}$ 信号相或后连到 CPU 的 P1.1,P1.1 为低电平时,表明两片 MAX1262 的 A/D 变换都已完成,输出数据已准备好,系统可采用查询方式依次读取两片 MAX1262 中 A/D 转换结果,系统工作在内部时钟,系统采用内部基准电压。

4. 软件流程框图

现以测量三相有功功率为例加以说明。在一个工频周期内,每相电压和电流都采样 64 点。软件流程框图如图 9.9 所示。

9.2.4　自动量程转换电路设计

由于仪器的电压输入范围是 0 ~ 450 V,电流输入范围是 0 ~ 20 A,电压和电流输入电路的线性度在这么宽的范围内不可能保持不变,因此必将引起测量误差增大。为提高测量准确度,保持全量程测量准确度在规定的指标内,必须对电压和电流进行分挡测量。将电压分为 0 ~ 60 V,60 ~ 120 V,120 ~ 240 V,240 ~ 450 V 4 挡,电流分为 0 ~ 0.25 A,0.25 ~ 1 A,1 ~

图 9.9　采样计算软件流程框图

4 A,4～20 A 4 挡,并由计算机判别,实现自动转换量程。由于输入量的值不断变化,要求对量程要时判别并正确转换,为不影响主 CPU 的工作,量程判别和转换工作由单独的一片 CPU 来完成,选用 Atmel 公司的 89C2051,它是基于 51 内核的单片机,其指令与 51 单片机完全相同,只是 I/O 端口少了一些,体积也更小。电流测量自动量程转换电路原理图如图9.10所示。电压测量电路与此类似。

图 9.10　电流自动量程转换电路原理图

图中,运放 A_1 及电阻 $R_1 ～ R_4$、开关 $S_1 ～ S_4$ 构成互感器次级电流取样电路,电阻之间的

关系为 $R_1 < R_2 < R_3 < R_4$,且成倍数关系,大电流时使 S_1 导通,小电流时使 S_4 导通,输入电流数值与开关的对应关系见表9.2。

图中,D_1、C_1 和 R_5 组成半波整流电路,将输入的交流信号变为直流,输入到比较器 A_3、A_4 的同相端和反相端,与 R_6、R_7 及 R_8、R_9 构成的分压电路的固定电压值进行比较,比较器输出高电平或零电平。再经逻辑电路输出给 89C2051 的端口,由 CPU 进行量程选择。选择过程如下:

表 9.2　输入电流与开关的对应关系

输入电流/A	导通开关	取样电阻
0 ~ 0.25	S_1	R_1
0.25 ~ 1	S_2	R_2
1 ~ 4	S_3	R_3
4 ~ 20	S_4	R_4

令 P1.3 = 0,量程正确时,比较器 A_3 的输出 OUT1 = 0,或非门的输出为 1,即给 P1.6 的输入为高电平;当量程不正确时,比较器 A3 的输出 OUT1 = 1,或非门的输出为 0,P1.6 为零电平。

当 P1.6 = 0 时,可知当前量程不正确,则选通下一量程(电流更小的量程),由 89C2051 控制开关的导通和断开,若 P1.6 仍为零电平,则再选通下一量程,直到 P1.6 为高电平。当上电开始测量时,开关总是选通最大量程。

电压的量程选择与电流量程选择工作过程相似。

9.2.5　锁相倍频电路

锁相倍频电路如图 9.11 所示。它由整形电路、鉴相器、低通滤波电路、压控振荡器及分频器等组成。

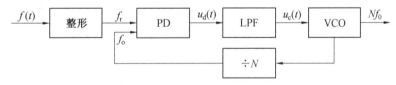

图 9.11　锁相倍频电路

其中,鉴相器 PD、低通滤波器 LPF 及压控振荡器 VCO 组成锁相环路,并形成一个闭环反馈系统。f_r 为参考频率,鉴相器将 f_r 与 f_0 进行相位比较,即产生一个正比于其相位差的误差电压 $u_c(t)$,从而使得 VCO 输出频率与参考频率差减小。当 f_0 与 f_r 充分接近时 PLL 的闭环性质将迫使 $f_0 = f_r$,即 PLL 锁定,所以有

$$u_d = k_d(\varphi_i - \varphi_0)$$

式中　k_d——鉴相器增益系数;

　　　φ_i——参考频率的相位;

　　　φ_i——分频器输出频率的相位(即 f_0 的相位)。

压控振荡器输出频率与控制电压呈线性关系,锁相倍频电路的工作波形图如图9.12所示。

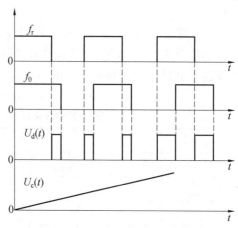

图 9.12　锁相倍频电路波形图

本系统采用 CD4046 锁相环电路和可预置计数器 CD4522 组成 192 分频的锁相倍频电路。因为每周期每相要采样 64 点,所以三相每周期共采样 192 点,对工频周期信号进行 192 倍频,用倍频信号启动 ADC 转换。其原理图如图9.13所示。锁相的意义是自动控制相位同步,能够完成两个电信号相位同步的自动控制闭环系统叫作锁相环,简称 PLL。锁相环主要由相位比较器(PC)、压控振荡器(VCO)及低通滤波器 3 部分组成。

图 9.13　CD4046 及其外围电路原理图

压控振荡器的输出 U_o 接至相位比较器的一个输入端,其输出频率的高低由低通滤波器上建立起来的平均电压 U_i 大小决定。施加于相位比较器另一个输入端的外部输入信号 U_i 与来自压控振荡器的输出信号 U_o 相比较,比较结果产生的误差输出电压正比于 U_i 和 U_o 两个信号的相位差,经过低通滤波器滤除高频分量后,得到一个平均值电压 U_d。这个平均值电压 U_d 朝着减小 VCO 输出频率和输入频率之差的方向变化,直至 VCO 输出频率和输入信号频率获得一致。这时两个信号的频率相同,两相位差保持恒定(即同步),称作相位锁定。

比较器 1 采用异或门结构,当两个输入端信号 U_i,U_o 的电平状态相异时(即一个高电平,一个为低电平),输出端信号为高电平;反之,当 U_i,U_o 的电平状态相同时,输出为低电平。当 U_i,U_o 的相位差在 0° ~ 180° 范围内变化时,比较器输出的脉冲宽度也随之改变,即占空比也在改变。对相位比较器 1,它要求 U_i,U_o 的占空比均为 50%(即方波),这样才能使锁定范围为最大。

对相位比较器 2,当 14 脚的输入信号比 3 脚的比较信号频率低时,输出为逻辑"0",反之则输出逻辑"1"。如果两信号的频率相同而相位不同,当输入信号的相位滞后于比较信号时,相位比较器 2 输出正脉冲,当相位超前时,则输出负脉冲。在这两种情况下,从 1 脚都有与上述正、负脉冲宽度相同的负脉冲产生。从相位比较器 2 输出的正、负脉冲的宽度均等于两个输入脉冲上升沿之间的相位差。而当两个输入脉冲的频率和相位均相同时,相位比较器 2 的输出为高阻态,则 1 脚输出高电平。

CD4046 锁相环采用的是 RC 型压控振荡器,必须外接电容 C_1 和电阻 R_1 作为充放电元件。当 PLL 对跟踪的输入信号的频率宽度有要求时,还需要外接电阻 R_2。由于 VCO 是一个电流控制振荡器,对定时电容 C_1 的充电电流与从 9 脚输入的控制电压成正比,使 VCO 的振荡频率也正比于该控制电压。当 VCO 控制电压为 0 时,其输出频率最低;当输入控制电压等于电源电压 U_{DD} 时,输出频率则线性地增大到最高输出频率。VCO 振荡频率的范围由 R_1,R_2 和 C_1 决定。由于它的充电和放电都由同一个电容 C_1 完成,故它的输出波形是对称方波。一般规定 CD4046 的最高频率为 1.2 MHz($U_{DD} = 15$ V),若 $U_{DD} < 15$ V,则 f_{max} 要降低一些。

电路的工作原理如下:输入信号 U_i 从 14 脚输入后,经放大器 A_1 进行放大、整形后加到相位比较器 1、2 的输入端,开关 K 拨至 2 脚,则比较器 1 将从 3 脚输入的比较信号 U_o 与输入信号 U_i 作相位比较,从相位比较器输出的误差电压则反映出两者的相位差。此电压经 R_3,R_4 及 C_2 滤波后得到一控制电压 U_d 加至压控振荡器 VCO 的输入端 9 脚,调整 VCO 的振荡频率 f_2,使 f_2 迅速逼近信号频率 f_1。VCO 的输出又经除法器再进入相位比较器,继续与 U_i 进行相位比较,最后使得 $f_2 = f_1$,两者的相位差为一定值,实现了相位锁定。若开关 K 拨至 13 脚,则相位比较器 2 工作,过程与上述相同。

由于本设计采用硬件同步电路,对锁相倍频电路要求较高,应选用高精度、高稳定性的电阻、电容元件,减少过渡过程;计数器的交流特性要好,延时应尽量小,使锁相环路的输入、输出信号尽快同步。

对选用的电阻、电容器件应充分老化,历经高、低温冲击,减少内部的固有噪声。

9.2.6　RS-485 串行通信接口电路设计及通信协议

1. RS-485 串行通信接口电路设计

数字信号的传输随着距离的增加和信号传送速率的提高,在传输线上产生的反射、串扰及共地噪声将严重影响信号的传输质量,引起信号的畸变,从而限制了通信距离,普通的TTL 电路,驱动能力差,信号传输距离太短。RS-232 接口电路,信号幅度比 TTL 电平大得多,使抗干扰能力大大提高,但传输距离只有十几米到几十米,且它是单端信号传送,存在共地噪声和不能抑制共模干扰。

在要求通信距离为几十米以上时,经常采用 RS-485 串行通信接口电路。RS-485 收发器采用平衡发送和差分接收,在发送端,驱动器将 TTL 电平信号转换成差分信号输出,在接收端,接收器差分接收,将差分信号变成 TTL 电平,因此具有抑制共模干扰能力,加上接收器具有高的灵敏度,能检测低达 200 mV 的电压,因此信号的传输距离可达千米。

由于本系统可以和上位机组成主从分布式系统,可以作为前端信号采集器,向主机传送测量信息,因此采用 RS-485 通信接口,使用 MAX1487 半双工收发器。

2. 通信协议

由于本仪器可作为一个数据采集子系统,将测量信息远传,因此采用 RS-485 总线,便于多点连接。为做到数据传输的标准化,通信协议采用原电力部颁布的电力行业标准《多功能电能表通信规约》(DL/T 645—1997)的规定。

9.2.7　电磁兼容设计

随着各种电子设备的种类和数量不断增加,电磁环境日益复杂。如何减少设备相互间的电磁干扰,使其都能正常工作,是个亟待解决的问题。在设计电子仪器时必须进行电磁兼容设计。

1. 印制板的电磁兼容设计

在印制板布线时,应先确定元器件在板上的位置,然后布置地线及电源线,再布置高速信号线,最后考虑低速信号线。元器件的位置应按电源电压、数字及模拟电路、速度快慢、电流大小等进行分组,以免互相干扰。所有连接器应安放在印制板的一侧,避免从印制板的两侧引出电缆,减少共模辐射。

电源线和地线应尽量靠近,以减少差模辐射的环面积。高速器件(如时钟振荡器)应安放在紧靠边缘连接器范围内,而低速器件应安放在远离连接器范围内。这样对共阻抗耦合、辐射和干扰的减小都是有利的。

数字电路与模拟电路分开,数字地和模拟地要分开,时钟电路和高频电路是主要的干扰源,一定要单独分开,远离敏感电路。

在电路中要加去耦电容和旁路电容,去耦电容用来滤除高速器件在电源板上引起的干扰电流,为器件提供局部电流,降低线路中的电流冲击。旁路电容能消除线路板上的高频辐射噪声。

模拟电压输入线、参考电压端要尽量远离数字电路信号线,特别是时钟线,尽量减少平行走线。对关键的信号线要加粗,并在两边加上保护地。

晶振下面和对噪声特别敏感的器件下面不要走线。

弱信号电路、低频电路周围地线不要形成电流环路。

尽量少用 IC 插座,将集成电路直接焊在印制板上。

2. 接地设计

接地就是为电路或系统提供一个参考的等电位点或面及为电流回路提供一条低阻抗路径。

本系统的模拟电路部分的接地采用一点接地方式。而对高频数字逻辑电路必须采用多点接地方式,使干扰减小到最少。

除了系统内部接地外,还要把装置的外壳与大地相连,以实现装置的安全接地,保护操作人员的人身安全,泄放因静电感应在机箱上所积蓄的电荷,避免由于电荷积累造成内部放电,以提高系统的工作稳定性。

3. 屏蔽设计

系统的周围总有外界电磁场存在,当电磁场的变化频率在系统工作频率范围内时,干扰非常明显,系统内高速运行的部件自身也可能发射电磁场,造成互相干扰。

抑制电磁场干扰最有效的措施是切断传播途径,屏蔽是最常用的方法。

屏蔽能有效地抑制通过空间传播的电磁干扰。采用屏蔽的目的有两个:一是限制内部的辐射能越出某一区域;二是防止外来的辐射进入某一区域。屏蔽分为电场屏蔽、磁场屏蔽和电磁场屏蔽。由于本仪器采用金属机箱,且内部没有过于敏感的电路和元器件,因此不必专门设计电场屏蔽体和磁场屏蔽体。

4. 滤波设计

滤波就是滤掉无用的干扰。本仪器采用电源滤波器滤除电源线上的干扰,在每一片芯片的电源和地之间加去耦电容,还使用信号滤波电路等滤除噪声干扰。

5. 瞬间干扰抑制设计

瞬间干扰包括电快速瞬变脉冲群、雷击浪涌和静电放电等。采用压敏电阻和瞬变吸收二极管等瞬变干扰吸收器来进行抑制。这些器件可以对超过预定电压值的情况进行能量转移。

瞬变干扰吸收器最基本的使用方法就是直接与被保护的用电设备并联,以便对超过被保护设备预定电压值的情况进行能量转移。

压敏电阻是电压敏感型器件,当加在压敏电阻两端的电压低于标称电压时,它的电阻几乎是无穷大的,而稍微超过额定值后,电阻值便急剧下降,反应时间为毫微秒级。对线路有危害的这部分能量被线路阻抗和压敏电阻的阻抗所吸收,这部分能量被转换成热量。压敏电阻应根据使用电路的工作电压来选择标称电压值,一般在电路中可按使用电压的 1.2 ~ 1.4 倍的关系来选择标称电压,同时要注意有效值和峰值间的换算。

硅瞬变电压吸收二极管(Silicon Transient Voltage Suppressor,TVS)具有极快的响应时间和非常高的浪涌吸收能力,可用于保护设备或电路免受静电、电感负载切换过程以及感应雷击等所产生的瞬时过电压。它使危险的电压尖峰以钳位方式(由硅 PN 结的雪崩效应)来限制在电路允许的范围内。

一旦出现瞬时过电压, TVS 立即将尖峰电压钳位到安全电压(或称钳位电压)U_c,让有害的峰值脉冲能量以电流形式,通过 TVS 旁路掉,从而保护了电路。对 TVS 的系列产品来说,给出的波形峰值脉冲功率的吸收能力可达到数千瓦。器件吸收的峰值脉冲功率是由 TVS 上的钳位电压和流过 TVS 的冲击电流的峰值乘积来确定的。

TVS 产品峰值功率可以达到400 W,500 W,600 W,1 500 W 和5 000 W。其中较大功率的器件主要用在电源线上,较低功率的器件则主要用在高密度的安装场合。对后者还可以采用双列直插和表面安装的吸收器阵列封装形式,例如,用在保护 I/O 线免受静电放电的危害。电容量小的 TVS 则可以用在数据传输线上,以防止高速传输的数字信号受到不应有的衰减。根据钳位电压的不同,TVS 可用在 5 ~ 300 V 的电路中。

9.3　谐波测试仪的设计

电能是目前人类社会使用最广泛的能源之一,随着科学技术和国民经济的发展,对电能质量的要求越来越高。但电网中接入的非线性负载越来越多,由此而引发的谐波污染所造成的危害日益明显。如谐波污染引起的谐波电流,在输电线路上产生的附加能耗,增加线损;谐波电压使变压器的磁滞及涡流损耗增加,谐波污染危害用电设备。

谐波测试仪就是一种能快速、准确地检测供电线路中工频谐波的次数、幅值和相位的仪器。其主要功能包括谐波的次数、各次谐波的幅值、各次谐波的相位,各次谐波的幅值若超过一定范围,则报警。

9.3.1　总体设计及工作原理

1. 总体设计

谐波测试仪由输入电路、数据采集、谐波计算、键盘、显示及报警等部分构成。输入电路与前面介绍的电压输入电路基本相同,数据采集和谐波参数计算(即 FFT 算法)由 DSP 实现,键盘设置报警参数等,显示电路将测得的谐波各项参数进行实时显示,当各次谐波幅值超过设定的上限时,报警电路驱动报警器报警。谐波测试系统组成框图如图 9.14 所示。

图 9.14　谐波测试系统组成框图

由于 FFT 算法复杂,计算量大,运算精度高,要保证精度,就要运用浮点运算,所以选用了 TI 公司的 TMS320F28335。内部具有以精简指令集微处理器 C28X 为内核的 32 位 CPU,指令在单周期内完成,支持32 位浮点运算,运算能力强,且内部集成了12 位 ADC,不用外加 A/D 转换器。

2. 算法原理

法国科学家傅里叶(Fourier)指出,一个任意函数 $x(t)$ 都可以由无穷多个不同频率的正弦信号的和构成,只要满足 Dirichlet 条件且绝对可积,即 $x(t)$ 只有有限个第一类间断点和有限个极值,则 $\int_{-\infty}^{\infty} |x(t)| \mathrm{d}t$ 存在,那么 $x(t)$ 就可以进行傅里叶变换。

(1) 傅里叶级数。

实际的电压、电流信号都是周期信号,可表示为

$$x(t) = x(t + kT), k = 0, 1, 2, \cdots \tag{9.24}$$

式中　　T——信号的周期。

设周期信号的频率为 $f = 1/T$,角频率为 $\omega = 2\pi f = 2\pi/T$,若时间轴用角度表示,则式(9.24)变为

$$x(\omega t) = x(\omega t + 2k\pi), k = 0, 1, 2, \cdots \tag{9.25}$$

可用三角级数把 $x(t)$ 分解如下:

$$x(t) = a_0 + A_1 \sin(\omega t + \varphi_1) + A_2 \sin(2\omega t + \varphi_2) + \cdots + A_n \sin(n\omega t + \varphi_n) + \cdots =$$

$$a_0 + \sum_{n=1}^{\infty} A_n \sin(n\omega t + \varphi_n) =$$

$$a_0 + \sum_{n=1}^{\infty} (a_n \cos n\omega t + b_n \sin n\omega t) \tag{9.26}$$

式中　　a_0——直流分量,$a_n = A_n \sin(\varphi_n)$;

　　　　A_n, φ_n——n 次谐波的幅值和初相角,$b_n = A_n \cos(\varphi_n)$;

　　　　a_n, b_n——n 次谐波的余弦项系数和正弦项系,$A_n = \sqrt{a_n{}^2 + b_n{}^2}$,$\varphi_n = \arctan(a_n/b_n)$。

(2) 离散傅里叶变换。

我们希望借助于计算机实现信号的频谱分析等复杂的处理工作,则要求信号在时域和频域都是离散的,且都应是有限长。若 $x(n)$ 是连续信号 $x(t)$ 的抽样序列,则 $x(t)$ 的离散傅里叶变换为

$$X(k) = \sum_{n=0}^{N-1} x(n) \mathrm{e}^{-\mathrm{j}\frac{2\pi}{N}nk} = \sum_{n=0}^{N-1} x(n) W_N^{nk}, k = 0, 1, \cdots, N-1 \tag{9.27}$$

离散傅里叶逆变换为

$$x(n) = \frac{1}{N} \sum_{k=0}^{N-1} X(k) \mathrm{e}^{\mathrm{j}\frac{2\pi}{N}nk} = \frac{1}{N} \sum_{k=0}^{N-1} X(k) W_N^{-nk}, k = 0, 1, \cdots, N-1 \tag{9.28}$$

设电压信号 $u(t)$ 是非正弦信号,周期 $T_0 = 2\pi/\omega_0$,则

$$u(t) = a_0 + \sum_{k=1}^{\infty} (a_k \cos k\omega_0 t + b_k \sin k\omega_0 t) \tag{9.29}$$

式中

$$a_0 = \frac{1}{T_0} \int_0^{T_0} u(t) \mathrm{d}t \tag{9.30}$$

$$a_k = \frac{2}{T_0} \int_0^{T_0} u(t) \cos k\omega_0 t \mathrm{d}t \tag{9.31}$$

$$b_k = \frac{2}{T_0} \int_0^{T_0} u(t) \sin k\omega_0 t \mathrm{d}t \qquad (9.32)$$

由式(9.31)和式(9.32)得

$$\frac{a_k - jb_k}{2} = \frac{1}{T_0} \int_0^{T_0} u(t)(\cos k\omega_0 t - \mathrm{j}\sin k\omega_0 t) = \frac{1}{T_0} \int_0^{T_0} u(t)\mathrm{e}^{-\mathrm{j}k\omega_0 t} \qquad (9.33)$$

若将式(9.33)离散化,得

$$\frac{a_k - jb_k}{2} = \frac{1}{T_0} \sum_{n=0}^{N-1} u(n)\mathrm{e}^{-\mathrm{j}kn\frac{2\pi}{N}} = \frac{1}{N} \sum_{n=0}^{N-1} u(n)\mathrm{e}^{-\mathrm{j}kn\frac{2\pi}{N}} =$$

$$\frac{1}{N} \sum_{n=0}^{N-1} u(n) W_N^{kn}, k = 1,2,\cdots,N-1 \qquad (9.34)$$

将式(9.34)代入式(9.29),得

$$X(k) = \frac{N(a_k - jb_k)}{2}, k = 1,2,\cdots,N-1 \qquad (9.35)$$

令 $A_k = \dfrac{N(a_k - jb_k)}{2}$,则有

$$A_k = X_k, k = 0,1,2,\cdots,N-1 \qquad (9.36)$$

通过以上推导可知,离散信号序列经傅里叶变换后,很容易就可求出各次谐波的幅值和相位等参数。作为经典的信号分析方法,FFT 变换具有正交、完备等优点,因此在谐波分析领域中得到了广泛应用。

为避免出现频谱混叠和泄漏,谐波测量通常采用同步采样法。可用硬件同步采样算法或软件同步采样算法,也可用非同步获准同步采样算法等。本仪器采用软件同步采样法,每周期采样 $N = 256$ 点,即先测出工频周期 T,然后以 $T_\mathrm{s} = \dfrac{T}{N}$ 为间隔启动 A/D 转换,一个周期内数据采集结束后,进行 FFT 运算,得到各次谐波参数。测试系统的原理框图如图 9.15 所示。

图 9.15　测试系统的原理框图

9.3.2　硬件与软件设计

1. 硬件电路

(1)输入电路。输入电路与 9.2 节介绍的电压输入基本电路相同,不再赘述。

(2)键盘电路。主要用于报警参数设置,即设置各次谐波幅值的上限值。由 0 ~ 9 共 10个数字键和功能键组成。

（3）显示电路。选用液晶模块 JM12864 进行测量结果的显示。可显示 4 行×8 个字符，内置有 8 192 个常用汉字。由于 TMS320F28335 的 I/O 端口为 3.3 V 供电，因此需通过电平转换芯片 74LVC164245 和 74HC07 与液晶相连，由 TMS320F28335 对液晶模块进行控制。

（4）报警电路。当谐波幅值超过预定的上限时，报警电路驱动蜂鸣器进行声音报警，以引起监测人员的注意。

2. 软件设计

谐波测试仪的软件由主程序和各子程序组成。子程序主要有系统初始化子程序、数据采集子程序、FFT 运算子程序、显示子程序及报警子程序等。系统主程序框图如图 9.16 所示。

图 9.16　系统主程序框图

思考题与习题

1. 谈谈你对智能仪器的设计原则的理解。

2. 综合本课程的学习内容，谈谈在智能仪器设计中如何选择微处理器和 A/D 转换器。

3. 设计一个监测环境的智能仪器，用于测量温度、湿度等参数，仪器功能及指标自拟。请画出系统的硬件和软件框图，说明其工作原理。如果有条件，请研制出一个简单的仪器并进行调试。

参考文献

[1] 王祁.智能仪器设计基础[M].北京:机械工业出版社,2010.

[2] 赵新民,王祁.智能仪器设计基础[M].2版.哈尔滨:哈尔滨工业大学出版社,2007.

[3] 程德福,林军.智能仪器[M].北京:机械工业出版社,2010.

[4] 史健芳.智能仪器设计基础[M].2版.北京:电子工业出版社,2012.

[5] 刘君华,智能传感器系统[M].2版.西安:西安电子科技大学出版社,2010.

[6] 徐爱钧,智能化测量控制仪表原理与设计[M].3版.北京:北京航空航天大学出版社,2012.

[7] 凌志浩,王华忠,叶西宁.智能仪表原理与设计[M].北京:人民邮电出版社,2013.

[8] 庞春颖.智能仪器设计与应用[M].北京:电子工业出版社,2013.

[9] 朱欣华.智能仪器原理与设计[M].北京:高等教育出版社,2011.

[10] 王选民.智能仪器原理及设计[M].北京:清华大学出版社,2008.

[11] 尚振东,张勇.智能仪器工业设计西安[M].西安:电子科技大学出版社,2008.

[12] 张剑平.智能化检测系统及仪器[M].北京:国防工业出版社,2009.

[13] 卢胜利.智能仪器设计与实现[M].重庆:重庆大学出版社,2003.

[14] 周航慈.智能仪器原理及设计[M].北京:北京航空航天大学出版社,2005.

[15] 赵茂泰.智能仪器原理及应用[M].2版.北京:电子工业出版社,2009

[16] 金峰.智能仪器设计基础[M].2版.北京:清华大学出版社,北京交通大学出版社,2005.

[17] 李昌禧.智能仪表原理与设计[M].北京:化学工业出版社,2005.

[18] 越石健司,黑沢理.触摸屏技术与应用[M].薛建设,译.北京:机械工业出版社,2014.

[19] 周志敏,纪爱华.触摸屏实用技术与工程应用[M].北京:人民邮电出版社,2011.

名词索引